Jean-Pierre Pally
Ein ganzheitlicher Ansatz für eine Diagnosearchitektur zur Anwendung in der Schienenfahrzeugtechnik

TUDpress

Jean-Pierre Pally

Ein ganzheitlicher Ansatz für eine Diagnosearchitektur zur Anwendung in der Schienenfahrzeugtechnik

TUD*press*
2016

Die vorliegende Arbeit wurde am 21. August 2015 an der Fakultät Verkehrswissenschaften „Friedrich List" der Technischen Universität Dresden als Dissertation eingereicht und am 08. Januar 2016 verteidigt.

Gutachter:
Prof. Dr.-Ing. Arnd Stephan, Technische Universität Dresden
Prof. Dr.-Ing. Bernard Bäker, Technische Universität Dresden

Bibliografische Information der Deutschen Nationalbibliothek
Die Deutsche Nationalbibliothek verzeichnet diese Publikation in der Deutschen Nationalbibliografie; detaillierte bibliografische Daten sind im Internet über http://dnb.d-nb.de abrufbar.

Bibliographic information published by the Deutsche Nationalbibliothek
The Deutsche Nationalbibliothek lists this publication in the Deutsche Nationalbibliografie; detailed bibliographic data are available in the Internet at http://dnb.d-nb.de.

ISBN 978-3-95908-049-1

Eckhard Richter & Co. OHG
Bergstr. 70 | D-01069 Dresden
Tel.: 0351/47 96 97 20 | Fax: 0351/47 96 08 19
http://www.tudpress.de

TUDpress ist ein Imprint von w. e. b.

Gesetzt vom Autor.
Umschlagfotos: Jean-Pierry Pally und Andrea Surma.
Printed in Germany.

Fakultät Verkehrswissenschaften „Friedrich List" Institut für Bahnfahrzeuge und Bahntechnik

Professur Elektrische Bahnen

Ein ganzheitlicher Ansatz für eine Diagnosearchitektur zur Anwendung in der Schienenfahrzeugtechnik

DISSERTATION

zur Erlangung des akademischen Grades
Doktor-Ingenieur (Dr.-Ing.)

vorgelegt der Fakultät Verkehrswissenschaften „Friedrich List"
der Technischen Universität Dresden

von Dipl.-Ing. Jean-Pierre R. H. Pally
geboren am 30. März 1983 in Crivitz

Gutachter: **Prof. Dr.-Ing. Arnd Stephan**
Technische Universität Dresden
Prof. Dr.-Ing. Bernard Bäker
Technische Universität Dresden

Tag der Einreichung: 21.08.2015
Tag der Verteidigung: 08.01.2016

AUTORENREFERAT

Die Diagnosesysteme von Schienenfahrzeugen und deren Subsystemen sowie der Entwurfsprozess dieser Diagnosesysteme bieten viel Potential für Verbesserungen, die zu einer genaueren Diagnose, einem effizienteren Instandhaltungsprozess und einer höheren Verfügbarkeit der Schienenfahrzeuge führen.

Die ganzheitliche Diagnosearchitektur bündelt die Anforderungen an Diagnosesysteme und Subsysteme im Bordnetz von Schienenfahrzeugen und überführt sie in einen Leitfaden zum Projektieren von Diagnoseanwendungen im Bereich der Schienenfahrzeugtechnik.

Mithilfe von Messungen und Simulationen wird die Funktionalität der ganzheitlichen Diagnosearchitektur nachgewiesen. Datenbanken dienen zum Strukturieren und Speichern der Anforderungen an die Subsysteme und des Instandhaltungsaufwands.

BIBLIOGRAPHISCHER NACHWEIS

Pally, Jean-Pierre R. H.

Ein ganzheitlicher Ansatz für eine Diagnosearchitektur zur Anwendung in der Schienenfahrzeugtechnik

Technische Universität Dresden

Fakultät Verkehrswissenschaften „Friedrich List“

Professur Elektrische Bahnen

Dissertation 2015

283 Seiten, 114 Abbildungen, 93 Tabellen, 185 Quellen, 10 Anhänge

ABSTRACT

The diagnostic systems of rail vehicles and their auxiliary systems as well as the design process of these diagnostic systems offer great potentials for improvements, which lead to a more accurate diagnosis, a more efficient maintenance process and a higher availability of the rolling stock.

The holistic diagnostic framework combines the requirements of diagnostic systems and auxiliary systems of railway vehicles and merges them into a guide for configuring diagnostic applications in the field of rail vehicle technology.

With the help of measurements and simulations the functionality of the holistic diagnostic framework is proven. Databases are used to structure and store the demands on the subsystems and the maintenance effort.

THESEN

1. Die Diagnosesysteme von Schienenfahrzeugen bieten ein großes Verbesserungspotential.
2. Die Anforderungen an Diagnosesysteme und die Subsysteme im Bordnetz von Schienenfahrzeugen können und müssen systematisch analysiert und erfasst werden.
3. Die zum Erstellen eines Diagnosesystems notwendigen Informationen können größtenteils automatisiert verarbeitet werden.
4. Die ganzheitliche Diagnosearchitektur betrachtet Störungen von ihrer Entstehung über ihre Detektion bis hin zu ihrer Behebung und Diagnosesysteme von ihrer Projektierung bis hin zu ihrer Integration ins Fahrzeug.
5. Die ganzheitliche Diagnosearchitektur ermöglicht aufgrund ihrer Struktur und der hinterlegten Algorithmen das teilautomatisierte Erzeugen des Diagnoseraums, wodurch der Einfluss von subjektiven Entscheidungen auf das Projektieren von Diagnosesystemen verringert wird.
6. Die ganzheitliche Diagnosearchitektur kann für verschiedene Subsysteme angewandt werden.
7. Die Funktionalität der Datenaufbereitung und der auf Zustandsmodellen basierenden Diagnosefunktion kann durch Messungen und Simulationen bestätigt werden.
8. Der Aufwand für die Erstanwendung der ganzheitlichen Diagnosearchitektur ist ungleich höher als der heutige Aufwand für das Projektieren von Diagnosesystemen, wird sich aber mit einer steigenden Anzahl von Projekten und erfassten Subsystemen verringern.
9. Die ganzheitliche Diagnosearchitektur hat für die Hersteller, Betreiber und Instandhalter von Schienenfahrzeugen einen erheblichen Mehrwert gegenüber heutigen Diagnosesystemen.

„[...] jedes Symptom erkennen und betrachten, bevor er die Diagnose stellt."

Sherlock Holmes zu Dr. John Watson in Sir Arthur Conan Doyles Detektivgeschichte *Thor Bridge*

Die nachfolgend genannten Personen stehen stellvertretend für all jene, die mich bei der Arbeit an meiner Dissertation unterstützt haben und denen ich dafür sehr dankbar bin.

F. Angermann

F. Aufschläger

C. Denner

H. Hüttig

J. Kemmler

J. Kriesel

F. Pally

R. Pally

F. Schröder

A. Stephan

N. T. Wittemann

INHALT

ABBILDUNGSVERZEICHNIS

TABELLENVERZEICHNIS

FORMELVERZEICHNIS

ABKÜRZUNGSVERZEICHNIS

ACARS	Aircraft Communication Adressing and Reporting Systems
ACM	Air Cycle Machine
ACMS	Airplane Condition Monitoring System
ADMS	Airplane Diagnostic and Maintenance System
AES	Advanced Encryption Standard
AHP	Analytic Hierarchy Process
AIDS	Aircraft Integrated Data System
AUV	Autonomous Underwater Vehicle
BITE	Build In Test Equipment
BOStrab	Verordnung über den Bau und Betrieb der Straßenbahnen
CA	Collision Avoiding
CAD	Computer-aided Diagnosis
CAN	Controller Area Network
CBR	Case-based Reasoning
CCD	Cursor Control Device
CCN	CANopen Consist Network
CDS	Command and Data Subsystem
CFDIU	Centralized Fault Display Interface Unit
CFDS	Centralized Fault Display System
CID	Cell ID
CLT	Command-Loss Timer
CMC	Central Maintenance Computer
CMCF	Central Maintenance Computer Function
CSMA	Carrier Sense Multiple Access
CT	Computertomographie
DFÜ	Datenfernübertragung
DGPS	Differantial-GPS
DSG	Diagnosesteuergerät
DSM	Drucksensor-Modul
DSP	Diagnosespeicher
E/WD	Engine Warning Display
EBO	Eisenbahn-Bau- und Betriebsordnung
ECAM	Electronic Centralized Aircraft Monitoring System
ECN	Ethernet Consist Network
EICAS	Engine Indication and Crew Alerting System
EIU	Eisenbahninfrastrukturunternehmen
ELM	Extrem Learning Machines
ERTMS	European Rail Traffic Management Systems
ESN	Echo State Networks
ETB	Ethernet Train Backbone

ETCS	European Train Control System
EVM	Erfassungs- und Verarbeitungsmodul
EVU	Eisenbahnverkehrsunternehmen
FIS	Fahrgastinformationssystem
FMEA	Failure Mode and Effects Analysis
FMGC	Flight Management and Guidance Computer
FMGS	Flight Management and Guiding System
FP	Fault Protection Algorithm
FR	Führerraum
FSM	Fotosensor-Modul
GIS	Geoinformationssystem
GNSS	globales Navigationssatellitensystem
GNT	Geschwindigkeitsüberwachung Neigetechnik
GPRS	General Packet Radio Service
GSM	Global System for Mobile Communication
GSM-R	Global System for Mobile Communication - Rail
GUI	Graphical User Interface
HKL	Heizung, Klimatisierung, Lüftung
HPG	Hauptproduktgruppe
ICD-10-GM	International Statistical Classification of Diseases and Related Health Problems, German Modification
IH	Instandhaltung
IR	Infrarot
ISA	Industrial Standard Architecture
ITCS	Intermodal Transport Control System
KNN	künstliche neuronale Netze
KTE	kleinste, wirtschaftlich tauschbare Einheit
KW	Kurzwelle
LAC	Location Area Code
LAI	Location Area Identity
LPC	Low Pin Count
LRU	Line Replacement Unit
LTE	Long Term Evolution
LWL	Lichtwellenleiter
LZB	linienförmige Zugbeeinflussung
MAC	Media Access Control
MCC	Mobile Country Code
MCDU	Multipurpose Control and Display Unit
MDSG	Master-Diagnosesteuergerät
MDU	Multifunction Display Unit
MEL	Minimum Equipment List
MGMT	Management
MMI	Mensch-Maschine-Interface
MMS	Maintenance Management System
MNC	Mobile Network Code
MRDS	Maintenance and Recording Data System
MRT	Magnetresonanztomographie

MTTR	Mean Time To Repair
MVB	Multipurpose Vehicle Bus
MW	Mittelwelle
NFC	Near Field Communication
NILM	Non-Intrusive Load Monitoring
NS	Nederlands Spoorwegen
OBD	On-Board-Diagnose
ÖPNV	Öffentlicher Personennahverkehr
PAP	Programmablaufplan
PCI	Periphal Component Interconnect
PHM	Prognostics and Health Management
PRM	Persons with Reduced Mobility
RAMS	Reliability, Availability, Maintainability, Safety
RBL	Rechnergestütztes Betriebsleitsystem
RFID	Radio-Frequency Identification
RIGA	Reisezugwagen-Instandhaltung in Ganzzügen
SATA	Serial Advanced Technology Attachment
SFP	System Fault Protection
SHF	Super High Frequency
SMB	System Management Bus
SPS	Speicherprogrammierbare Steuerung
SSM AC	Spannungs- und Stromsensor-Modul für Wechselstrom
SSM DC	Spannungs- und Stromsensor-Modul für Gleichstrom
STME	Single-Throw Mechanical Equipment
STP	Shielded Twistet Pair
TCMS	Train Control and Management System
TCN	Train Communication Network
TDD	Technical and Diagnostic Display
TSG	Türsteuergerät
TSM	Temperatursensor-Modul
UHF	Ultra High Frequency
UPG	Unterproduktgruppe
USB	Universal Serial Bus
USM	Drehzahlsensormodul
VBA	Visual Basic for Applications
VCM	Vapor Cycle Machine
VPN	Virtual Private Network
WLAN	Wireless Local Area Network
WTB	Wire Train Bus
ZSG	Zugsteuergerät

SYMBOLVERZEICHNIS

a_{ki}	Paarvergleich k und i
CI	Konsistenzindex
c_n	Spaltensumme
CR	Konsistenzverhältnis
CR_{max}	maximales Konsistenzverhältnis
EF	Anzahl erkennbarer Fehler
R	durchschnittliche Konsistenz
r_n	Zeilensumme
W_{FA}	Fehlereintrittswahrscheinlichkeit
w_n	Gewichtung
λ_{max}	maximaler Eigenwert
λ_n	Eigenwert

1 EINLEITUNG

1.1 MOTIVATION

Die stetig wachsenden Märkte im Verkehrssektor, die in Abbildung 1-1 bis Abbildung 1-3 anhand der beförderten Personen, der Gütertransportmenge und der Gütertransportleistung dargestellt sind, erfordern eine immer höhere Rentabilität und damit höhere Verfügbarkeit der eingesetzten Fahrzeuge, um die Konkurrenzfähigkeit des Systems Eisenbahn zu erhalten und auszubauen (HECHT ET AL 2008). Dies kann entweder durch Komponenten mit höherer Zuverlässigkeit erreicht werden, was häufig technisch nicht möglich beziehungsweise wirtschaftlich nicht darstellbar ist, oder indem die Dauer der Instandhaltung (MTTR – Mean Time To Repair) verringert wird. Letztgenanntes ist durch das Vormelden präziser Diagnoseinformationen erreichbar, die eine gezielte Ersatzteilbereitstellung und einen schnellen Tausch der betroffenen Komponenten ermöglichen. Dementsprechend wird in der Bahntechnik seit einiger Zeit versucht, Diagnosesysteme einzusetzen.

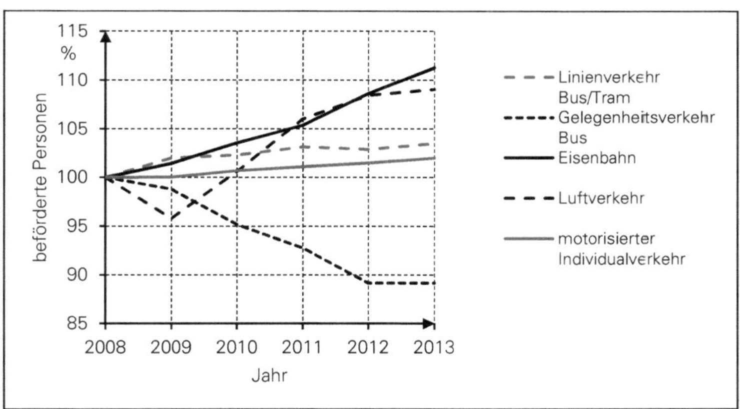

Abbildung 1-1: Anzahl der beförderten Personen in der BRD seit 2008
Quellen Abbildungen 1 – 3: eigene Darstellungen nach DESTATIS (2015)

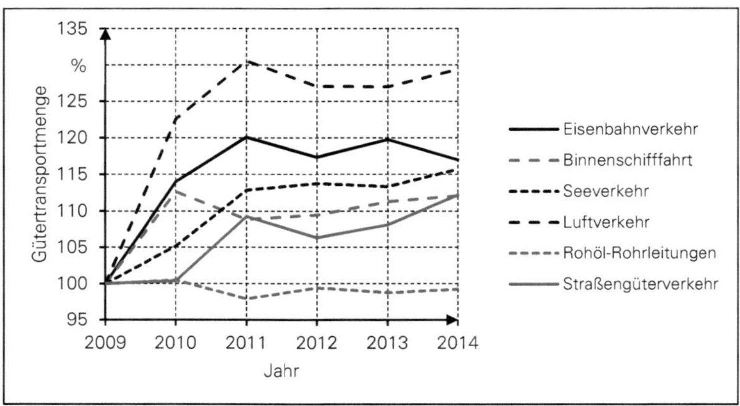

Abbildung 1-2: Gütertransportmenge in der BRD seit 2009

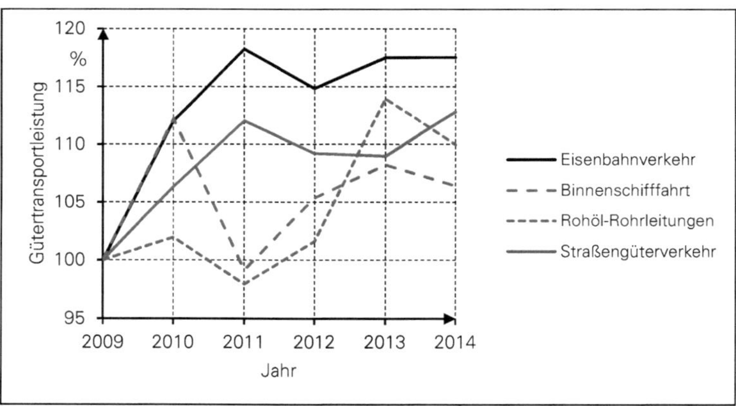

Abbildung 1-3: Gütertransportleistung in der BRD seit 2009

Das Mitschreiben von Prozess- und Zustandsdaten ist in Schienenfahrzeugen heute Stand der Technik. Diese Daten werden durch einzelne oder wenige logisch verknüpfte Sensoren gewonnen. Treten zuvor definierte Sensorwerte auf, wird eine Störungsmeldung ausgegeben. Dies kann mit Leuchtmeldern oder menügeführt, das heißt textbasiert oder grafisch, erfolgen. Mögliche Abhilfemaßnahmen werden dem Bedienpersonal in Störungslisten oder interaktiv bereitgestellt. Abbildung 1-4 verdeutlicht die Zusammenhänge. Die verfügbaren Störungsmeldungen basieren auf den Erfahrungen der projektierenden Ingenieure sowie auf den Wünschen der Fahrzeugbetreiber und -inbetriebsetzer. Dieses Konzept bezeichnet die Schienenfahrzeugindustrie momentan als Diagnose.

Dabei ist es gängige Praxis, dass die Diagnose in der Bearbeitung von Fahrzeugprojekten eine geringe Priorität hat. Diagnosesysteme, die über die Funktionalität eines Diagnosetools hinausgehen, sind daher eine Ausnahme.

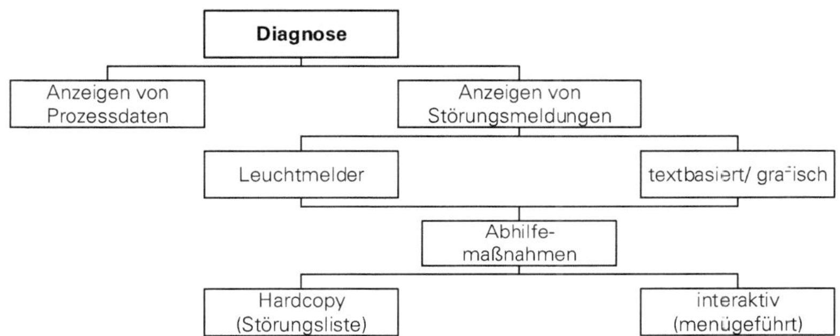

Abbildung 1-4: Status quo der Diagnose in Schienenfahrzeugen
Quelle: eigene Darstellung

Die Abstimmung zwischen dem Fahrzeughersteller als Systemintegrator und den Subsystemlieferanten erweist sich dabei immer wieder als Herausforderung, da sowohl hard- und software- als auch prozesstechnisch keine einheitlichen Schnittstellen definiert sind und die Fahrzeughersteller in der Regel nicht auf die Zustandsdaten innerhalb der Subsysteme zurückgreifen können.

Je nach Einsatzbereich werden für zahlreiche Subsysteme von Schienenfahrzeugen Diagnosesysteme gefordert. Eine Übersicht hierzu gibt Tabelle 1-1.

Tabelle 1-1: Überwachungsbedürftige Subsysteme von Schienenfahrzeugen
Quellen: UIC 557, VDV 164 und VDV 166/2

	Vollbahnen	**Straßen-/Stadt-/U-Bahnen**	
Subsystem	**UIC 557**	**VDV 164**	**VDV 166/2**
Beleuchtung		X	
Bordnetz		X	X
Bremsanlage	X	X	
Datenbusse		X	
Druckluftversorgung	X		
Energieversorgung	X	X	
Fahrausweisentwerter		X	
Fahrgastalarm		X	
Fahrgastinformationssystem	X	X	X
Klimatisierung (HKL)	X	X	X
Kommunikationseinrichtungen		X	X
Kücheneinrichtung	X		
Laufwerk	X		
Sandstreuanlage		X	

Tabelle 1-1: Überwachungsbedürftige Subsysteme von Schienenfahrzeugen, fortgesetzt

	Vollbahnen	Straßen-/Stadt-/U-Bahnen	
Subsystem	**UIC 557**	**VDV 164**	**VDV 166/2**
Sanitäreinrichtungen	X		
Sensorik		X	
Sicherung			X
Spurkranzschmierung		X	
Steuerung		X	X
Traktionsausrüstung		X	
Türen	X	X	X
Zug-/Stoßeinrichtung		X	

Die große Anzahl von Subsystemen auf Schienenfahrzeugen und die bisher nicht standardisierte Vorgehensweise bei der Projektierung von Diagnosesystemen bieten ein großes Potential für neue Ansätze. Dies ist umso wichtiger, je mehr die Hauptfunktionen der Schienenfahrzeuge von der Funktionsfähigkeit der Subsysteme abhängig sind und die Verfügbarkeit der Subsysteme dementsprechend die Gesamtverfügbarkeit eines Schienenfahrzeugs beeinflusst (SCHRANIL 2013).

Schienenfahrzeuge sind komplexe mechatronische Systeme, die aus verschiedenen Subsystemen zusammengesetzt sind. Diese sind zum Beispiel, wie in Tabelle 1-2 dargestellt, in Hauptbaugruppen entsprechend DIN EN 15380-2 differenzierbar. Die Hauptproduktgruppen B – E haben ihrer Ausführung und Aufgabe nach einen mechanisch dauer- oder betriebsfesten Charakter. Die Hauptbaugruppen G, J und R sind redundant ausgeführt. Aufgrund ihrer Bedeutung für die Funktionen des Fahrzeugs unterliegen die Hauptbaugruppen E, F und R bereits einer strengen Überwachung. Die Hauptproduktgruppe J bildet insofern eine Ausnahme, als dass die Unterproduktgruppen nur teilweise für die Funktionen des Fahrzeugs relevant sind (Mess- und Schutzeinrichtungen, Sicherheitseinrichtungen).

Tabelle 1-2: Hauptproduktgruppen von Schienenfahrzeugen
Quelle: DIN EN 15380-2

Kennzeichen	Benennung	Kennzeichen	Benennung
B	Fahrzeugkasten	L	Klimatisierung
C	Fahrzeugausbau	M	Nebenbetriebsanlage
D	Fahrzeuginneneinrichtung	N	Türen, Einstiege
E	Fahrwerk	P	Informationseinrichtungen
F	Energieanlage, Antriebsanlage	Q	Pneumatik/Hydraulik
G	Steuerungsanlage für Fahrbetrieb	R	Bremse
H	Hilfsbetriebsanlage	S	Fahrzeugverbindungseinrichtungen
J	Überwachungs- und Sicherheitseinrichtungen	T	Tragsysteme, Umschließungen
K	Beleuchtung	U	elektrische Leitungsverlegung

Im Gegensatz dazu sind die Hauptproduktgruppen H, K – Q und S – U wenig oder nicht systematisch überwacht. Insbesondere die in DIN EN 15380-2 als Hilfsbetriebeanlagen bezeichneten Betriebsmittel bilden eine große Gruppe von Subsystemen im Schienenfahrzeug, die wesentliche Funktionen, insbesondere das Kühlen der Antriebsanlagen, erfüllt. Abbildung 1-5 zeigt beispielhaft Art und Anzahl der mit elektrischen Antrieben versehenen Hilfsbetriebeanlagen einer elektrischen Lokomotive. Hinzu kommen mit den Batterieladegeräten, den Batterien, den Gleichstromstellern, der Zugsammelschiene, den Heizungen, der Beleuchtung und den Hilfswechselrichtern weitere elektrische Betriebsmittel, die wichtige Teilfunktionen in Triebfahrzeugen erfüllen.

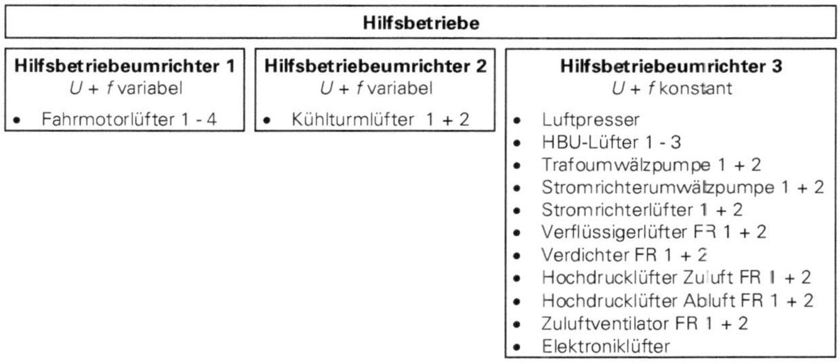

Abbildung 1-5: Hilfsbetriebe mit elektrischer Antriebsmaschine
Quellen: eigene Darstellung nach STEIMEL (2014) und STILL & HAMMER (1996)

Im Gegensatz zum bisher verbreiteten Verständnis, dass Diagnose auf Störungen aufmerksam machen soll, wird sie in DIN EN 60706-5, DIN EN 13306 und VDI 2889 als Prozess verstanden, bei dem von den Symptomen auf die Natur eines Fehlzustandes geschlossen werden soll. Demnach reicht es nicht aus, nur das Auftreten einer Störung anzuzeigen und zu dokumentieren. Darüber hinaus muss die Ursache der Störung lokalisiert werden, was zurzeit nur für die wenigsten Störungen geschieht. Dies liegt nach VDI 2889 insbesondere am Aufwand für die notwendige Sensorik und das Projektieren eines Diagnosesystems.

Eine ganzheitliche Diagnosearchitektur soll dazu beitragen, die Lebenszykluskosten eines Schienenfahrzeuges zu reduzieren, indem sie vor allem in der Nutzungsphase Zeit und Aufwand für die Fehlersuche verringert und damit die Instandhaltung vereinfacht. Die Lebenszyklusphasen eines Schienenfahrzeugs sind in Tabelle 1-3 zusammengefasst. Neben den Phasen Fehlersuche, Wartung und Instandhaltung beeinflusst eine ganzheitliche Diagnosearchitektur ebenfalls die Phasen Entwicklung und Inbetriebsetzung.

Tabelle 1-3: Lebenszyklusphasen eines Schienenfahrzeugs
Quellen: DIN EN 60300-3-3 und DIN EN 15380-1

Lebenszyklusphase		
DIN EN 60300-3-3		**DIN EN 15380-1**
Anschaffungsphase	Konzept und Definition	funktionales Lastenheft (Ausschreibung)
		Entwurf/Angebot
		Pflichtenheft
	Entwurf und Entwicklung	***Entwicklung (Systemauslegung)***
		Konstruktion
		Materialbeschaffung/Einkauf
	Herstellung	Vormontage
		Vorprüfung
	Einbau	Fahrzeugmontage
Nutzungsphase	Betrieb und Instandhaltung	***Inbetriebsetzung/Prüfung/Zulassung***
		Betriebseinsatz
		Fehlersuche
		Wartung
		Instandhaltung
Nachnutzungsphase	Entsorgung	Recycling

Da die Instandhaltung an den Lebenszykluskosten eines Schienenfahrzeuges etwa ein Fünftel ausmacht, ist bei Anwendung eines ganzheitlichen Diagnosesystems mit einem signifikanten Einsparpotential zu rechnen (vgl. Abbildung 1-6 und Abbildung 1-7). Schienenfahrzeuge legen in ihrer 30- bis 40-jährigen Einsatzzeit je nach Fahrzeugtyp Strecken von 3 Mio. km bis 15 Mio. km zurück, was einen entsprechenden Instandhaltungsbedarf generiert (vgl. Anhang A.5).

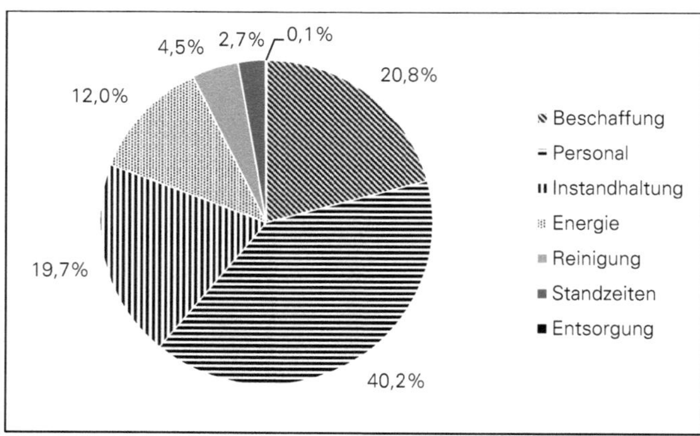

Abbildung 1-6: Aufteilung der Lebenszykluskosten bei Dieseltriebwagen
Quelle: eigene Darstellung nach HECHT ET AL. (2014)

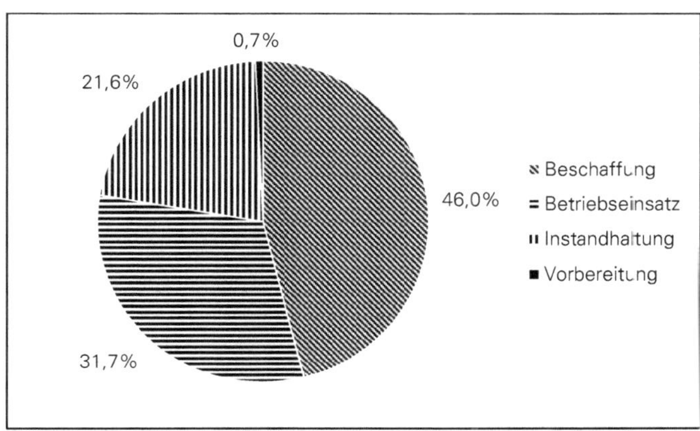

Abbildung 1-7: Aufteilung der Lebenszykluskosten bei einem ICE-2-Triebzug
Quelle: eigene Darstellung nach STRAUß (2002)

Dementsprechend soll eine ganzheitliche Diagnosearchitektur die Standzeiten des Schienenfahrzeuges in der Instandhaltung (MTTR) verkürzen, was den Ausfall der Einnahmen, die Ausgaben für den Standplatz in der Werkstatt und gegebenenfalls die Ausgaben für ein Ersatzfahrzeug minimiert.

Eine ganzheitliche Diagnosearchitektur soll ebenfalls die Inbetriebsetzung eines Schienenfahrzeugs rationalisieren, indem es die Störungssuche aufgrund des Aufbaus der Diagnosemeldungen vereinfacht und die Integration zusätzlicher Sensoren für die Inbetriebnahme ermöglicht.

1.2 ZIELSETZUNG

Ziel der vorliegenden Arbeit ist die Entwicklung einer ganzheitlichen Diagnosearchitektur, die neben den Forderungen nach einer zuverlässigen Diagnose auch die diversifizierten Anforderungen an die verschiedenen Subsysteme sowie die funktionalen Abhängigkeiten zwischen diesen berücksichtigt. Die ganzheitliche Diagnosearchitektur soll DIN EN 60706-5 genügen, über eine transparente Struktur und Datenbasis verfügen sowie flexibel an die Eigenschaften von Fahrzeugsystemen anpassbar sein.

Um dieses Ziel zu erreichen, müssen die auf Basis der im vorherigen Kapitel geschilderten Sachlage formulierten sieben Forschungsfragen beantwortet werden:

Frage 1 – Anforderungsdefinition Diagnosearchitektur:

Welche Anforderungen werden an eine ganzheitliche Diagnosearchitektur gestellt?

Hypothese 1.1:

Die Anforderungen an eine ganzheitliche Diagnosearchitektur sind insbesondere in den aktuellen Normen- und Regelwerken sowie in den bisher zum Thema *Diagnose* durchgeführten Untersuchungen formuliert und lassen sich in verschiedene Anforderungsklassen einteilen.

Frage 2 – Anforderungsdefinition Subsysteme:

Welche Anforderungen werden an die Subsysteme im Bordnetz von Schienenfahrzeugen gestellt und wie müssen sie formuliert werden, damit mit möglichst wenigen Anforderungen möglichst viele Systeme beschrieben werden können?

Hypothese 2.1:

Die Anforderungen an die Subsysteme im Bordnetz von Schienenfahrzeugen können modularisiert werden, indem sie den Teilfunktionen des Subsystems entsprechend systematisiert werden.

Frage 3 – Entwicklungsansatz:

Ist es möglich, ein Diagnosesystem für Schienenfahrzeuge mitsamt eines dazugehörigen Projektierungsprozesses zu entwickeln, das neben den Anforderungen an die Diagnose auch die besonderen Anforderungen an Schienenfahrzeuge und deren Betrieb berücksichtigt?

Hypothese 3.1:

Es ist möglich eine ganzheitliche Diagnosearchitektur zu entwickeln, wenn die Anforderungen an

- Diagnosesysteme,
- die Subsysteme im Bordnetz,
- die Integration des Diagnosesystems in ein Schienenfahrzeug,
- das Übertagen der Informationen im Fahrzeug und zwischen Fahrzeug und Zentrale sowie
- das Verarbeiten der Informationen

systematisch analysiert werden.

Frage 4 – Datenaufbereitung:

Wie müssen die Anforderungen aufbereitet werden, damit diese mit einer ganzheitlichen Diagnosearchitektur verarbeitet werden können?

Hypothese 4.1:

Um die Anforderungen an Diagnosesysteme zu erfüllen, müssen die Modelle in übersichtliche Basistabellen überführt werden, auf deren Grundlage eine Berechnung der erkennbaren Störungen möglich ist.

Hypothese 4.2:

Neben dem Berechnen der erkennbaren Störungen ist es ebenfalls möglich, die notwendigen Sensoren zu bestimmen, um theoretisch alle Störungen erkennen zu können.

Hypothese 4.3:

Das Verknüpfen der bereits vorhandenen Informationen über ein Subsystem sowie der Zustandsinformationen der einzelnen Subsysteme führt gegenüber der bisherigen Praxis zu einem deutlichen Mehrwert.

Frage 5 – Variabilität:

Wie muss ein Projektierungsprozess für ein Diagnosesystem auf Schienenfahrzeugen strukturiert sein, damit sowohl der Projektierungsprozess als auch das Diagnosesystem für verschiedene Subsysteme im Bordnetz von Schienenfahrzeugen angewandt werden können?

Hypothese 5.1:

Eine ganzheitliche Diagnosearchitektur kann für verschiedene Subsysteme angewandt werden, wenn sie entsprechend den Hypothesen 1.1, 2.1 und 3.1 entworfen werden.

Frage 6 – Funktionsnachweis:

Kann die Funktionsfähigkeit der ganzheitlichen Diagnosearchitektur nachgewiesen werden?

Hypothese 6.1:

Die Funktionsfähigkeit des entwickelten Diagnosesystems kann durch Versuchsaufbauten und Simulationen nachgewiesen werden.

Hypothese 6.2:

Die Gesamtfunktionalität der ganzheitlichen Diagnosearchitektur kann nur durch eine prototypische Umsetzung auf einem Schienenfahrzeug nachgewiesen werden.

Frage 7 – Aufwandsabschätzung:

Ist der Aufwand für die Anwendung einer ganzheitlichen Diagnosearchitektur abschätzbar?

Hypothese 7.1:

Im Rahmen einer Erstentwicklung eines ganzheitlichen Diagnosesystems für ein Subsystem ist mit einem Mehraufwand gegenüber der jetzigen Projektierungspraxis zu rechnen.

Hypothese 7.2:

Neben der Entwicklung des Diagnosesystems kann auch die Entwicklung der Subsysteme im Bordnetz von Schienenfahrzeugen vereinfacht werden, da ein einmal systematisch ausgelegtes System an veränderte Bedingungen, das heißt ein anderes Fahrzeug oder eine andere Einsatzumgebung, anpassbar ist.

Der Fokus der Arbeit ist auf die Diagnose sowie das Betriebs- und Störungsverhalten der Subsysteme im Bordnetz von Schienenfahrzeugen gerichtet. Schwerpunkte sind neben der Struktur der ganzheitlichen Diagnosearchitektur die Anforderungen und die Modelle der Subsysteme sowie der Algorithmus zum Berechnen des Diagnoseraums.

1.3 BEGRIFFSDEFINITIONEN

1.3.1 Begriffsraum

Die vorliegende Arbeit referenziert aufgrund der Thematik häufig die im Folgenden erläuterten Begriffe. Abbildung 1-8 versinnbildlicht, wie diese Begriffe zusammenhängen und warum sie daher für diese Arbeit von hoher Relevanz sind.

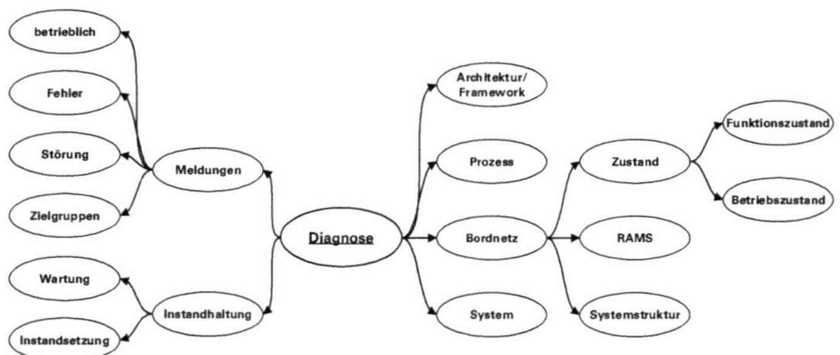

Abbildung 1-8: Mindmap zum Begriffsraum *Diagnose*
Quelle: eigene Darstellung

1.3.2 Diagnose

Der Begriff ***Diagnose*** beschreibt im allgemeinen Sprachgebrauch sowohl den Diagnoseprozess als auch die Diagnosemeldung. Der ***Diagnoseprozess*** ist der eigentliche Vorgang der Diagnosefindung und bedingt Daten oder Modelle, anhand derer Störungen und deren Ursachen in den überwachten Systemen identifiziert werden können (DIN EN 60706-5 und DIN EN 13306). Eine ***Diagnosemeldung*** ist eine kodiert oder als Klartext ausgegebene Meldung, die wenigstens Ursache und Auswirkung einer identifizierten Störung enthält. Sie stellt das Ergebnis des Diagnoseprozesses dar.

Der Diagnoseprozess ist an sich nicht sicherheitsrelevant. Er wird es erst, wenn er an eine Zustandsüberwachung gekoppelt wird, mit der die Instandhaltungszeitpunkte dynamisch bestimmt werden sollen oder wenn er Teil einer kontinuierlichen Zustandsüberwachung ist. Die Diagnosemeldung ist sicherheitsrelevant, wenn aus ihr ein unmittelbarer Handlungsbedarf zur Gewährleistung der Sicherheit hervorgeht.

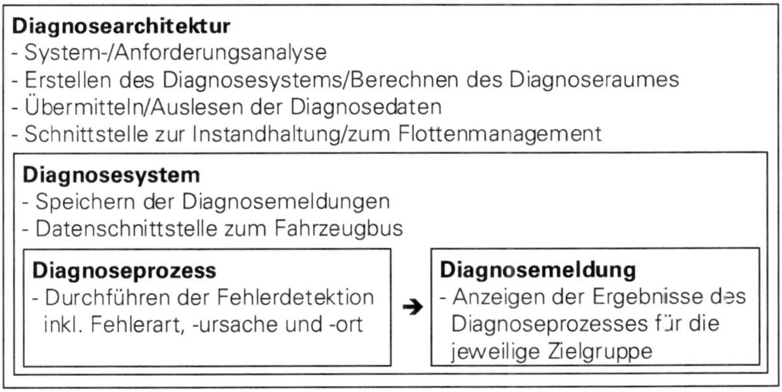

Diagnosearchitektur
- System-/Anforderungsanalyse
- Erstellen des Diagnosesystems/Berechnen des Diagnoseraumes
- Übermitteln/Auslesen der Diagnosedaten
- Schnittstelle zur Instandhaltung/zum Flottenmanagement

Diagnosesystem
- Speichern der Diagnosemeldungen
- Datenschnittstelle zum Fahrzeugbus

Diagnoseprozess
- Durchführen der Fehlerdetektion inkl. Fehlerart, -ursache und -ort

➔

Diagnosemeldung
- Anzeigen der Ergebnisse des Diagnoseprozesses für die jeweilige Zielgruppe

Abbildung 1-9: Diagnosearchitektur
Quelle: eigene Darstellung

Das Durchführen des Diagnoseprozesses und das Anzeigen der Diagnosemeldungen werden durch das ***Diagnosesystem*** realisiert. Dieses dient weiterhin als Schnittstelle zu einem Speicher für die Diagnosemeldungen und als Schnittstelle zur informationstechnischen Infrastruktur des Fahrzeugs. Der Datenspeicher selbst kann Bestandteil des Diagnosesystems sein oder zentral im einzelnen Fahrzeug oder im Zug angeordnet sein (vgl. Kapitel 4.3.2). Über die Schnittstelle zum Fahrzeugbus stehen für den Diagnoseprozess Daten anderer Fahrzeugsysteme und der Umwelt zur Verfügung (vgl. Kapitel 4.3.1.3).

Die ***Diagnosearchitektur*** umfasst neben dem Diagnosesystem auch die Analyse der Fahrzeugsysteme, das Erstellen des Diagnosesystems, die Übermittlungsstrategie zwischen Fahrzeug- und Landseite und die Schnittstelle zur Instandhaltung (vgl. Abbildung 1-9).

Der vollständige ***Diagnoseraum*** ist die Gesamtheit aller möglichen Störungen, die theoretisch durch ein ganzheitliches Diagnosesystem detektiert werden können. Der tatsächliche Diagnoseraum ist die Gesamtheit aller Störungen, die aufgrund der verbauten Sensoren praktisch durch ein ganzheitliches Diagnosesystem detektiert werden können.

1.3.3 Bordnetz

Als ***Bordnetz*** im Sinne dieser Arbeit wird das fahrzeuginterne Energieversorgungsnetz zur Speisung aller Subsysteme bezeichnet, die nicht unmittelbar zur Traktion beitragen. Dieses muss nicht ausschließlich elektrisch, sondern kann auch in Teilen hydrostatisch oder pneumatisch ausgeführt sein (vgl. Kapitel 2.2.1).

1.3.4 Fehler

Gemäß DIN EN 13306 ist ein ***Fehler*** der Zustand einer Einheit, in dem sie unfähig ist, eine geforderte Funktion zu erfüllen (ausgenommen die Unfähigkeit während der präventiven Instandhaltung oder anderer geplanter Maßnahmen oder infolge des Fehlens externer Hilfsmittel). Fehler sind eine Teilmenge von Störungen.

In DIN EN 15380-4 wird ein ***Fehler*** etwas allgemeiner als Abweichung vom beabsichtigten Entwurf verstanden, die zum unerwünschten Systemverhalten oder zur Fehlfunktion führen könnte. Die gleiche Definition wird in ISERMANN & BALLÉ (1997) gegeben (fault → Fehler laut OXFORD DICTIONARY).

Die Eisenbahnsicherungstechnik versteht unter ***Fehlern*** Defekte an redundanten Bauteilen, die eine ordnungsgemäße Wirkungsweise der Anlage nicht beeinträchtigen (speziell bei Bahnübergängen: Ausfall eines Glühfadens im Blinklichtsignal, Ausfall eines Glühfadens im Gelblicht, Wirkversagen eines Einschaltkontakts, Netzausfall, Unterspannung der Kennlichtbatterie, vgl. ARNOLD 1980).

Da im technischen Sprachgebrauch keine einheitliche Definition für einen Fehler existiert, soll ein ***Fehler*** im Sinne dieser Arbeit und der entwickelten Diagnosearchitektur ein Ereignis sein, nach dessen Auftreten entweder ein Teilsystem oder das gesamte Fahrzeug außer Betrieb genommen werden muss, da ein sicherer Zustand nicht hergestellt werden kann.

1.3.5 Störung

Gemäß DIN EN 13306 ist eine ***Störung*** der Zustand einer Einheit, der durch ihre aus irgendeinem Grund vorhandene Unfähigkeit gekennzeichnet ist, eine geforderte Funktion zu erfüllen.

In der Eisenbahnsicherungstechnik sind ***Störungen*** Mängel, bei denen eine sichere Funktion der Anlage nicht gewährleistet ist (speziell bei Bahnübergängen: Ausfall beider Glühfäden eines Blinklichtsignals, gestörter Schrankenantrieb, Funktionsuntüchtigkeit eines wichtigen Relais, zu niedrige Batteriespannung, Weißlicht am Überwachungssignal bleibt nach der Fahrt eingeschaltet, vgl. ARNOLD 1980).

In ISERMANN & BALLÉ (1997) werden ***Störungen*** als eine vorrübergehende Abweichung in der Erfüllung der Systemfunktionen gesehen (malfunction → Störung laut OXFORD DICTIONARY).

Da im technischen Sprachgebrauch keine einheitliche Definition für eine Störung existiert, soll eine ***Störung*** im Sinne dieser Arbeit und der entwickelten Diagnosearchitektur unabhängig von den Auswirkungen ein Ereignis sein, das die Funktionen eines Teilsystems oder des gesamten Fahrzeugs beeinträchtigt. Der zeitliche Verlauf von Störungen hat eines der Profile, die in Abbildung 1-10 dargestellt sind.

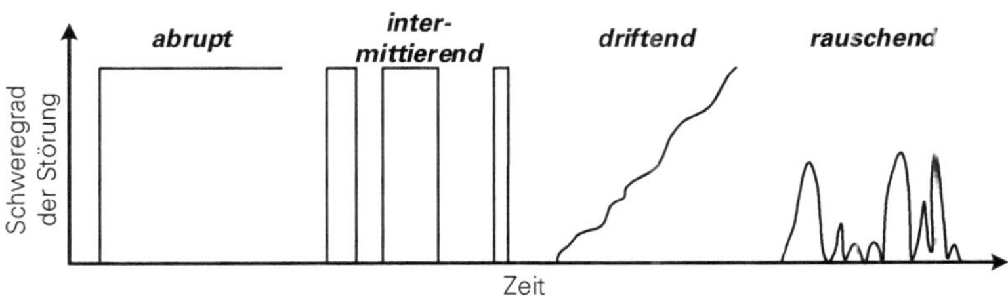

Abbildung 1-10: Zeitlicher Verlauf von Störungen
Quellen: eigene Darstellung nach BAI (2010) und ISERMANN & BALLÉ (1997)

1.3.6 Systemstruktur

Ein ***System*** ist eine Zusammenfassung von technisch-organisatorischen Mitteln zur autonomen Erfüllung eines Aufgabenkomplexes. Ein System kann aus mehreren Teilsystemen (Subsystemen) bestehen (DIN 25454-1). Das System ist das Schienenfahrzeug selbst.

Ein ***Teilsystem*** (***Subsystem***) ist eine Kombination von Komponenten, um zusammenhängende Aufgaben innerhalb eines technischen Systems zu lösen (DIN 25454-1). Subsysteme sind zum Beispiel das Antriebssystem und die Seiteneinstiegssysteme.

Eine ***Komponente*** ist die kleinste Betrachtungseinheit eines technischen Systems. Einer Komponente ist mindestens ein Funktionselement zugeordnet (DIN 25454-1). Komponenten sind beispielsweise die Fahrmotoren und die Türantriebe.

Ein ***Funktionselement*** ist die unterste Betrachtungseinheit eines Systems. Einem Funktionselement darf nur eine Funktion (beispielsweise schalten, drehen, sperren, öffnen, mit Energie versorgen) zugeordnet sein (DIN 25454-1). Funktionselemente sind zum Beispiel Läufer und Stator eines Motors sowie das Türblatt eines Seiteneinstiegssystems.

1.3.7 Instandhaltung

Instandhaltung ist die Kombination aller technischen und administrativen Maßnahmen sowie Maßnahmen des Managements während des Lebenszyklus einer Betrachtungseinheit zur Erhaltung des funktionsfähigen Zustands oder der Rückführung in diesen, so dass sie die geforderte Funktion erfüllen kann (DIN 31051 und DIN EN 50126). Für die Instandhaltung existieren die Strategien gemäß Abbildung 1-11.

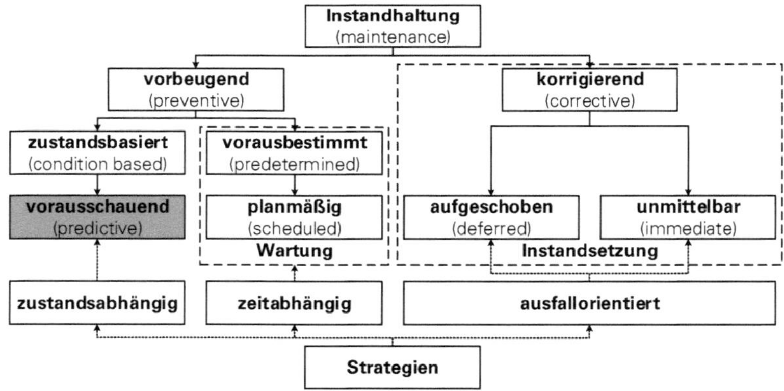

Abbildung 1-11: Instandhaltungsmaßnahmen und -strategien
Quellen: eigene Darstellung nach DIN EN 13306 und GUTSCHE (2009)

Die ***vorausschauende Instandhaltung*** ist die am höchsten entwickelte Instandhaltungsstrategie, bei der mithilfe von Modellen der Ausfallzeitpunkt von Strukturelementen (vgl. Kapitel 1.3.6) vorausberechnet wird. Je höher die Auflösung der Betrachtung, umso komplexer sind die Modelle und Maßnahmen zum Bestimmen des Ausfallzeitpunktes. Ziel der vorausschauenden Instandhaltung ist es, ein System möglichst lang zu betreiben und dennoch vor einer Störung einzugreifen.

Wird die Instandhaltung in vorgegebenen Zeitabständen oder nach vorgeschriebenen Kriterien durchgeführt und dient sie zur Verringerung der Ausfallwahrscheinlichkeit oder zur Verbesserung der Funktion einer Einheit, wird sie als ***Wartung*** bezeichnet (vgl. Anhänge A.5 und A.6).

Die ***Instandsetzung*** oder ***Reparatur*** einer Betrachtungseinheit bezeichnet deren Rückführung in einen funktionsfähigen Zustand. Verbesserungen sind hiervon ausdrücklich ausgenommen (DIN 31051 und DIN EN 50126).

1.3.8 RAMS

Die ***Zuverlässigkeit*** (Reliability) beschreibt die Wahrscheinlichkeit, dass eine Einheit eine geforderte Funktion unter gegebenen Bedingungen für eine bestimmte Zeit erfüllen kann (DIN EN 50126).

Die ***Verfügbarkeit*** (Availability) ist die Fähigkeit eines Produkts, sich in einem Zustand zu befinden, in dem es unter vorgegebenen Bedingungen zu einem vorgegebenen Zeitpunkt oder während einer vorgegebenen Zeitspanne unter der Voraussetzung, dass die erforderlichen äußeren Betriebsmittel bereitstehen, eine geforderte Funktion erfüllen kann (DIN EN 50126).

Die ***Instandhaltbarkeit*** (Maintainability) ist die Wahrscheinlichkeit, dass für eine Komponente unter gegebenen Einsatzbedingungen eine bestimmte Instandhaltungsmaßnahme innerhalb einer festgelegten Zeitspanne ausgeführt werden kann, wenn die Instandhaltung unter festgelegten Bedingungen erfolgt und festgelegte Verfahren und Hilfsmittel eingesetzt werden (DIN EN 50126).

Die ***Sicherheit*** (Safety/Security) ist das Nichtvorhandensein eines unzulässigen Schadensrisikos (DIN EN 50126), das entweder von der Technik (Safety) oder vom Menschen (Security) herrühren könnte.

1.3.9 Zielgruppen für Diagnoseinformationen

Zielgruppen für Diagnoseinformationen ein Schienenfahrzeug betreffend können die folgenden sein (vgl. HECHT ET AL. 2014):

- Triebfahrzeugführer,
- Zugbegleiter,
- Instandhalter,
- Flottenmanager,
- Fahrgast,
- Fahrzeugentwickler.

Jede Zielgruppe soll die für sie wichtigen Informationen bekommen. Wesentliche Paramater hierfür sind die Dringlichkeit einer Diagnosemeldung sowie der anzuzeigende Detaillierungsgrad der Diagnoseinformationen.

Tabelle 1-4: Zielgruppenrelevanz von Diagnoseinformationen
Quelle: eigene Darstellung

	Dringlichkeit		Detaillierungsgrad	
Zielgruppe	Antrieb	Komfort	Antrieb	Komfort
Triebfahrzeugführer				
Zugbegleiter				
Instandhalter				
Flottenmanager				
Fahrgast				
Fahrzeugentwickler				

Wie in Tabelle 1-4 beispielhaft dargestellt, variieren Dringlichkeit und Detaillierungsgrad von Diagnoseinformationen für die einzelnen Zielgruppen in Abhängigkeit des gestörten Systems.

Für den Fahrgast sind zum Beispiel Störungen im Antriebssystem nicht relevant, solang er sein Ziel pünktlich erreicht. Der Detaillierungsgrad der Diagnoseinformationen muss in jedem Fall für den Fahrzeugentwickler und Instandhalter am größten sein, da dieser die Störung bei neuen Fahrzeugen möglichst ausschließen oder frühzeitig erkennen beziehungsweise das betroffene System reparieren muss.

1.3.10 Diagnosemeldungen

Diagnosemeldungen sind das Ergebnis des Diagnoseprozesses (vgl. Kapitel 1.3.1).

Eine ***Fehlermeldung*** im Sinne dieser Arbeit ist eine Diagnosemeldung, nach deren Auftreten ein Teilsystem eines Schienenfahrzeugs oder das gesamte Schienenfahrzeug außer Betrieb genommen werden muss (vgl. Kapitel 1.3.4).

Eine ***Störungsmeldung*** im Sinne dieser Arbeit ist eine Diagnosemeldung, die eine Funktionsbeeinträchtigung eines Teilsystems eines Schienenfahrzeugs anzeigt (vgl. Kapitel 1.3.5).

Eine ***Warnmeldung*** *(Warnung)* im Sinne dieser Arbeit ist eine Diagnosemeldung, die vor dem Eintreten einer Störung warnt.

Eine ***betriebliche Meldung*** im Sinne dieser Arbeit sind alle Meldungen, die während des normalen Betriebs eines Teilsystems im Schienenfahrzeug generiert werden.

1.3.11 Zustand

Der ***Funktionszustand*** eines Systems oder Funktionselements im Sinne dieser Arbeit ist der aktuelle Status bezogen auf den Funktionsablauf (vgl. Kapitel 4.2.3.2).

Der ***Betriebszustand*** im Sinne dieser Arbeit ist der aktuelle Status eines Schienenfahrzeugs oder Systems bezogen auf die aktuelle Funktionsfähigkeit (vgl. Kapitel 2.2.6).

2 STAND VON WISSENSCHAFT UND TECHNIK

2.1 EINTEILUNG DER SCHIENENFAHRZEUGE

Die Einteilung der Schienenfahrzeuge ist für Diagnosesysteme von Relevanz, da für Züge, die betrieblich getrennt werden, eine andere Migrationsstrategie notwendig ist als für solche, die nur in der Werkstatt trennbar sind. Dies betrifft sowohl die Datenübertragung im Zug als auch die zur Landseite. Zudem sind im Personenverkehr zum Teil andere Subsysteme notwendig als im Güterverkehr (vgl. Kapitel 4.3.2).

Die grundsätzliche Einteilung von Eisenbahnfahrzeugen für den Betrieb auf dem Gebiet der Bundesrepublik Deutschland wird in § 18 EBO vorgenommen und ist in Abbildung 2-1 dargestellt.

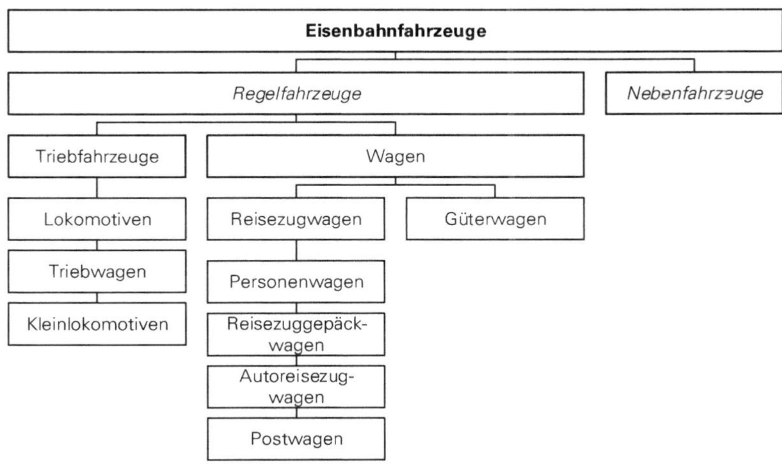

Abbildung 2-1: Einteilung der Eisenbahnfahrzeuge gemäß § 18 EBO
Quelle: eigene Darstellung nach EBO

Die Fahrzeuge können ferner ihrem Einsatzzweck entsprechend klassifiziert werden, wobei die Triebwagen aufgrund der Unterschiede in der Fahrzeugausrüstung in Triebzüge und Multiple Units unterteilt wurden (vgl. Abbildung 2-2). Diese Unterscheidung kann getroffen werden, da Multiple Units im Vergleich zu Triebzügen sehr kurze Fahrzeugeinheiten sind, die in einigen Fällen aus nur einem Fahrzeugteil bestehen. Multiple Units können aufgrund ihrer vergleichsweise geringen Fahrgastkapazität durch Mehrfachtraktion gut an das Fahrgastaufkommen angepasst werden. Triebzüge hingegen bestehen aus mehreren Fahrzeugteilen und werden betrieblich allenfalls in Doppeltraktion eingesetzt. Bei modularen Triebzugkonzepten, die auch kurze Einheiten zulassen (Zwei-/Dreiteiler), ist eine klare Abgrenzung zu Multiple Units nicht immer möglich.

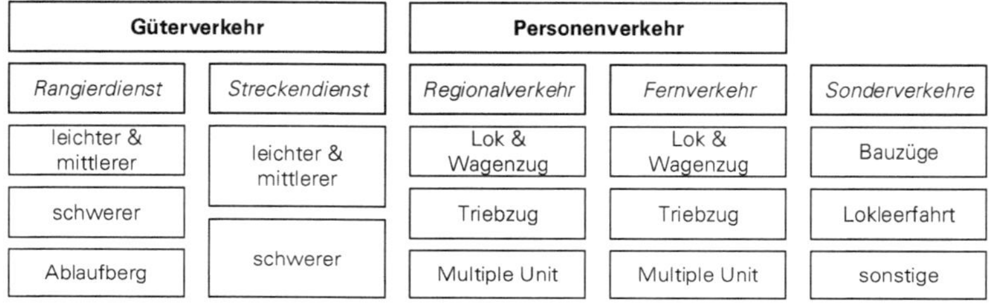

Abbildung 2-2: Klassifizierung der Einsatzzwecke von Schienenfahrzeugen
Quelle: eigene Darstellung

Grundsätzlich ist der Einsatz von Triebzügen und Multiple Units auch im Güterverkehr denkbar. Solche Produktionskonzepte konnten sich bislang nicht durchsetzen.

2.2 SUBSYSTEME IN SCHIENENFAHRZEUGEN

2.2.1 Einteilung

Schienenfahrzeuge und deren Teilsysteme können, wie bereits in Kapitel 1.1 dargelegt, auf unterschiedliche Art und Weise eingeteilt werden. Eine weitere und im Folgenden angewandte Einteilung für die Subsysteme im Bordnetz von Schienenfahrzeugen wurde an der Professur Elektrische Bahnen entwickelt und ist auszugsweise in Abbildung 2-3 dargestellt.

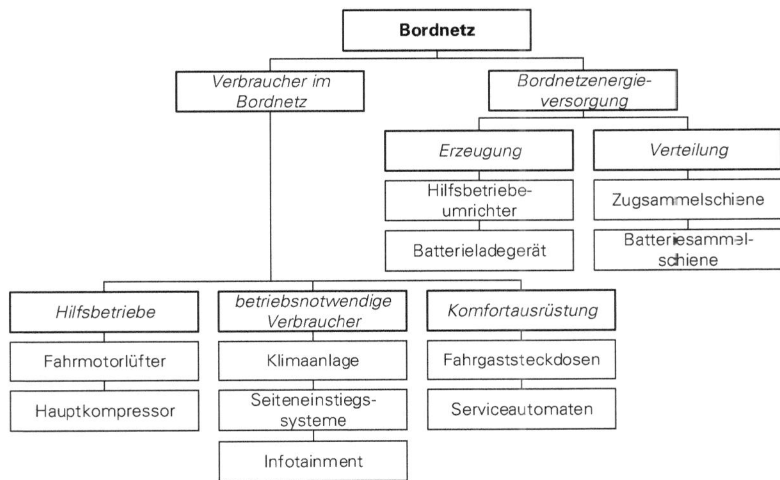

Abbildung 2-3: Beispiele für Subsysteme im Bordnetz
Quelle: eigene Darstellung nach GIEBEL & FRENZKE (2014)

Die allgemein für die Subsysteme im Bordnetz gebräuchliche Bezeichnung *Hilfsbetriebe* stellt nur eine Gruppe der Subsysteme im Bordnetz von Schienenfahrzeugen dar. Zahlenmäßig können, je nach Art des Schienenfahrzeugs, betriebsnotwendige Subsysteme und Komfortausrüstung die größte Subsystemgruppe sein.

2.2.2 Hilfsbetriebe

Als Hilfsbetriebe im Sinne dieser Arbeit werden die Anlagen bezeichnet, die den sicheren und zuverlässigen Betrieb der Antriebs- und Bremsanlagen ermöglichen. Dies wird erreicht, indem die Hilfsbetriebe die maximal zulässige Ausnutzung der Traktionsanlagen gewährleisten und die Antriebsanlage innerhalb der zulässigen Parameter regeln. Zu den Hilfsbetrieben zählen

- Kühleinrichtungen (Lüfter, Pumpen, Wärmetauscher),
- Kompressoren,
- Steuerungseinrichtungen und
- Sandungseinrichtungen.

Sollte eines dieser Systeme gestört oder ausgefallen sein, hat dies in der Regel direkt Auswirkungen auf die Verfügbarkeit des Fahrzeugs, weil zum Beispiel die Kühlung oder die Steuerungseinrichtung der Traktionskomponenten nur noch eingeschränkt oder nicht mehr funktioniert, der Druck in der Hauptluftbehälterleitung nicht aufrecht erhalten oder der notwendige Kraftschluss nicht erzeugt werden kann. Hilfsbetriebe sind demnach neben einem Teil der betriebsnotwendigen Subsysteme die wichtigste Gruppe der Subsysteme im Bordnetz eines Schienenfahrzeugs.

2.2.3 Betriebsnotwendige Subsysteme

Als betriebsnotwendige Subsysteme im Sinne dieser Arbeit werden die Anlagen bezeichnet, die zum Erfüllen der Transportaufgabe notwendig sind, nicht aber zum Betrieb der Traktionsanlagen. Sie sind zum Großteil vom Gesetzgeber vorgegeben und sollen die Sicherheit und den Komfort der Fahrgäste und des Zugpersonals gewährleisten. Zu den betriebsnotwendigen Subsystemen zählen

- Anlagen zur Zugsteuerung (Fahrzeugleittechnik),
- Anlagen zur Zugsicherung,
- Anlagen zur Kommunikation,
- Anlagen zum Klimatisieren von Führerstand und Fahrgastraum,
- Beleuchtungsanlagen,
- Brandmeldeanlegen,
- Seiteneinstiegs- und Wagenübergangssysteme,
- Fahrgastinformations- und -entertainmentsysteme,
- Nasszelle,
- Spurkranzschmierung und
- Diagnosesysteme.

Die Diagnosesysteme können auch direkt in die Steuergeräte der Subsysteme integriert sein, wobei sie dann keine separaten Subsysteme in der Fahrzeugstruktur darstellen.

2.2.4 Komfortausrüstung

Als Komfortausrüstung im Sinne dieser Arbeit werden die Anlagen bezeichnet, die den Aufenthalt des Fahrgastes im Zug angenehm gestalten sollen. Hierzu zählen

- Steckdosen am Platz,
- Leseleuchten,
- Verbraucher des Bordrestaurants/-bistros und
- Serviceautomaten (Tickets, Snacks, Getränke).

Die Funktionen des Fahrgastentertainments sind in der Regel eng mit denen des Fahrgastinformationssystems verflochten, weshalb beide Systeme bei den betriebsnotwendigen Subsystemen zusammengefasst sind.

2.2.5 Bordnetzenergieversorgung

2.2.5.1 Erzeugen und Bereitstellen

Als Betriebsmittel zum Erzeugen und Bereitstellen von Leistung im Bordnetz im Sinne dieser Arbeit werden solche bezeichnet, welche die für die Subsysteme im Bordnetz notwendige Leistung erzeugen oder umarten oder diese puffern beziehungsweise im Fehlerfall Leistung unabhängig von der Erzeugung bereitstellen. Zum Erzeugen und/oder Umarten dienen

- spezielle Wicklungen im Traktionstransformator,
- Hilfsbetriebeumrichter,
- Bordnetzumrichter,
- Hydrostatikpumpen und
- Kompressoren.

Zum Puffern des Leistungsbedarfs und Speichern von Energie zum Stützen des Bordnetzes im Falle des Ausfalls der Einspeisung dienen in der Regel Batterien.

2.2.5.2 Verteilen

Als Strukturen zum Verteilen von Bordnetzenergie im Sinne dieser Arbeit werden solche bezeichnet, die die Leistung zu den Subsystemen übertragen. Diese Strukturen sind gleichzeitig ein großer Teil der physischen Infrastruktur eines Bordnetzes und werden umgangssprachlich als Bordnetz bezeichnet.

Der Aufbau der Verteilungsebenen variiert zwischen verschiedenen Triebfahrzeugen aufgrund der Fahrzeug- und Antriebsart zum Teil erheblich. Eine allgemeingültige Beschreibung ist daher nicht möglich. Anhand von Beispielen wird der Aufbau grundsätzlich erläutert. In Tabelle 2-1 sind die häufig angewandten Spannungen und Frequenzen der Verteilebenen sowie typische Verbraucher im Bordnetz zusammengefasst.

Tabelle 2-1: Verteilebenen im Bordnetz von Schienenfahrzeugen
Quellen: DIN EN 60077-1 und DIN CLC/TS 50534

Spannungsebene	Frequenz	Verbraucher
DC 3000/1500 V	0 Hz	Hilfsbetriebe-/Bordnetzumrichter, Heizregister
1 AC 1500 V	50 Hz	
DC 1200 V	0 Hz	
1 AC 1000 V	16,7/22 Hz	
DC 670 V	0 Hz	
DC 600/750 V	0 Hz	
3 AC 380/400 V	50 Hz	Hilfsbetriebe-/Bordnetzumrichter, Heizregister, Lüfter, Kompressoren, Verdichter

Tabelle 2-1: Verteilebenen im Bordnetz von Schienenfahrzeugen, fortgesetzt

Spannungsebene	Frequenz	Verbraucher
3 AC 440/480 V	60 Hz	Zugsammelschienenumrichter, Heizregister, Lüfter, Kompressoren, Verdichter
3 AC 20 – 440 V	20 – 60 Hz	Lüfter, Kompressoren, Verdichter
1 AC 230 V	50 Hz	Steckdosen, Führerstandsheizung, Lüfter
DC 60/72/96/110 V	0 Hz	Batterien, Türantriebe
DC 24/36/48 V	0 Hz	Beleuchtung, Steuerungen, Fahrkartenautomaten, Infotainment

Abbildung 2-4 zeigt den Aufbau eines elektrischen Bordnetzes, wie es in einer elektrischen Lokomotive realisiert sein kann und in Kapitel 1.1 bereits kurz erläutert wurde. Nicht dargestellt sind in dieser und den nachfolgenden Abbildungen der Übersicht halber Sicherungen, Motorschutzschalter und Schütze, abgesehen von den Koppelschützen, sowie die externe Einspeisung. Die Koppelschütze dienen der Zusammenschaltung der einzelnen Subsystemgruppen für den Fall, dass ein Hilfsbetriebeumrichter ausfällt. Die Zugsammelschiene zum Bereitstellen der in den Reisezugwagen notwendigen elektrischen Leistung wird beim Betrieb in Wechselspannungsnetzen durch eine Trafowicklung und in Gleichspannungsnetzen direkt aus der Fahrleitung gespeist.

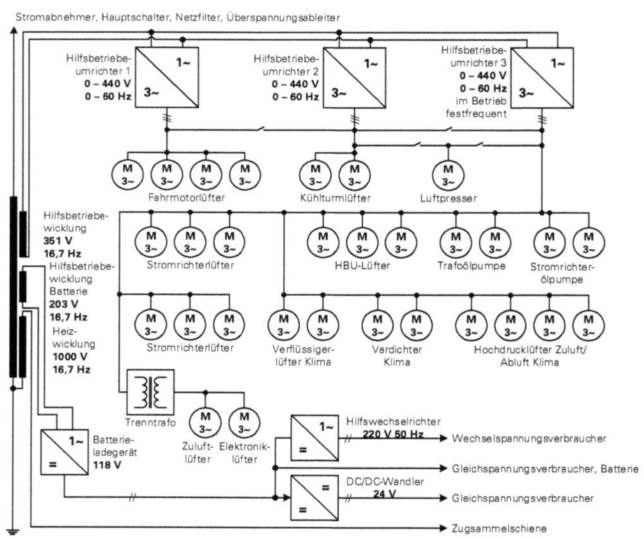

Abbildung 2-4: Elektrisches Bordnetz einer elektrischen Lokomotive
Quellen: eigene Darstellung nach STEIMEL (2014) und STILL & HAMMER (1996)

Die gezeigte Struktur wird aufgrund des größeren Aufwands für die frequenzvariablen Drehstromnetze nicht immer realisiert. Sie ermöglicht es allerdings, die leistungsstarken Lüfter mit jeweils bis zu 30 kVA weich anzufahren und die Kühlleistung entsprechend der tatsächlich auftretenden Verlustwärme nachzuführen.

Abbildung 2-5 zeigt die Struktur des elektrischen Bordnetzes einer dieselelektrischen Lokomotive. Im Gegensatz zu elektrischen Lokomotiven sind Bordnetze bei dieselelektrischen Lokomotiven wesentlich einfacher aufgebaut. Die Leistungsbereitstellung erfolgt in der Regel durch einen Zugsammelschienenumrichter aus dem Traktionszwischenkreis oder durch einen Wechselspannungsumrichter am Generator.

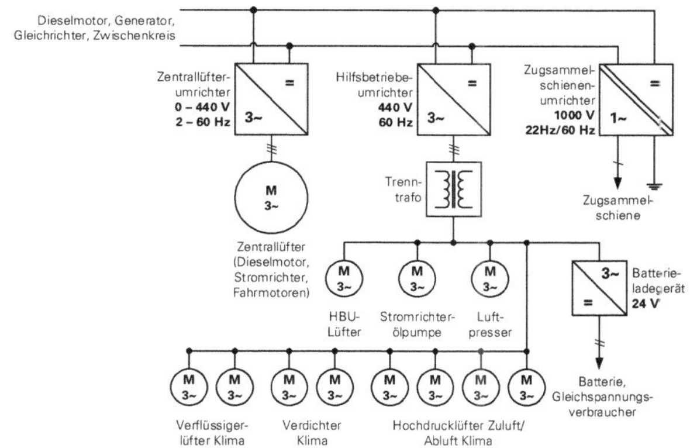

Abbildung 2-5: Elektrisches Bordnetz einer dieselelektrischen Lokomotive
Quelle: eigene Darstellung nach STEIMEL (2014)

In dieselhydraulischen Lokomotiven erfolgt das Bereitstellen der elektrischen Leistung für die Zugsammelschiene durch einen Drehstromgenerator und einen Wechselspannungsumrichter. Sowohl in dieselelektrischen als auch in dieselhydraulischen Lokomotiven hat beispielsweise der Zentrallüfter häufig einen hydrostatischen Antrieb.

An die Zugsammelschiene schließen sich die Bordnetze der einzelnen in den Zugverband eingestellten Personenwagen an. Ein solches Bordnetz ist in Abbildung 2-6 vereinfacht dargestellt. An die einzelnen Bordnetzebenen können zudem weitere Verbraucher angeschlossen sein.

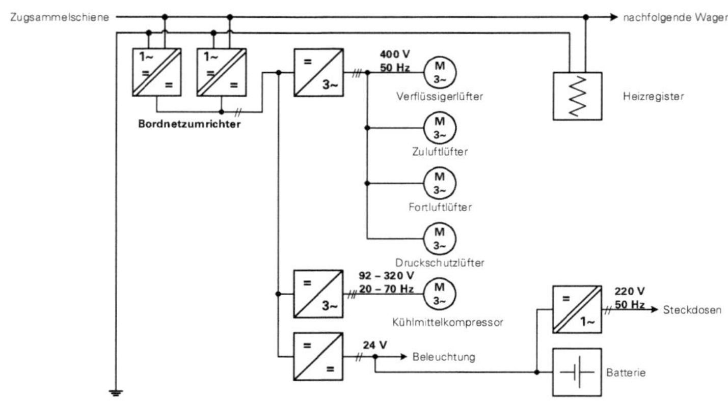

Abbildung 2-6: Elektrisches Bordnetz eines Reisezugwagens
Quellen: eigene Darstellung nach PABST & GOEDDAEUS (2001) und BUNZECK & KLEINSCHMIDT (1999)

Der Bordnetzumrichter wird mit einem Mittelfrequenztransformator zur Potentialtrennung kombiniert (DIN CLC/TS 50534). Im Gegensatz zu den Hilfsbetriebeumrichtern der meisten Lokomotiven ist der Bordnetzumrichter vor allem bei älteren Reisezugwagen nicht redundant ausgeführt. Eine Durchkopplung der Bordnetzebenen zu benachbarten Wagen ist ebenfalls nicht vorgesehen.

Damit Reisezugwagen in unterschiedlichen Ländern unter verschiedenen Fahrleitungsspannungen und auch zusammen mit Diesellokomotiven eingesetzt werden können, muss es möglich sein, die Bordnetzumrichter an den jeweiligen Spannungen und Frequenzen der Zugsammelschiene zu betreiben (vgl. Tabelle 2-2 und Tabelle 2-3). Insbesondere bei älteren Diesellokomotiven ist die Spannung der Zugsammelschiene nicht sinus-, sondern aufgrund der verwendeten Umrichter vielmehr trapez- oder rechteckförmig.

Zu den lokbespannten Zügen gehören auch fest konfigurierte Lok- und Wagenverbände wie Wendezüge und Züge mit Triebköpfen. In diesen Fahrzeugverbänden kann die Sammelschienenspannung von den Werten aus Tabelle 2-2 und Tabelle 2-3 abweichen, da diese festgekuppelten Züge hinsichtlich der Bordnetze nicht mit anderen Fahrzeugen kompatibel sein müssen.

Tabelle 2-2: Frequenzen und Frequenztoleranzen der Zugsammelschiene
Quellen: DIN CLC/TS 50534, UIC 550 und UIC 626

Nominalfrequenz	zulässiger Frequenzbereich
16,7 Hz	16 Hz – 17,5 Hz
22 Hz	21,5 – 23,1 Hz
50 Hz	48 Hz – 52 Hz

Tabelle 2-3: Spannungen und Spannungstoleranzen der Zugsammelschiene
Quellen: DIN CLC/TS 50534, UIC 550 und UIC 626

niedrigste kurzzeitig zulässige Spannung (10 Min.)	dauerhaft zulässige Mindestspannung	Nominalspannung und -frequenz	dauerhaft zulässige Höchstspannung	höchste kurzzeitig zulässige Spannung (5 Min.)	Abschaltspannung
700 V	800 V	1000 V 16,7/22/50 Hz	1150 V	1200 V	1250 V
1050 V	1140 V	1500 V 50 Hz	1650 V	1740 V	1860 V
900 V	1000 V	1500 V 0 Hz	1800 V	1950 V	2050 V
1800 V	2000 V	3000 V 0 Hz	3600 V	3900 V	4050 V

Die bisher vorgestellten Strukturen elektrischer Bordnetze von Lokomotiven und Reisezugwagen sind in Europa üblich. In Nordamerika sind statt der klassischen Zugsammelschiene dreiphasige Sammelschienen üblich. Dieses als Head End Power bezeichnete System wird mit 3 AC 480 V, 60 Hz betrieben (STEIMEL 2014). Ein typisches elektrisches Bordnetz einer nordamerikanischen Lokomotive ist in Abbildung 2-7 dargestellt, wobei sich Diesel- und Elektrolokomotiven dadurch unterscheiden, dass die Diesellokomotive keine Trafoölpumpen, dafür aber Dieselmotorlüfter besitzt und die Führerstandsklimatisierung in der Regel nur einmal vorhanden ist. Das Bordnetz wird grundsätzlich aus dem Zwischenkreis gespeist.

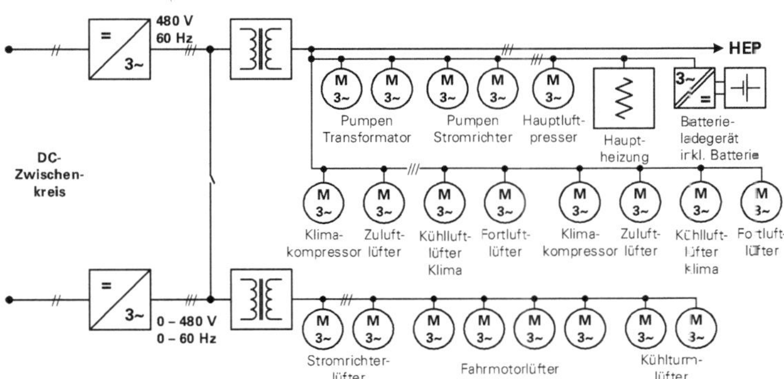

Abbildung 2-7: Elektrisches Bordnetz einer nordamerikanischen Lokomotive
Quellen: eigene Darstellung nach TIETZ & VON AH (2002) und ZUR BONSEN ET AL. (2009)

Die Bordnetze von Triebzügen sind aufgrund der Gesamtstruktur der Fahrzeuge Hybride aus den Bordnetzen von Lokomotiven und Reisezugwagen. Ein Beispiel für das Bordnetz eines elektrischen Triebzugs zeigt Abbildung 2-8. Die anderen Verbraucher sind den Kategorien betriebsrelevante Verbraucher und Komfortverbraucher zuzuordnen. Die Begriffe Hilfsbetriebeumrichter (Lok) und Bordnetzumrichter (Triebzug, Wagen) sind nicht standardisiert, sodass diese auch herstellerspezifische Bezeichnungen wie Ausgangsstromrichter oder Zugsammelschienenumrichter haben können.

Im Gegensatz zu Lokomotiven und Reisezugwagen werden in Triebzügen in der Regel alle Verbraucher durch einen Zugsammelschienenumrichter versorgt. Dieser ist nicht in jedem Einzelwagen, sondern beispielsweise einmal pro Zugteil vorhanden. Die Sammelschienen der einzelnen Zugteile sind im Normalfall verbunden. Die Hilfsbetriebe sind nicht, wie in Abbildung 2-8 gezeigt, in jedem Wagen vollständig vorhanden, da sich die Traktionsausrüstung und mit ihr auch die Hilfsbetriebe auf verschiedene Wagen, zum Beispiel Transformator- und Stromrichterwagen, verteilt.

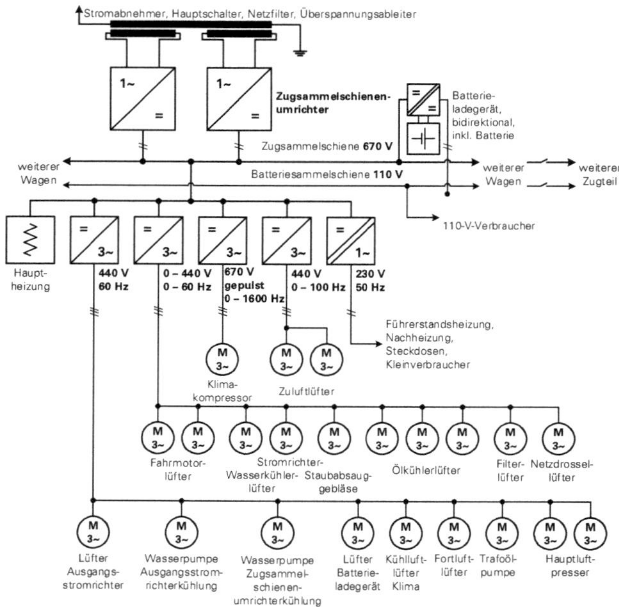

Abbildung 2-8: Elektrisches Bordnetzes eines elektrischen Triebzugs
Quellen: eigene Darstellung nach MARTINSEN & RAHN (1997) und GENSLER (2001)

Analog zu den Lokomotiven sind die elektrischen Bordnetze von Dieseltriebzügen in der Regel einfacher aufgebaut als bei Elektrotriebzügen. Die in Abbildung 2-9 gezeigte Variante des elektrisch angetriebenen Dieselmotorlüfters kann abweichend auch mit einem hydrostatischen Antrieb realisiert werden.

Abweichend von Abbildung 2-8 und Abbildung 2-9 wird die Zugsammelschiene auch als Drehstromsammelschiene entsprechend der Ausführung in den Multiple Units eingesetzt. Dies ist gemäß DIN CLC/TS 50534 die heute bevorzugte Variante.

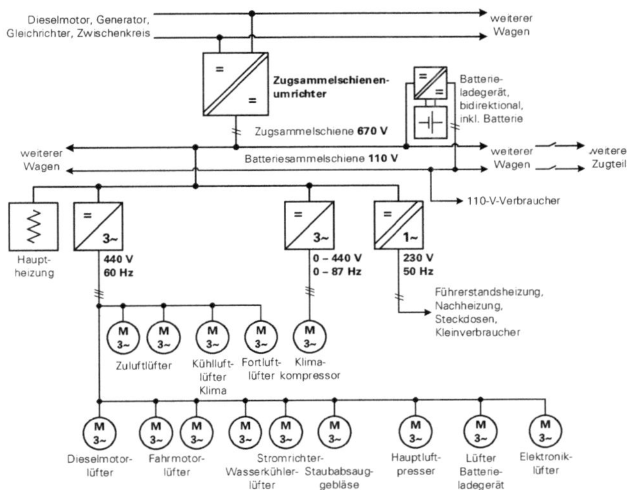

Abbildung 2-9: Elektrisches Bordnetz eines dieselelektrischen Triebzugs
Quellen: eigene Darstellung nach FISCHER & MAIER (1991) und GENSLER (2001)

Im Gegensatz zu Triebzügen haben Multiple Units häufig in jedem Wagen eine komplette Antriebsausrüstung. Dementsprechend sind auch die zur Unterstützung des Traktionsprozesses notwendigen Hilfsbetriebe in jedem Wagen vorhanden.

Ein beispielhaftes Bordnetz einer elektrischen Multiple Unit ist in Abbildung 2-10 dargestellt. Im Regelbetrieb arbeiten die Bordnetze der einzelnen Multiple Units autonom und sind nicht miteinander verbunden. Im Fehlerfall ist eine Verbindung der Bordnetze der gekoppelten Fahrzeuge möglich, die unter Umständen auch spannungsebenen-selektiv ist.

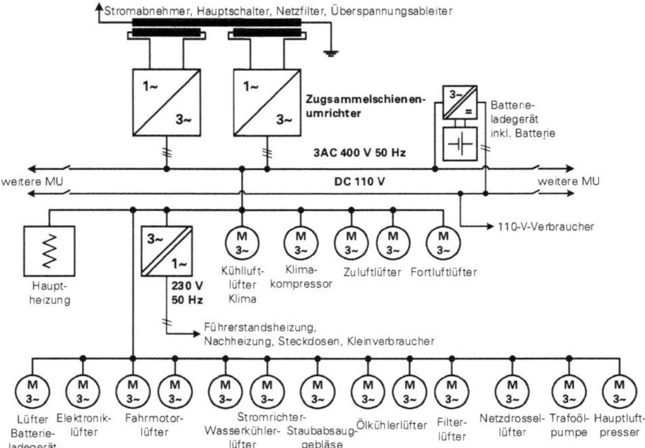

Abbildung 2-10: Elektrisches Bordnetz einer elektrischen Multiple Unit
Quelle: eigene Darstellung nach DIN CLC/TS 50534

Analog zu den Lokomotiven und Triebzügen sind die elektrischen Bordnetze von dieselelektrischen Multiple Units in der Regel einfacher aufgebaut als bei elektrischen Multiple Units. Die in Abbildung 2-11 gezeigte Variante des elektrisch angetriebenen Dieselmotorlüfters kann abweichend auch mit einem hydrostatischen Antrieb realisiert werden.

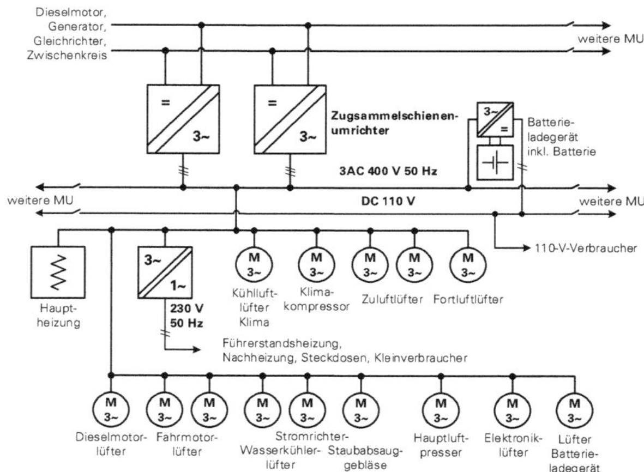

Abbildung 2-11: Elektrisches Bordnetz einer dieselelektrischen Multiple Unit
Quelle: eigene Darstellung nach DIN CLC/TS 50534

Für Güterwagen sind ebenfalls Lösungen bekannt, ein Bordnetz im Fahrzeug zu integrieren. Einfachste Beispiele sind Güterwagen mit pneumatisch betätigten Lade-/Entladevorrichtungen, wobei die hierfür notwendige Druckluft der Hauptluftbehälterleitung entnommen und im Luftbehälter auf dem Fahrzeug gespeichert wird. Komplexere Anlagen sind auf Maschinenkühlwagen umgesetzt. Da Güterzüge keine durchgehende Zugsammelschiene haben, muss die zum Betreiben der Klimaanlage notwendige elektrische Leistung direkt auf dem Wagen erzeugt werden. Dies ist mit einer Dieselmotor-Generator-Einheit realisiert, an die eine Klimaanlage zum Kühlen des Laderaums angeschlossen ist.

Da es Bestrebungen gibt, auf Güterwagen Leit- und Diagnosetechnik zu installieren, wurden bereits Möglichkeiten analysiert, wie eine Elektroenergieversorgung der Wagen sichergestellt werden könnte (HECHT ET AL. 1999, RIEKENBERG 2004 und KÖNIG & HECHT 2012). Untersucht wurden in diesem Zusammenhang der Einsatz von Energiespeichern ohne Nachladung (Primärzellen), Wandlern (Brennstoffzellen) und Energiespeichern mit Nachladung (Akkumulatoren) durch Radsatz- oder Druckluftgeneratoren (vgl. Kapitel 4.3.1.4).

2.2.6 Betriebszustände von Schienenfahrzeugen

Die Einsatzbedingungen für Subsysteme von Schienenfahrzeugen ändern sich mit dem Betriebszustand des Schienenfahrzeugs. Die Betriebszustände von Schienenfahrzeugen und deren Bezeichnung sind nicht genormt. Die Analyse von Daten verschiedener Baureihen ergab als mögliche Einteilung die in Abbildung 2-12 dargestellte Struktur.

Ein Betriebszustand eines Schienenfahrzeugs ist dementsprechend ein von außen vorgegebener Modus, der die Funktionsfähigkeit und den Funktionsumfang eines Schienenfahrzeugs und seiner Teilsysteme bestimmt.

Die Betriebszustände werden insbesondere bei lokbespannten Zügen maßgeblich durch das Triebfahrzeug bestimmt, auch wenn die Wagen grundsätzlich ohne Triebfahrzeug abgerüstet abgestellt sein können. Im Güterverkehr beziehen sich die Betriebszustände nach dem derzeitigen Stand der Technik nur auf die Lokomotive.

Der Werkstattmodus dient zum Unterscheiden, ob ein Fehler oder eine Störung in den normalen Betriebsmodi auftrat oder durch eine Bedienhandlung in einer Werkstatt ausgelöst wurde. Ein als Werkstatt-Bit bezeichneter Marker in der Fahrzeugsteuerung ist heute schon in einigen Fahrzeugen vorhanden, muss aber durch das Werkstattpersonal gesetzt werden. Da dies häufig nicht geschieht, geben die auf den Fahrzeugen momentan vorhandenen Diagnosesysteme Fehlermeldungen aus, die keinen Bezug zur betrieblichen Realität des Fahrzeugs haben.

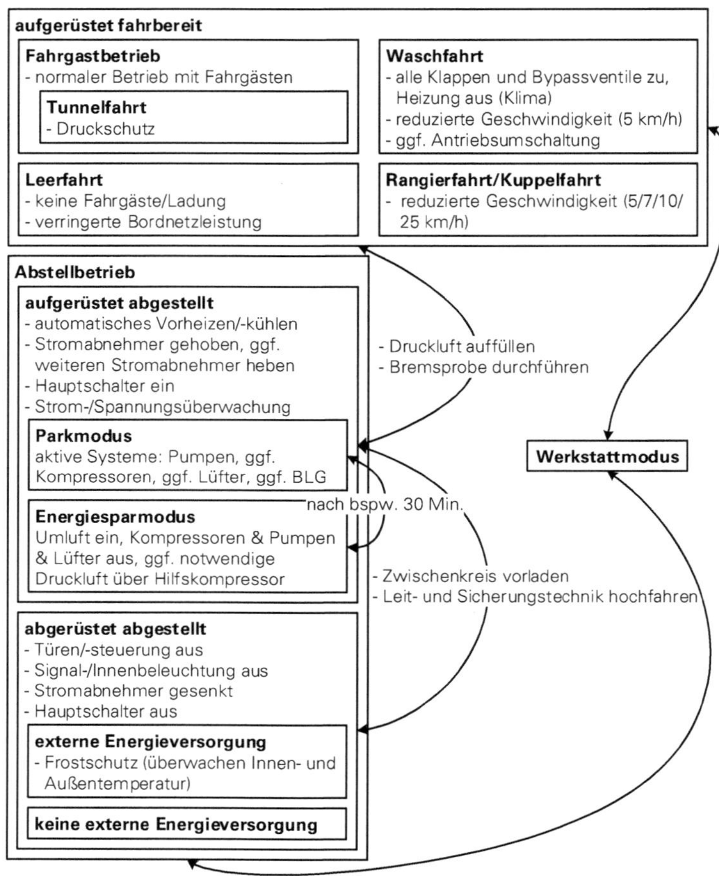

Abbildung 2-12: Betriebszustände von Schienenfahrzeugen
Quelle: eigene Darstellung

2.2.7 Zusammenfassung Subsysteme

Die Subsysteme im Bordnetz von Schienenfahrzeugen bilden aufgrund ihrer Anzahl eine wichtige Gruppe von Fahrzeugsystemen, deren Eigenschaften in Bezug auf RAMS einen erheblichen Einfluss auf die Einsatzfähigkeit der Schienenfahrzeuge haben.

Die Bordnetzstrukturen sind zwar je nach Fahrzeugtyp unterschiedlich, ähneln sich jedoch in ihren Teilstrukturen und Betriebsmitteln. Deren Betriebszustand und Funktion ist zudem teilweise vom Betriebszustand des Fahrzeugs abhängig, was Auswirkungen auf die Diagnose hat.

2.3 TELEMATIK AUF SCHIENENFAHRZEUGEN

2.3.1 Definition und Anforderungen

Die Telematik auf Schienenfahrzeugen dient dem Erfassen, Verarbeiten, Übertragen und Darstellen von Daten über das Schienenfahrzeug, die Infrastruktur sowie die zu befördernden Personen und die zu transportierenden Güter (in Anlehnung an ROSE 1992).

Im Hinblick auf Diagnosesysteme erfüllt die Telematik im Schienenfahrzeug die folgenden Aufgaben (vgl. Abbildung 2-13):

- Daten sammeln (Erfassen und ggf. Vorverarbeiten der Prozessgrößen),
- Datenübertragung zum Diagnosesystem,
- ggf. Datenübertragung zwischen Diagnosesystemen zum Abgleich von Informationen,
- Übertragen der Diagnosemeldung an andere Fahrzeugsysteme (z. B. Technical and Diagnostic Display – TDD, vgl. Kapitel 4.4.4.1) und
- Übermitteln der Diagnosemeldungen an die Landseite (Werkstatt, Flottenmanagement).

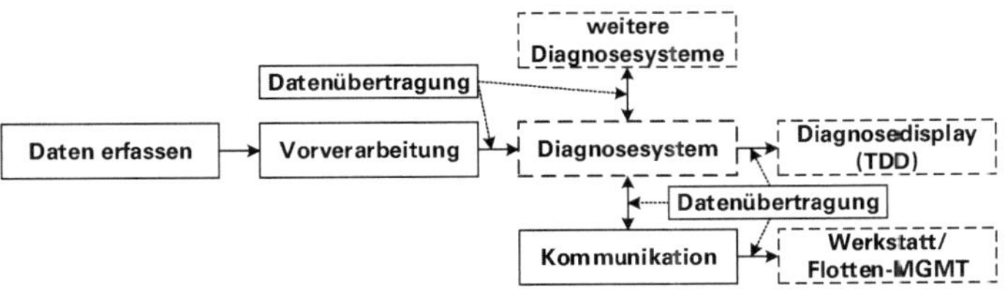

Abbildung 2-13: Telematik im Bereich der Diagnosesysteme
Quelle: eigene Darstellung

Diese Anforderungen werden durch verschiedene, größtenteils herstellerspezifische Systeme erfüllt. Sie erlauben eine nachträgliche Integration zusätzlicher Subsysteme, wenn diese in Bezug auf die Kommunikationshardware und -protokolle kompatibel sind. Allgemeine Anforderungen für Telematik-Anwendungen auf Schienenfahrzeugen werden in TSI TAF und TSI TAP definiert.

Die Telematik auf Schienenfahrzeugen wird seit einiger Zeit als Train Control and Management System (TCMS) bezeichnet. Grundlage sind die aktuellen Fahrzeugleittechniksysteme, die gegenüber früheren Versionen neue Möglichkeiten der Kontrolle und Diagnose für Subsysteme auf verschiedenen Fahrzeugen vom besetzten Führerstand aus bieten und zumindest seitens der Hardware sowie der Hardware- und Softwareschnittstellen standardisiert sind.

2.3.2 Fahrzeugleittechnik

2.3.2.1 Einführung

Neben den im Folgenden beschrieben Fahrzeug- und Zugbussystemen sind auf Fahrzeugen des Personenverkehrs zum Teil weitere Bussysteme verbaut, die Fahrgastinformationen und weitere mediale Inhalte innerhalb des Zugs und der einzelnen Fahrzeuge übertragen. Da diese jedoch nicht mit allen Subsystemen im Bordnetz kommunizieren können, werden sie nicht eingehender betrachtet.

Aufgrund vermehrter Probleme bei der Fahrzeugzulassung ist im Bereich der Fahrzeugleittechnik die Tendenz erkennbar, dass sicherheitsrelevante Funktionen von nicht sicherheitsrelevanten Funktionen getrennt werden und die entsprechenden Signale und Daten über verschiedene Busse übertragen werden.

2.3.2.2 TCN

Das Train Communication Network (TCN) ist ein für die Erfordernisse des Bahnbetriebs entwickelter Kommunikationsstandard. Er ist in DIN EN 61375-1 und UIC 556 beschrieben. Hervorzuhebende Merkmale sind die transparente Datenübertragung, die Möglichkeit des Zugriffs auf jede Komponente der Leittechnik von jedem Zugknoten aus, die dynamische Zugkonfiguration, variable Übertragungsmodi für Prozessdaten (kurze Datensätze, zeitkritisch, zyklisch) und Messagedaten (längere Datensätze, nicht zeitkritisch, auf Anforderung) sowie die Gliederung in die Netzwerkebenen Zug-Backbone (Train Backbone – Zugbus) und Consist-Netzwerk (Consist Network – Fahrzeugbus). Das Consist-Netzwerk muss nicht auf ein einzelnes Fahrzeug beschränkt sein. Ebenso kann ein einzelnes Fahrzeug über mehrere Consist-Netzwerke verfügen. Auf BOStrab-Fahrzeugen (Stadt-/U-Bahnen) wird heute weitestgehend die gleiche Leittechnik verbaut wie auf EBO-Fahrzeugen (Vollbahnen, vgl. JANICKI ET AL. 2013).

Für die zwei Netzwerkebenen sind entsprechend DIN EN 61375-1 verschiedene Netzwerktechnologien anwendbar:

- Zug-Backbone
    - Wire Train Bus (WTB) und
    - Ethernet Train Backbone (ETB),
- Consist-Netzwerk
    - Multipurpose Vehicle Bus (MVB),
    - CANopen Consist Network (CCN) und
    - Ethernet Consist Network (ECN).

In Zügen mit fester Konfiguration, das heißt betrieblich nicht trennbaren Einheiten, kann auf einen Zug-Backbone verzichtet werden. Bei sogenannten einfachen Consists, zum Beispiel einteiligen Triebwagen, dürfen Endgeräte direkt an den

Zug-Backbone angeschlossen werden, so dass in diesem Fall auf ein Consist-Netzwerk verzichtet werden kann. Ein TCN auf der Basis von WTB und MVB ist in Abbildung 2-14 dargestellt.

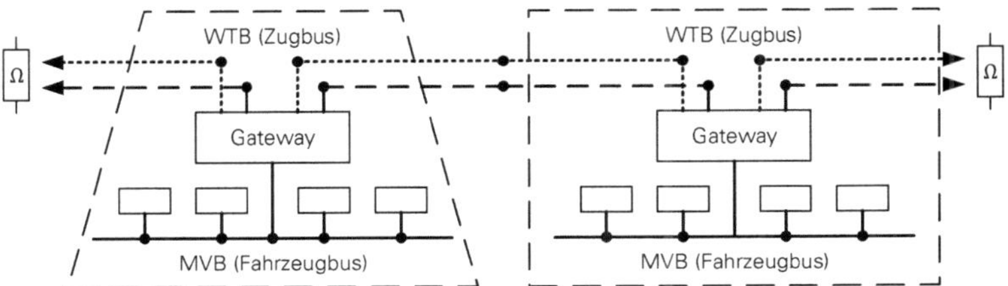

Abbildung 2-14: TCN mit WTB und MVB
Quellen: eigene Darstellung nach KIRRMANN & ZUBER (2001) und JANICKI ET AL. (2013)

Der ***WTB*** ist in DIN EN 61375-2-1 beschrieben. Die potentialgetrennte Übertragung erfolgt über geschirmte zweiadrige Kabel mit Leitungsredundanz und automatischer Umschaltung bei Fehlererkennung. Bei einer maximalen Übertragungsrate von 1 Mbit/s ist die größte Leitungslänge 850 m. In lokbespannten Zügen erfolgt die Übertragung über das UIC-Kabel gemeinsam mit den anderen Steuersignalen. Am WTB sind 32 Knoten bzw. 22 Fahrzeuge möglich (POLSTER ET AL. 2007 und UIC 556). Der WTB muss unter schwierigen Bedingungen funktionieren. So können Fahrzeuge mit gestörten Systemen überbrückt und die Kuppelkontakte mithilfe einer kurzen Überspannung gesäubert werden. Die Knoten im WTB werden automatisch durchnummeriert und es wird zwischen linker und rechter Zugseite sowie Zugspitze und Zugschluss unterschieden. Bei Zugteilung oder zusätzlichen Fahrzeugen im Zugverband erfolgt automatisch eine Neunummerierung. Nach einer Störung beträgt die Wiederherstellungszeit des WTB 1 s für 32 Knoten, wobei gegebenenfalls ein neuer Knoten die Masterfunktion übernimmt (KIRRMANN & ZUBER 2001). Die Struktur der WTB-Verkabelung zeigt Abbildung 2-15.

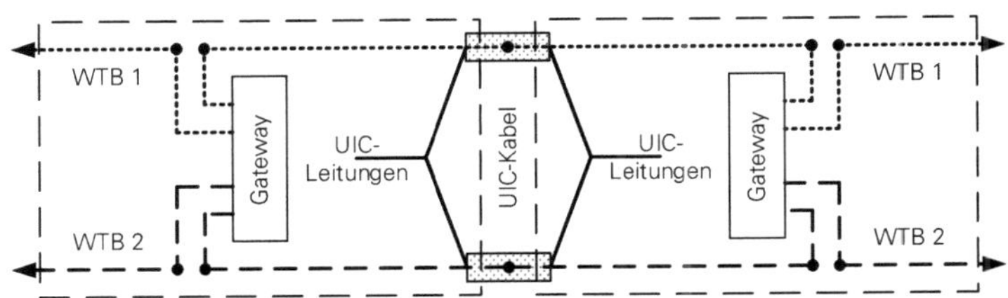

Abbildung 2-15: WTB-Verkabelung
Quelle: eigene Darstellung nach KIRRMANN & ZUBER (2001)

Die offenen Enden der WTB-Leitungen werden mit Abschlusswiderständen terminiert, um Reflexionen zu vermeiden, welche die Signalübertragung beinträchtigen könnten (vgl. Kapitel 2.3.2.4). Die WTB-Adern sind neben den anderen standardisierten UIC-Leitungen in den 18-adrigen UIC-Kabeln entsprechend UIC 558 die Adern 17 und 18, die daher verdrillt und separat geschirmt sind. Die Daten werden nach dem Manchesterverfahren kodiert (KIRRMANN & ZUBER 2001).

Der ***ETB*** ist in DIN EN 61375-2-5 beschrieben und basiert auf dem Ethernet-Standard, der von der IEEE-Arbeitsgruppe 802.3 definiert und gepflegt wird. Als Übertragungsmedium finden achtadrige paarweise verdrillte und geschirmte Leitungen (STP – Shielded Twisted Pair) vom Typ CAT 5e Verwendung. Die Übertragung kann optional potentialgetrennt erfolgen. Bei einer Übertragungsgeschwindigkeit von 100 Mbit/s beziehungsweise 1 Gbit/s beträgt der maximale Abstand zwischen zwei Knoten, von denen 63 in einem Netz vorhanden sein können, 100 m. Diese können mit dem Multi-Master-Verfahren CSMA/CA[1] Daten austauschen. Da der ETB ein Zug-Bus ist, ist seine Busstruktur eine Linie. Die Daten werden mit dem 4B5B-Code kodiert. Die Durchnummerierung und die Orientierung der Knoten erfolgt wie beim WTB, da dies TCN-spezifische Funktionsmerkmale sind.

Der ***MVB*** ist in DIN EN 61375-3-1 beschrieben. Die Datenübertragung erfolgt über geschirmte zweiadrige Kabel (bis 200 m) oder über Lichtwellenleiter (LWL, bis 2000 m) mit einer Übertragungsrate bis 1,5 Mbit/s. Am MVB sind 256 Knoten (Busteilnehmer) möglich (POLSTER ET AL. 2007). Diese können zum Beispiel auf *SIBAS® 32 –TCN-* oder *MITRAC®*-Komponenten basieren. Typische MVB-Teilnehmer auf einer Lokomotive und auf einem Reisezugwagen zeigen Abbildung 2-16 und Abbildung 2-17. Im MVB gibt es einen Busmaster sowie gegebenenfalls weitere Teilnehmer, die im Fehlerfalle den Busmaster ersetzen. Die Busteilnehmer beobachten den Datenverkehr und reagieren bei relevanten Daten bzw. Abfragen (KIRRMANN & ZUBER 2001). Die Daten werden nach dem negierten Manchesterverfahren kodiert.

[1] CSMA: Carrier Sense Multiple Access – Alle Teilnehmer hören mit (CS) und warten nach einem Telegramm eine zuvor definierte Zeit ab, bevor sie senden (MA). CA: Collision Avoiding – Vor den Nutzdaten sendet jeder Teilnehmer seinen Identifier und liest gleichzeitig den Buspegel zurück. Entspricht der Pegel nicht der eigenen Priorität, stellt der Teilnehmer seinen Sendeversuch ein (WEIDAUER 2008).

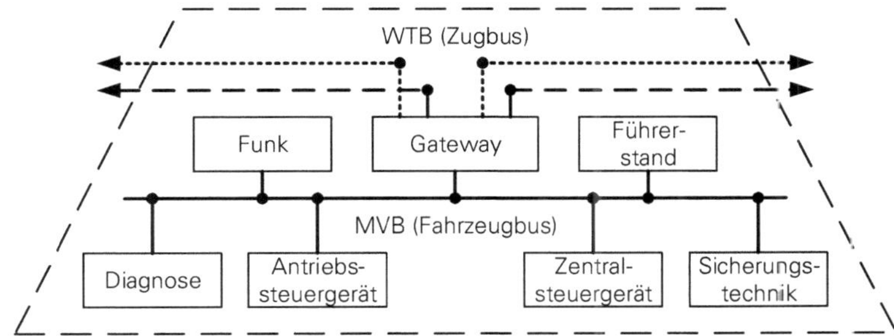

Abbildung 2-16: Typisches MVB-Layout einer Lokomotive
Quelle: eigene Darstellung nach KIRRMANN & ZUBER (2001)

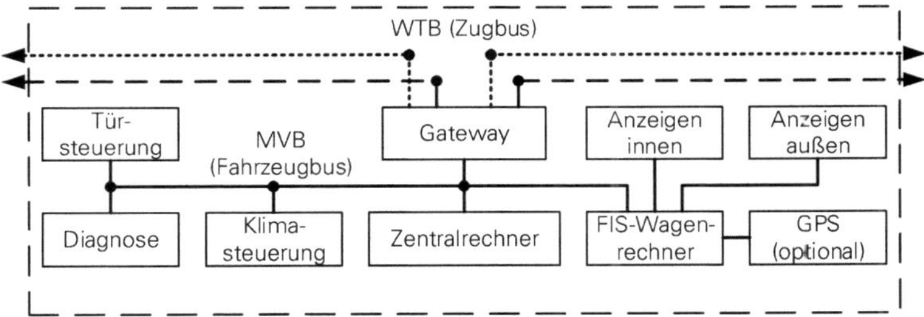

Abbildung 2-17: Typisches MVB-Layout eines Reisezugwagens
Quelle: eigene Darstellung nach JANICKI ET AL. (2013), korrigiert

Das ***CCN*** ist in DIN EN 61375-3-3 beschrieben. Es nutzt CANopen, das ein auf CAN (vgl. Kapitel 2.3.2.4) basierendes Kommunikationsprotokoll und in DIN EN 50325-4 genormt ist. Bei einer Übertragungsrate von 125 kbit/s sol die Gesamtlänge des Netzwerks 450 m nicht überschreiten, wobei ein einzelner Stich nicht länger als 22 m sein soll. Das Netzwerk soll eine Linienstruktur haben. Die Sende-/Empfangseinheiten der Busteilnehmer sind über Optokoppler galvanisch von diesen getrennt. Das Netzwerk wird wie bei CAN mit Abschlusswiderständen von 120 Ω terminiert.

Das ***ECN*** ist in DIN EN 61375-3-4 beschrieben und basiert auf dem Ethernet-Standard, der von der IEEE-Arbeitsgruppe 802.3 definiert und gepflegt wird. Für das ECN sind alle gängigen Strukturen (Stern, Baum, Linie, Ring, Leiter) möglich, auch um im Fahrzeug eine Redundanz zu ermöglichen. Als Übertragungsmedium finden achtadrige paarweise verdrillte und geschirmte Leitungen (STP – Shielded Twisted Pair) vom Typ CAT 5e Verwendung. Bei einer Übertragungsgeschwindigkeit von 100 Mbit/s beziehungsweise 1 Gbit/s beträgt der maximale Abstand zwischen zwei Knoten 100 m, von den 63 in einem Netz vorhanden sein können.

Diese können mit dem Multi-Master-Verfahren CSMA/CA Daten austauschen. Die Daten werden mit dem 4B5B-Code kodiert.

2.3.2.3 PROFINET I/O

Das Datenbussystem PROFINET I/O ist eine Weiterentwicklung von PROFIBUS DP (dezentrale Peripherie) und nutzt Ethernet als Kommunikationsplattform. PROFINET I/O ist in DIN EN 61158-1, DIN EN 61784-1 und DIN EN 62453-303-2 genormt, Ethernet in IEEE 802.3 (2015). Im Gegensatz zum WTB oder MVB, die speziell für den Einsatz in Fahrzeugen entwickelt wurden und daher eine linienförmige Topologie aufweisen, sind mit PROFINET I/O grundsätzlich alle Strukturen (Stern, Baum, Linie, Ring) möglich. Die maximale Kabellänge zwischen zwei angeschlossenen Komponenten ist mit 100 m praktisch nicht relevant. Als Übertragungsmedium kommen paarweise verdrillte und geschirmte Vierdrahtleitungen vom Typ CAT 5e zum Einsatz. Lichtwellenleiter sind in Bereichen elektromagnetischer Beeinflussung ebenfalls möglich. Die Segmentierung des Netzwerks erfolgt durch Switches oder Hubs. Die Anzahl der Busteilnehmer ist nur durch den MAC-Adressraum (Hardwareadresse eines Netzwerkadapters zur eindeutigen Identifizierung) begrenzt.

Anders als bei klassischen Feldbussen, bei denen jeder Teilnehmer die Nachrichten mitlesen kann, werden bei PROFINET die Nachrichten aktiv an den betreffenden Empfänger gesendet. Demnach kommunizieren jeweils zwei Teilnehmer miteinander. Der Buszugriff erfolgt im Vollduplexmodus und kollisionsfrei.

Die drei wesentlichen Gerätegruppen in PROFINET I/O sind der I/O-Controller (SPS, in der das Anwenderprogramm läuft), das I/O-Device (Feldgerät, das einem I/O-Controller logisch zugeordnet ist) und der I/O-Supervisor (Programmiergerät für Inbetriebnahme und Diagnose). Weitere Systemkomponenten sind neben den bereits erwähnten Switches und Hubs die Proxies (vgl. Abbildung 2-18), mit deren Hilfe PROFIBUS DP-Netze an PROFINET I/O angeschlossen werden können (WEIDAUER 2008).

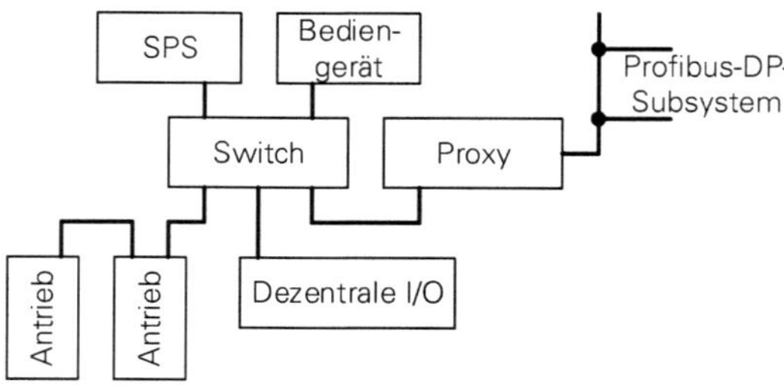

Abbildung 2-18: Komponenten an PROFINET I/O
Quelle: eigene Darstellung nach WEIDAUER (2008)

2.3.2.4 CAN-Bus

Der CAN-Bus (CAN – Controller Area Network) ist ein Datenbussystem, das ursprünglich von Bosch für den Einsatz in Kraftfahrzeugen entwickelt wurde, um die bis dahin umfangreichen Kabelbäume zu reduzieren. Es ist in DIN ISO 11898-1 und DIN EN 50325-1 genormt. Im Fokus der Entwicklung standen niedrige Kosten, einfache Handhabung und hohe Übertragungssicherheit bei ausreichend großer Übertragungsgeschwindigkeit. Die Bustopologie entspricht einer Linienstruktur, die mit Abschlusswiderständen von 120 Ω terminiert wird (vgl. Abbildung 2-19 und Kapitel 2.3.2.2).

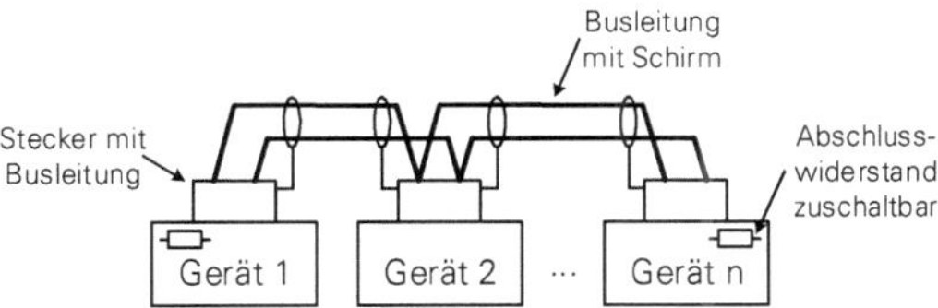

Abbildung 2-19: CAN-Topologie und Geräteanschluss
Quelle: eigene Darstellung nach WEIDAUER (2008)

Die Übertragungsgeschwindigkeit variiert mit der Systemausdehnung von 1 Mbit/s bei 40 m bis 50 kbit/s bei 1000 m. Maximal 128 Busteilnehmer können im Multi-Master-Verfahren CSMA/CA Daten über den CAN-Bus austauschen (vgl. Kapitel 2.3.2.1). Als Übertragungsmedium finden geschirmte und verdrillte Zweidrahtleitungen Verwendung (WEIDAUER 2008). Im Bereich Schienenfahrzeuge findet der CAN-Bus zum Beispiel in den Flirt-Triebwagen von Stadler Anwendung. Die Topologie zeigt Abbildung 2-20.

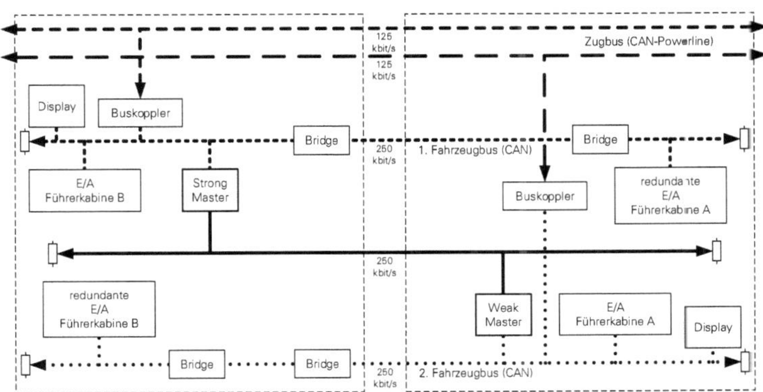

Abbildung 2-20: Leittechnik-Konzept des Flirt
Quelle: eigene Darstellung nach SELECTRON (2005)

Der CAN-Bus übernimmt hier die Funktion des Fahrzeugbusses, wohingegen der Zugbus durch die CAN-Powerline dargestellt wird. Die Powerline ist notwendig, um die Anforderungen an eine flexible Zugbildung erfüllen zu können. Im Gegensatz zu einmal fest konfigurierten Kraftfahrzeug- oder Industriesystemen ändert sich während der Zugbildung die Zusammensetzung des Netzwerks relativ oft. Problematisch ist in diesem Zusammenhang vor allem die Korrosion der Kupplungskontakte. Um dem zu begegnen, ist die Signalspannung bei Powerline-Kommunikation wesentlich höher als in konventionellen Datenbussen. Wie beim WTB können die Kontakte auch freigebrannt werden. Weiterhin ist ein Buskoppler notwendig (BEIKIRCH ET AL. 2002).

2.3.2.5 PC/104-Buskoppler

PC/104 ist ein nicht genormter Industriestandard als Erweiterung zu IEEE P996 (nicht vollendeter Entwurf eines IEEE-Standards). PC/104-Systeme weisen geringe Abmessungen von nur 3,8 in · 3,6 in · 0,6 in (96,5 mm · 91,4 mm · 15,2 mm) und einen integrierten 104-poligen ISA-Datenbus auf. Weiterentwickelte Module mit PCI-Bus sind als PC/104-Plus-Karten erhältlich. Weiterhin sind Module mit den Datenbus-Systemen PCI Express, USB, SMB, SATA und LPC verfügbar.

An die PC/104-Karte kann Hardware angeschlossen werden, die selbst keine Schnittstelle zum eigentlichen Fahrzeugbus hat, da die Kopplerkarte die Übertragung der Prozessdaten an das Busprotokoll anpasst (PC/104 (2015)). Sie ist daher geeignet, um zusätzliche Hardware, beispielsweise ein Diagnosesystem, nachträglich in eine bestehende Fahrzeugleittechnik zu integrieren (vgl. Anhang A.1.1.6). Die Anbindung eines Diagnosesystems ist vergleichsweise einfach, wenn alle Busteilnehmer und die Daten nicht direkt adressiert werden (z. B. MVB). Wenn die Daten direkt an einen bestimmten Busteilnehmer gesendet werden, sind auch Softwareanpassungen notwendig, damit ein Diagnosesystem diese Daten auch empfangen kann (z. B. PROFINET I/O).

2.3.2.6 Zusammenfassung Fahrzeugleittechnik

Die technischen Daten der vorgestellten Leittechniksysteme sind in Tabelle 2-4 zusammengefasst.

Tabelle 2-4: Zusammenfassung Leittechniksysteme

Eigenschaft	WTB	ETB	MVB	CCN
Struktur	Linie	Linie	Linie	Linie
Teilnehmer	32 Knoten, 22 Fahrzeuge	63	256	128
Ausdehnung	850 m	100 m zwischen 2 Knoten	200 m (Draht)/ 2000 m (LWL)	22 m (Stichlänge)
Übertragungsrate	1 Mbit/s	100 Mbit/s 1 Gbit/s	1,5 Mbit/s	125 kbit/s (Standard)
Zugriff	Single-Master, alle Teilnehmer hören mit	Multi-Master, Kollisionsvermeidung (CSMA/CA)	Single-Master, alle Teilnehmer hören mit	Multi-Master, Kollisionsvermeidung (CSMA/CA)
Anbindung nachträglich	PC/104	PC/104	PC/104	PC/104
Übertragungsmedium	zweiadrig, geschirmt oder LWL	achtadrig, paarweise verdrillt, geschirmt	zweiadrig, geschirmt oder LWL	zweiadrig, verdrillt, geschirmt

Tabelle 2-4: Zusammenfassung Leittechniksysteme, fortgesetzt

Eigenschaft	ECN	Profinet I/O	CAN-Bus
Struktur	Stern, Baum, Linie, Ring, Leiter	Stern, Baum, Linie, Ring	Linie
Teilnehmer	63	begrenzt durch MAC-Adressraum	128
Ausdehnung	100 m zwischen 2 Knoten	100 m zwischen zwei Knoten	40 m – 1000 m
Übertragungsrate	100 Mbit/s 1 Gbit/s	100 Mbit/s	1 Mbit/s – 50 kbit/s
Zugriff	Multi-Master, Kollisionsvermeidung (CSMA/CA)	vollduplex, kollisionsfrei	Multi-Master, Kollisionsvermeidung (CSMA/CA)
Anbindung nachträglich	PC/104	PC/104	PC/104
Übertragungsmedium	achtadrig, paarweise verdrillt, geschirmt	vieradrig, paarweise verdrillt, geschirmt oder LWL	zweiadrig, verdrillt, geschirmt

2.3.3 Kommunikationstechnik Fahrzeug – Landseite

Die Datenübertragung zwischen Fahrzeug und Landseite stellt ein wichtiges Bindeglied der Diagnosearchitektur dar, auch wenn diese nicht ausschließlich der Übertragung von Diagnosedaten dient. Neben dem klassischen, für den Bahnbetrieb optimierten Dienst GSM-R existiert noch eine Reihe weiterer Technologien, die teils für Industrieanwendungen, teils für kommerzielle Kommunikationsanwendungen entwickelt wurden. Die für die Datenübertragung zwischen Fahrzeug und Landseite wesentlichen technischen Parameter sind Tabelle 2-5 zu entnehmen.

Tabelle 2-5: Übersicht mobile Kommunikationssysteme
Quelle: SAUTER (2013)

Parameter	WLAN	Bluetooth	RFID
Reichweite im Freien	100 – 300 m bei Sichtkontakt	10 – 100 m	> 1 – 100 m Long Range Coupling
Dämpfung durch Hindernisse	sehr hoch	hoch	sehr hoch
Verschlüsselung	AES, VPN-Tunnel	AES	AES
Frequenz	2,4 GHz (n) 5 GHz (n, ac)	2,402 – 2,480 GHz	125 – 134 kHz (LW) 13,56 MHz (KW) 865 – 869 MHz (UHF) 2,54/5,8 GHz (SHF)
Bandbreite	20 – 40 MHz	1 MHz	1,8 MHz
maximale Datenrate	600 Mbit/s (n) 6,9 Gbit/s (ac) 1 Mbit bei 300 m	2,1 Mbit/s	640 kBit/s (UHF)

Tabelle 2-5: Übersicht mobile Kommunikationssysteme, fortgesetzt

Parameter	Infrarot	NFC	GSM-R	LTE
Reichweite im Freien	1 m	10 cm	15 km	9 km
Dämpfung durch Hindernisse	sehr hoch	sehr hoch	mäßig	hoch
Verschlüsselung	nein	CVC3	ja	AES
Frequenz	333,1 – 352,7 THz (850 – 900 nm)	13,56 MHz	876 – 960 MHz	1,8 GHz, 2,6 GHz, 800 MHz
Bandbreite		7 kHz	200 kHz	1,25 – 20 MHz
maximale Datenrate	1 Gbit/s Giga-IR	424 kbit/s	n/a	100 - 150 Mbit/s bei 20 MHz

GSM-R ist inzwischen flächendeckend eingeführt und gemeinsam mit dem European Train Control System (ETCS) Teil des European Rail Traffic Management Systems (ERTMS) und daher interoperabel.

Bei Anwendung von WLAN- oder Bluetooth-Systemen können mit örtlich vorhandenen, privat betriebenen WLAN- oder Bluetooth-Netzen Interferenzen auftreten, die zu einer Minderung der Empfangsqualität bis hin zum Verbindungsverlust führen können (SAUTER 2013).

2.3.4 Fahrzeugortung

Die bisherigen Diagnosemeldungen zu Störungen auf Schienenfahrzeugen sollen zum Finden möglicher externer Störungsursachen um den aktuellen Fahrzeugstandort ergänzt werden. Eisenbahnfahrzeuge können im Betrieb mit verschiedenen Verfahren geortet werden, die zum Teil bereits auf Fahrzeugen im Einsatz sind. Hierzu gehören aus dem Bereich der Sicherungs- bzw. Leittechnik die linienförmige Zugbeeinflussung (LZB), die Eurobalisen und Euroloops, die Geschwindigkeitsüberwachung Neigetechnik (GNT) sowie die GSM-R-Ausrüstung und die gegebenenfalls vorhandene Anbindung an globale Navigationssatellitensysteme (GNSS). Darüber hinaus ist mithilfe der Fahrplan- und Verspätungsdaten nachträglich eine grobe Positionsbestimmung möglich, falls die oben genannten Systeme versagen sollten.

Die bekanntesten ***GNSS*** sind *NAVSTAR GPS*, *GLONASS* und *Galileo*. Der Empfänger berechnet bei der Verwendung von GNSS seine relative Position zu den Satelliten, von denen er Signale empfängt. Um die Position im dreidimensionalen Raum bestimmen zu können, muss eine Verbindung zu mindestens vier Satelliten gleichzeitig bestehen. Für die Bestimmung der Position auf einer Fläche, wie sie das Gleisnetz darstellt, reichen drei Satelliten. Dies ist gleichzeitig der größte Nachteil von GNSS, da sie in abgeschatteten Bereichen, wie sie durch Bebauung oder Bäume entstehen, ungenau und in Tunneln gar nicht arbeiten. Um diesem Nachteil entgegen zu wirken, werden GNSS mit zusätzlichen Sensoren oder Datenquellen gekoppelt, um die Genauigkeit der Ortung zu verbessern, die bei GNSS unter guten Bedingungen bereits bei unter zehn Metern liegt. Neben der Kopplung mit Hodometern und Infrastrukturkarten (Mapmatching) findet auch Differential-GPS (DGPS) Anwendung.

Hodometer und Mapmatching sind vor allem dann von Nutzen, wenn der Kontakt zu den Satelliten kurzfristig unterbrochen ist. Der Fahrzeugstandort wird ausgehend von der letzten bekannten Position über den Wegfortschritt und den durch die Karte bekannten Streckenverlauf ermittelt. Eine etwas ungenauere Positionsbestimmung ist auch ohne Hodometer möglich, wobei auf Basis der letzten bekannten Geschwindigkeit der Wegfortschritt bestimmt wird.

Das DGPS basiert neben den Satelliten zusätzlich auf Referenzstationen, deren Position genau bekannt ist. Diese bestimmen ständig ihre relative Position zu den Satelliten und errechnen auf Basis der bekannten Position Korrekturparameter, die an den Empfänger übermittelt werden. Je nach Entfernung zur Referenzstation kann die Genauigkeit der Ortung bei DGPS 2,5 m bis 0,3 m betragen, wobei eine geringe Entfernung die Genauigkeit erhöht. In Deutschland werden etwa 270 Referenzstationen von den Landesvermessungsämtern betrieben, die das System mit den dazugehörigen Serviceangeboten unter dem Namen *SAPOS* vermarkten (SCHÜTTLER 2014).

Zurzeit werden GNSS auf Schienenfahrzeugen des Personenverkehrs genutzt, um mithilfe der Standortinformationen Funktionen des Fahrgastinformationssystems (FIS) auszulösen (JANICKI ET AL. 2013). Im Schienengüterverkehr werden GNSS-Dienste eingesetzt, um einzelne Wagen oder Container verfolgen zu können (SCHÜTTLER 2014). Des Weiteren wird diskutiert, ob GNSS-Anwendungen Bestandteil oder Rückfallebene einer sicheren Fahrzeugortung sein können, auf deren Basis eine funkbasierte Zugfolgesicherung möglich ist (HECHT ET AL. 2008).

Die bei höheren Geschwindigkeiten für die Leit- und Sicherungstechnik notwendige ***LZB*** hat bereits eine Ortungsfunktion integriert, die jedoch nicht so genau ist wie die Positionsbestimmung mithilfe von GNSS. Die Linienleiter zwischen den Schienen, die zur Signalübertragung dienen, werden alle einhundert Meter gekreuzt, wodurch sich die Polarität des erzeugten Feldes umkehrt, was vom Empfänger auf dem Fahrzeug detektiert wird. Diese Punkte bilden den Grobort. Zwischen den Kreuzungspunkten werden über Hodometer acht Feinorte gebildet, so dass sich ohne Berücksichtigung von Messfehlern eine Ortungsgenauigkeit von 12,5 m ergibt (MASCHEK 2013). In Kombination mit der bekannten Streckenkilometrierung kann ein Ort mit einer Genauigkeit bestimmt werden, die fast derjenigen der nicht korrigierten GNSS-Ortsbestimmung entspricht.

Eine ähnliche Funktion bieten die im Rahmen von ETSC verbauten ***Eurobalisen*** und ***Euroloops***. Die Orte der Balisen sind genau bekannt, so dass ein Zug beim Überfahren einer solchen seine Position genau bestimmen kann. Die Position zwischen zwei Balisen kann über Hodometer bestimmt werden. Die Loops sind Leckwellenleiter, die am Schienenfuß montiert sind. Sie werden nur zusammen mit Eurobalisen eingesetzt und dienen dazu, die Fahrzeugposition vor Hauptsignalen genauer zu bestimmen, als dies mit Balisen allein möglich wäre. Eine Euroloop ist maximal 800 m lang (MASCHEK 2013).

Die ***GNT*** verfügt streckenseitig über Datenpunkte, die entweder als Gleiskoppelspulen oder als Eurobalisen ausgeführt sind. Diese übertragen Streckendaten für das bogenschnelle Fahren auf entsprechend ausgerüstete Fahrzeuge. Wie bei der LZB und den Eurobalisen ist die Positionsbestimmung zwischen zwei Datenpunkten über Hodometer möglich (JANICKI ET AL. 2013).

Eine weitere Möglichkeit der ungefähren Positionsbestimmung stellt das Auslesen der Funkzellen-ID des ***GSM-R***- oder ***GSM***-Mastes dar, in den das Fahrzeug eingeloggt ist. Hierfür sind die Parameter

- Mobile Country Code (MCC),
    - o Länderkennung zur Identifizierung von Mobilfunknetzen, Region Europa: 2, Deutschland: 262,
- Mobile Network Code (MNC),
    - o Mobilfunknetzkennzahl, T-Mobile: 01, 06 (GSM), DB Telematik: 10 (GSM-R),
- Location Area Code (LAC) und
    - o Aufenthaltsbereich-Kennzahl,
- Cell ID (CID)
    - o Mobilfunkzellenidentifikation

auszulesen. Zusammen bilden MCC, MNC und LAC die Location Area Identity (LAI). Auf Basis dieser Daten ist zum Beispiel mit dem Projekt *OpenCellID* der Standort des Mastes bestimmbar. Es ist dabei ausreichend, dass auf dem Fahrzeug nur die oben genannten Parameter ausgelesen und der Standort des Funkmastes im Nachhinein bei der Störungsauswertung ermittelt wird. Eine solche Standortermittlung ist beispielhaft in Abbildung 2-21 dargestellt.

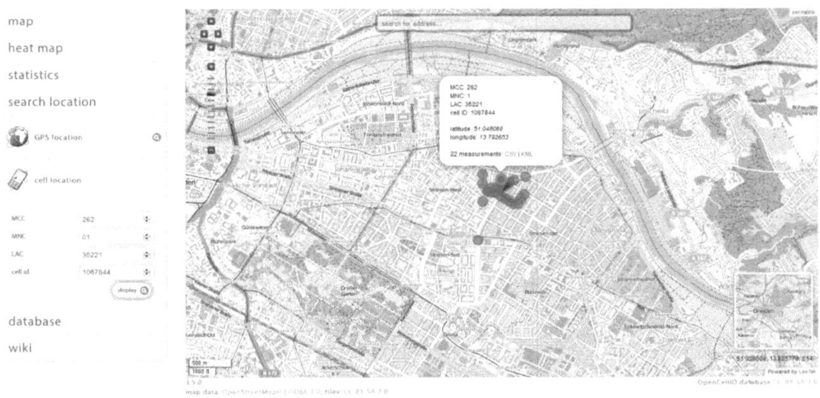

Abbildung 2-21: Fahrzeugortung über das Auslesen der Funkzellen-ID
Quelle: OPENCELLID (2015)

Die Reichweite von GSM- und GSM-R-Funkmasten ist wie in Tabelle 2-5 angegeben begrenzt. Da Projekte wie *OpenCellID* in der Regel auf die Karten von *OpenStreetMap* zugreifen (vgl. Kapitel 4.4.4.2), ist die Eisenbahninfrastruktur im Kartenmaterial ebenfalls dargestellt. Die Positionsbestimmung ist in diesem Fall auf den ungefähren Standort im Bereich der Funkzelle beschränkt.

Eine Alternative zum Hodometer für das Bestimmen des Wegfortschritts ist das Dopplerradar, das auf einigen Schienenfahrzeugen bereits zur Geschwindigkeitsmessung, aus der der Wegfortschritt integrierbar ist, und als Teil der Antriebsregelung (Ausnutzung der Kraftschlussgrenze) genutzt wird (JOPPICH ET AL. 1994).

Sollten die zuvor erläuterten Varianten zur Positionsbestimmung nicht zur Verfügung stehen, ist über die Zeit des Fehlereintritts, den Fahrplan und die eventuelle Verspätung sowie das Geschwindigkeitsprofil und den daraus resultierenden Wegfortschritt eine nachträgliche grobe Positionsbestimmung des Fahrzeugs möglich.

2.4 METHODEN DER DIAGNOSE

2.4.1 Anforderungen an Diagnosemethoden

Um verschiedene Diagnosemethoden zu vergleichen, ist die Formulierung notwendiger Eigenschaften von Diagnosemethoden erforderlich (VENKATASUBRAMANIAN ET AL. 2003c). Diese sind:

- ***schnelle Detektion und Diagnose***
  - Das Diagnosesystem soll Fehlfunktionen schnell detektieren und deren Ursachen zeitnah finden. Dabei ist auf die Balance zwischen Sensitivität, Schnelligkeit und Diagnosewahrheit zu achten, um die Anzahl der Fehlalarme gering zu halten.
- ***Fehlerisolation***
  - Ein Diagnosesystem soll verschiedene Fehler unterscheiden können.
- ***Robustheit***
  - Ein Diagnosesystem muss robust gegenüber Unsicherheiten und Signalrauschen sein. Dies darf jedoch der Erkennungsrate nicht entgegenstehen.
- ***Detektion neuer Fehler***
  - Neue, bisher nicht aufgetretene Fehler sollen vom Diagnosesystem erkannt und als solche klassifiziert werden können.
- ***Abschätzung der Diagnoseperformance***
  - Aus den Prozessdaten des Diagnosesystems soll eine Abschätzung der Diagnoseperformance möglich sein. Diese Abschätzung bezieht sich vor allem auf Fehldiagnosen und nicht erkannte Fehler.

- ***Adaptierbarkeit***
    - Ein Diagnosesystem soll schnell an einen veränderten Prozess und an andere Prozesse beziehungsweise Systeme anpassbar und darüber hinaus erweiterbar sein.
- ***Erklärung der Diagnose***
    - Eine Diagnosemeldung soll die Information enthalten, wie ein Fehler entstanden ist. Es sollte gegebenenfalls erklärt werden, warum andere Fehler ausgeschlossen sind.
- ***Modellierungsanforderungen***
    - Der Modellierungsaufwand für ein Diagnosesystem soll so gering wie möglich sein.
- ***Anforderungen an Speicher und Rechenleistung***
    - Ein Diagnosesystem soll eine vernünftige Balance zwischen beiden Anforderungen halten. Solche Systeme laufen häufig auf embedded PCs, bei denen vor allem der Speicherplatz begrenzt ist.
- ***Detektion von Mehrfachfehlern***
    - Dies ist eine wichtige, aber schwierige Anforderung an Diagnosemethoden. Auch wenn die Muster für Einfachfehler bekannt sind, lassen sich diese unter Umständen nicht auf Mehrfachfehler übertragen.

2.4.2 Einteilung der Diagnosemethoden

Diagnose lässt sich entsprechend der Aspekte

- Typ des Diagnosewissens,
- Typ der diagnostischen Suchstrategie

unterteilen. Die Suchstrategie ist stark von dem für die Diagnose zur Verfügung stehenden Wissen abhängig, weshalb dieses das wichtigste Unterscheidungsmerkmal für Diagnosesysteme ist. Eine umfassende, systemunabhängige Einteilung der Diagnosemethoden entsprechend des zur Verfügung stehenden Diagnosewissens wird in VENKATASUBRAMANIAN ET AL. (2003a) vorgenommen und ist in Abbildung 2-22 dargestellt. Eine ähnliche, aber weniger umfangreiche Einteilung enthält auch VDI 2888.

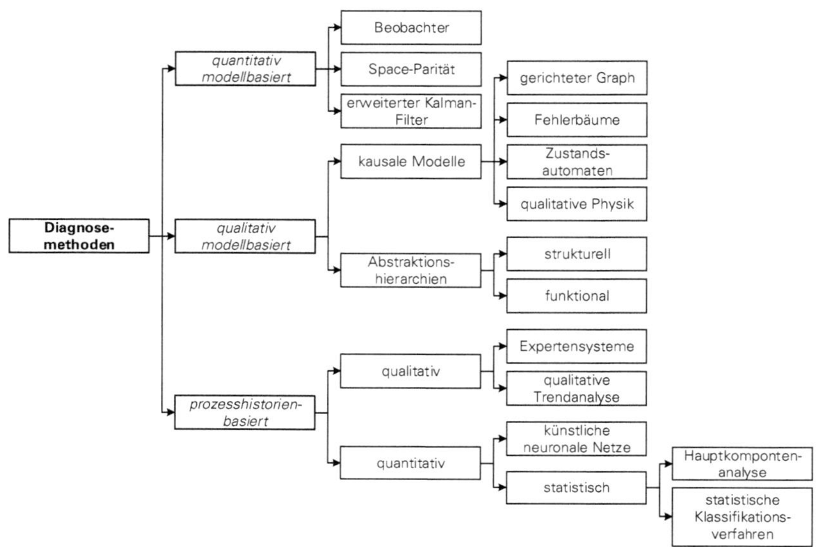

Abbildung 2-22: Kategorisierung der Diagnosemethoden
Quelle: eigene Darstellung nach VENKATASUBRAMANIAN ET AL. (2003a)

Die Methoden werden in anderen Quellen in wissensbasierte (prozesshistorien-basiert) und analytische Diagnosemethoden (quantitativ und qualitativ modellbasiert) unterteilt (BÄKER & UNGER 2008 und WALESCHKOWSKI & GIERA 2013). Demnach zählen zu den wissensbasierten Methoden auch das fallbasierte Entscheiden (CBR – case-based reasoning) und Fuzzy-Logik (vgl. Abbildung 2-23).

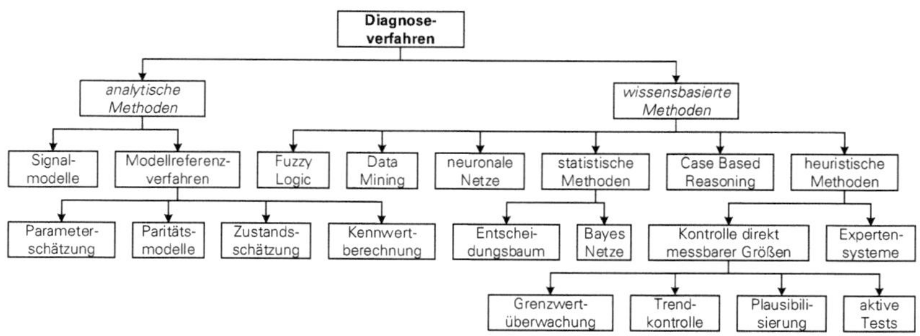

Abbildung 2-23: Einteilung von Diagnoseverfahren
Quellen: eigene Darstellung nach BÄKER & UNGER (2008) und ZSCHARNACK ET AL. (2010)

Eine Einteilung entsprechend der Methoden zur Wissensverarbeitung wird in ZSCHARNACK ET AL. (2012) vorgenommen (vgl. Abbildung 2-24). Die Methoden des Soft Computings ermöglichen gegenüber denen des Hard Computings eine effiziente Verarbeitung unscharfen Diagnosewissens.

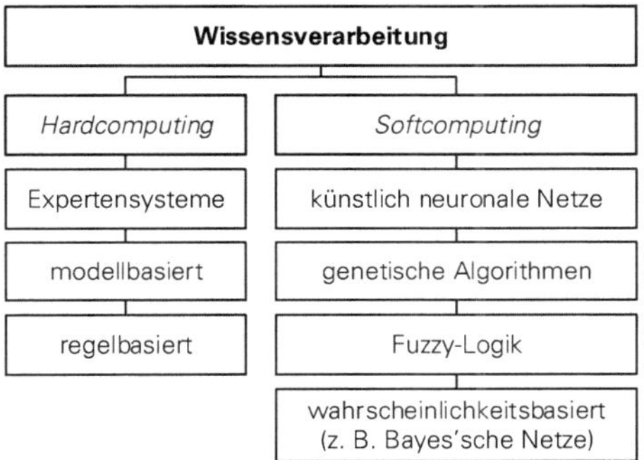

Abbildung 2-24: Methoden zur Wissensverarbeitung
Quelle: eigene Darstellung nach ZSCHARNACK ET AL. (2012)

Typische Suchstrategien zeigt Abbildung 2-25. Topografische Suchstrategien greifen auf Vorlagen der normalen Funktionen des Systems zurück, wohingegen symptomatische Suchstrategien die Suche direkt auf den Ort des Fehlers fokussieren. Da die Fehler zuvor nicht bekannt sind, kann eine topografische Suchstrategie nur den Fokus der Diagnose auf ein Subsystem lenken.

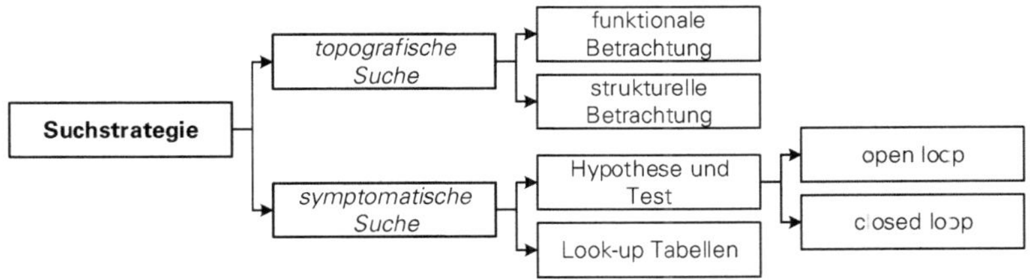

Abbildung 2-25: Einteilung der Suchstrategien
Quelle: VENKATASUBRAMANIAN ET AL. (2003b)

Die funktionale Betrachtung nutzt die funktionale Beschreibung der verschiedenen Subsysteme für die Fehlersuche. Die strukturelle Betrachtung basiert auf der Identifikation der Informationspfade vom Eingang bis zur betrachteten Einheit und deren Ausgang. Die funktionale und strukturelle Betrachtungsweise werden häufig kombiniert angewandt. Der wesentliche Aspekt der topografischen Suche ist das fehlende Wissen über Fehlzustände, da nur Normalzustände betrachtet werden. Neue Fehler und Mehrfachfehler sind auf diese Weise schwer zu identifizieren (VENKATASUBRAMANIAN ET AL. 2003b).

Bei der symptomatischen Suchstrategie müssen Muster der Fehlzustände vorhanden sein, um diese identifizieren zu können. Dies kann bei neuen und Mehrfachfehlern zu Ungenauigkeiten führen. Die Look-up Tabellen sind die einfachste symptomatische Suchmethode. Die Fehlzustände sind samt ihrer Symptome erfasst. Für komplexe Systeme hat dies eine große Datenmenge zur Folge. Bei der Suchmethode Hypothese und Test können entweder alle Zustände explizit benannt sein (open loop) oder anhand einer Rückkopplung nach der Erzeugung der Zustände mit dem tatsächlichen Prozess abgeglichen werden (closed loop, vgl. VENKATASUBRAMANIAN ET AL. 2003b).

2.4.3 Quantitativ modellbasierte Diagnosemethoden

Die auf quantitativen Modellen basierenden Diagnosemethoden bilden den zu überwachenden Prozess mit mathematischen Modellen ab, mit denen die zu überwachenden Größen vorausberechnet werden. Diese werden mit den gemessenen Werten verglichen und aus beiden Werten Residuen bestimmt, anhand derer eine Aussage möglich ist, ob eine Störung vorliegt.

Zum Modellieren der Prozesse ist die Kenntnis der Residuen notwendig. Dabei erweist es sich als vorteilhaft, dass dies in den Anlagenreglern häufig schon umgesetzt ist. Eine Neumodellierung nur für Diagnosezwecke erweist sich aufgrund der Komplexität der Systeme und nichtlinearer Prozesse oft als schwierig (VENKATASUBRAMANIAN ET AL. 2003a).

2.4.4 Qualitativ modellbasierte Diagnosemethoden

Eine auf qualitativen Modellen basierende Diagnose hat drei wesentliche Vorteile:

- Qualitative Methoden sind dort einsetzbar, wo keine quantitativen Aussagen möglich sind.
- Kleine Ungenauigkeiten in den Modellen sind unkritisch, da die qualitativen Methoden nicht auf einer exakten Modellierung basieren.
- Empirisches Wissen über das System kann in den Modellen berücksichtigt werden.

Der Hauptnachteil dieser Methoden ist das Erzeugen falscher Lösungen, die sich durch Einschränkungen in den Modellen reduzieren lassen (VENKATASUBRAMANIAN ET AL. 2003b).

2.4.5 Prozesshistorienbasierte Diagnosemethoden

Diese Methode unterscheidet sich grundsätzlich von den modellbasierten Diagnosemethoden, da kein Vorwissen über das zu überwachende System notwendig ist. Die Daten, die zum Generieren des Diagnosewissens notwendig sind, werden am funktionierenden System im Betrieb gewonnen, indem aus den auftretenden Sensorwerten Regeln für die zulässigen Zustände generiert werden. Dies kann wiederum qualitativ oder quantitativ erfolgen.

Da die Physik der Prozesse nicht abgebildet wird, versagen solche Methoden, wenn sich zuvor nicht definierte Zustände einstellen (VENKATASUBRAMANIAN ET AL. 2003b).

2.4.6 Vergleich der Diagnosemethoden

Der Vergleich verschiedener, beispielhaft ausgewählter Diagnosemethoden aus den Kategorien quantitativ-modellbasiert, qualitativ-modellbasiert und prozesshistorienbasiert zeigt, dass keine der Methoden die in Kapitel 2.4.1 definierten Anforderungen an Diagnosemethoden vollständig erfüllen kann (vgl. Tabelle 2-6).

Tabelle 2-6: Vergleich verschiedener Diagnosemethoden

Quelle: VENKATASUBRAMANIAN ET AL. (2003c)

✓... Anforderung erfüllt, - ... Anforderung nicht erfüllt, ? ... Erfüllung fallabhängig

	quantitativ-modellbasiert	**qualitativ-modellbasiert**	
Anforderung	Beobachter	gerichteter Graph	Abstraktions-hierarchie
schnelle Detektion und Diagnose	✓	?	?
Fehlerisolation	✓	-	-
Robustheit	✓	✓	✓
Detektion neuer Fehler	?	✓	✓
Abschätzung der Diagnoseperformance	-	-	-
Adaptierbarkeit	-	✓	✓
Erklärung der Diagnose	-	✓	✓
Modellierungsanforderungen	?	✓	✓
Anforderungen an Speicher/Rechenleistung	✓	?	?
Detektion von Mehrfachfehlern	✓	✓	✓

Tabelle 2-6: Vergleich verschiedener Diagnosemethoden, fortgesetzt

✓... Anforderung erfüllt, - ... Anforderung nicht erfüllt, ? ... Erfüllung fallabhängig

	prozesshistorienbasiert			
Anforderung	Experten-systeme	qualitative Trend-analyse	Haupt-kompo-nenten-analyse	neuronale Netze
schnelle Detektion und Diagnose	✓	✓	✓	✓
Fehlerisolation	✓	✓	✓	✓
Robustheit	✓	✓	✓	✓
Detektion neuer Fehler	-	?	✓	✓
Abschätzung der Diagnoseperformance	-	-	-	-
Adaptierbarkeit	-	?	-	-
Erklärung der Diagnose	✓	✓	-	-
Modellierungsanforderungen	✓	✓	✓	✓
Anforderungen an Speicher/Rechenleistung	✓	✓	✓	✓
Detektion von Mehrfachfehlern	-	-	-	-

Um zu besseren Ergebnissen in der Diagnose zu gelangen, sind Diagnoseansätze denkbar, die verschiedene Diagnosemethoden zu Hybridmethoden kombinieren.

2.5 DIAGNOSESYSTEME IN DER VERKEHRSTECHNIK

2.5.1 Einführung

Diagnosesysteme sind heute hochspezialisierte Systeme, die an die speziellen Anforderungen ihrer Einsatzumgebung angepasst sind. Aus diesem Grund finden sich in den verschiedenen Bereichen der Verkehrstechnik unterschiedliche Ansätze. Die Automobiltechnik ist insofern im Vorteil, als dass die Produktlebenszyklen und Innovationszyklen wesentlich kürzer sind als in der Bahntechnik und neue Technologien schneller in die Produkte integriert werden können.

Eine detailliertere Beschreibung der vorgestellten Arbeiten befindet sich in den Anhängen A.1und A.2.

2.5.2 Bahntechnik

Das Erstellen der Diagnosesysteme erfolgt zurzeit während des Systemdesigns als beiläufiger Prozess, häufig gekoppelt an die Leittechnik. Ein systematisches Konzept besteht nicht. Vielmehr erfolgt in jedem Projekt eine neue Abstimmung mit den Lieferanten der Subsysteme über die für die Leittechnik und das Diagnosesystem benötigten Prozesssignale. Die an den leittechnischen Schnittstellen zur

Verfügung stehenden Signale beschränken sich dementsprechend auf die in der Abstimmung festgelegten, sodass die spätere Definition von Signalen, die für die Diagnose benötigt werden, in der Regel auch aus wirtschaftlichen Gründen nicht möglich beziehungsweise nicht vorgesehen ist.

Komplexe Subsysteme auf Schienenfahrzeugen, wie zum Beispiel Klimatisierungsanlagen und Seiteneinstiegssysteme, haben darüber hinaus eigene Diagnosesysteme, welche unabhängig von anderen Fahrzeugsystemen arbeiten. Diese speziellen Diagnosesysteme werden von deren Herstellern verantwortet und übertragen ebenfalls nur die im Vorfeld der Integration definierten Meldungen an die Fahrzeugsteuerung. Eine Verknüpfung der Zustandsinformationen der Subsysteme im Rahmen der Diagnose ist in der Fahrzeugsteuerung beziehungsweise im Diagnoserechner nicht hinterlegt.

Die in Schienenfahrzeugen teilweise vorhandenen Diagnoserechner sammeln die Diagnosemeldungen, die von den Subsystemen über den Fahrzeugbus gesendet werden. Eine Diagnose im Sinne von DIN EN 60706-5 wird nicht durchgeführt.

Um die Instandhaltung von lokbespannten Reisezügen bei der DB AG effizient zu gestalten, werden diese, in Anlehnung an die ICE-Züge und die Regionalverkehrstriebzüge, als Ganzzüge behandelt. Bei diesem RIGA (Reisezugwagen-Instandhaltung in Ganzzügen) genannten Verfahren werden Lok und Wagen in der Regel als eine festgekoppelte Einheit betrachtet. RIGA besteht aus den Teilprogrammen

- RIGA-F (Fernverkehr),
- RIGA-N (Nahverkehr) und
- RIGA-LL (langlaufende Fernzüge).

Die Instandhaltungsstufen für Fahrzeuge der DB AG sind in Anhang A.5 aufgeführt.

Um die Diagnosesysteme in der Bahntechnik zu verbessern, wurden in Silmon (2009), Maurya et al. (2007), Bai (2010), Fink (2014), Lehrasab et al. (2002) und Miguelánez et al. (2008) Untersuchungen durchgeführt, wie die in Kapitel 2.4 vorgestellten Methoden in der Bahntechnik angewandt werden können. Die Arbeiten konzentrierten sich dabei in der Regel auf druckluftbetätigte Seiteneinstiegssysteme und Weichenantriebe, da deren Ausfall den Bahnbetrieb erheblich einschränkt (vgl. Anhänge A.1.1.1, A.1.1.2 und A.1.1.4).

In van Houten et al. (2005) wurden die in den Doppelstocktriebzügen des Typs VIRM der Niederländischen Eisenbahn (NS) verbauten Diagnosesysteme einer akribischen Analyse unterzogen, da deren Funktionsweise und damit auch deren Nutzen nicht bekannt waren. Dabei zeigten sich große Schwächen in der Informationsgewinnung und -aufbereitung, weshalb die gespeicherten

Diagnosemeldungen nur bedingt für den Triebfahrzeugführer und die Instandhaltung nutzbar waren. Aufbauend darauf zeigt STUUT (2013), was die niederländische Eisenbahn in der Informationsgewinnung für die Diagnosemeldungen und deren Auswertung sowie in den Instandhaltungsprozessen verbessert hat. Die Standzeit der eingesetzten Erprobungsträger bei ungeplanten Werkstattaufenthalten konnte zum Beispiel um 12 % reduziert werden. Ebenso verringerte sich die Standzeit für das Beheben von Fehlern in den Klimatisierungs- und Türsystemen um 35 %. Um dies zu erreichen, werden alle Diagnosedaten in eine Zentrale übertragen und dort von Spezialisten ausgewertet (vgl. Anhang A.1.1.3).

ROSIN ET AL. (2006) zeigen auf, dass in Straßenbahnen mehr als die Hälfte der Fehler elektrischer Natur sind (vgl. Abbildung 2-26) und dass in vielen Fällen von der Zeit bis zur Reparatur (MTTR) 80 % für die Fehlersuche und nur 20 % für die Instandsetzung aufgewandt werden (vgl. Anhang A.1.1.5).

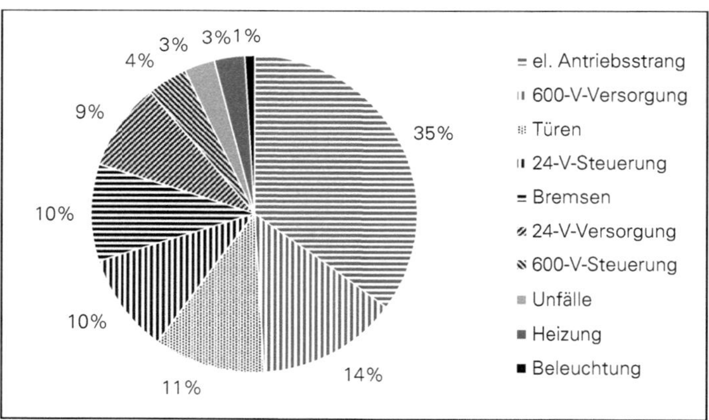

Abbildung 2-26: Verteilung von Störungen in Straßenbahnfahrzeugen
Quelle: eigene Darstellung nach ROSIN ET AL. (2006)

Dies soll ein neu entwickeltes Diagnosesystem vor allem dadurch verbessern, dass die Diagnosemeldungen automatisch an eine Zentrale übertragen werden. Zum gleichen Schluss kommen auch CHEN ET AL. (2010), die in ihrer Arbeit die Möglichkeit eines Diagnosesystems für Dieselmotoren in Lokomotiven untersuchten (vgl. Abbildung 2-27 und Anhang A.1.1.6).

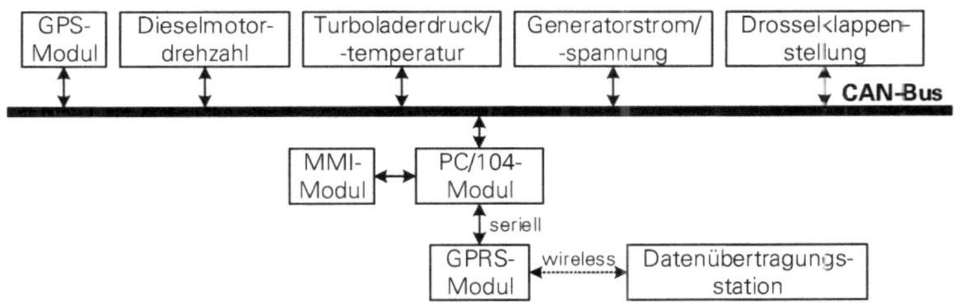

Abbildung 2-27: Hardwarestruktur der Diagnoseeinheit
Quelle: eigene Darstellung nach CHEN ET AL. (2010)

Die Übertragung des bei Kampfflugzeugen eingesetzten Prognose- und Zustandsmanagements in die Bahntechnik wird in LIU & HAN (2012) vorgestellt. Das PHM ist keine Neuentwicklung, sondern es erweitert die bestehenden Diagnosesysteme, um beispielsweise die Zustandsdiagnose zu verbessern. Die PHM-Systemarchitektur sieht immer die drei Ebenen Subsystem, Fahrzeug und Zug vor. Die Übertragung vom Fahrzeug an eine Zentrale ist auch in dieser Arbeit ein weiterer Schwerpunkt (vgl. Anhang A.1.1.7).

HECHT ET AL. (1999), RIEKENBERG (2004), ABEL ET AL. (2009) und BECKER (2014) untersuchen in ihren Arbeiten die Möglichkeit der Integration von Diagnose- und Telematik-Anwendungen in Wagen des Schienengüterverkehrs. So könnten Module zur Standortbestimmung nicht nur der Diagnose dienen, sondern auch die Logistikprozesse verbessern, in die ein Güterwagen eingebunden ist. Mithilfe einer Fehlermöglichkeits- und -einflussanalyse (FMEA) konnte nachgewiesen werden, dass ein Diagnosesystem die Anzahl sehr bedeutsamer Fehler drastisch reduzieren kann (vgl. Abbildung 2-28 und Anhang A.1.1.8).

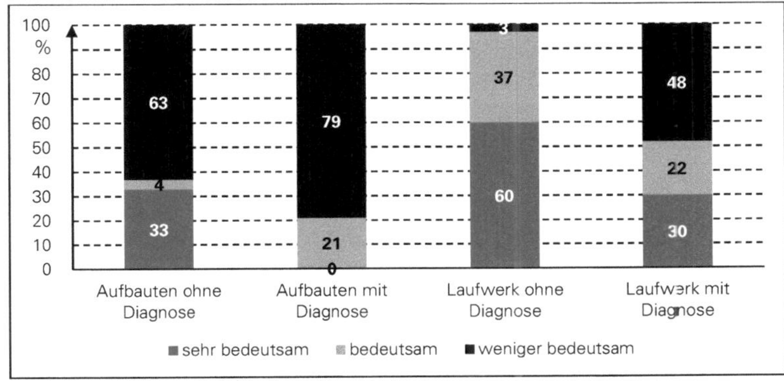

Abbildung 2-28: Nutzen der Diagnose
Quelle: eigene Darstellung nach RIEKENBERG (2004)

In AHMELS (2006) und LIU ET AL. (2010) wird die modellbasierte Diagnose am Beispiel des Transrapids vorgestellt. Die modellbasierte Diagnose wurde ausgewählt, da mit vergleichsweise geringem Projektierungsaufwand eine hohe Diagnosetiefe möglich ist (vgl. Abbildung 2-29). In diesen Arbeiten gilt eine defekte Komponente oder Funktion als erfolgreich diagnostiziert, wenn sie unter den ersten 15 verdächtigen Komponenten oder Funktionen aufgeführt wird (vgl. Anhang A.1.1.9).

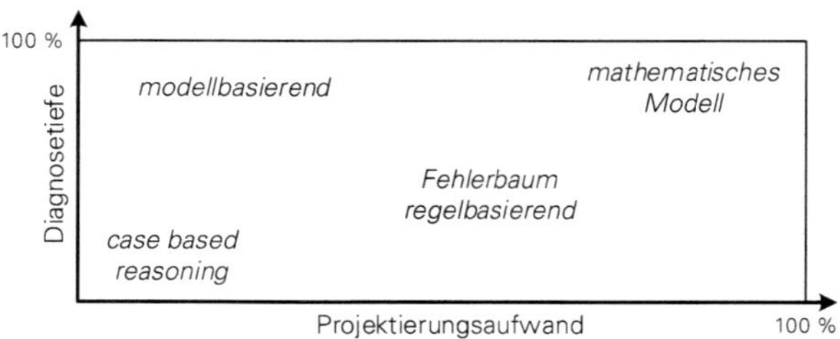

Abbildung 2-29: Diagnosetiefe und Projektierungsaufwand
Quelle: eigene Darstellung nach AHMELS (2006)

VDV 880 enthält eine Struktur für ein Instandhaltungssystem, wie es in Nahverkehrsunternehmen angewandt werden sollte. Dieses Konzept umfasst insbesondere die Datenhaltung und den Datenaustausch zwischen den Beteiligten Fachabteilungen. Darüber hinaus werden die für eine Diagnosemeldung notwendigen Informationen definiert (vgl. Anhang A.1.1.10).

Die Planung und Integration von Diagnosesystemen für Schienenfahrzeuge ist immer noch ein Prozess, der eher beiläufig abläuft, als dass er in die Produktentwicklung integriert ist. Aufgrund der vergleichsweise geringen Stückzahlen ist der nachträgliche Zugriff auf Daten und Signale der Subsysteme schwierig und kostenintensiv. Für Störungen einzelner Subsysteme, allen voran Seiteneinstiegssysteme, sind komplexe Lösungen auf Basis der verschiedenen vorgestellten Diagnosemethoden verfügbar (vgl. Kapitel 2.4). Ein Konzept für Gesamtfahrzeuge fehlt hingegen. Fahrzeugbetreiber und -instandhalter sind bisweilen mit der anfallenden Menge von Sensordaten überfordert, auch wenn es einzelne Lösungsansätze für deren Analyse gibt. In der Schienenfahrzeugtechnik ist das Vormelden von Diagnosedaten bereits seit längerem eingeführt, um den Instandhaltungsprozess zu verkürzen und die Standzeit der Fahrzeuge zu verringern. Dies ermöglicht des Weiteren eine enge Verknüpfung von Diagnose- und Instandhaltungssystemen. Im Schienengüterverkehr ist die Einführung von Diagnosesystemen auf den Güterwagen aufgrund der fehlenden Fahrzeugtelematik bisher sehr aufwendig.

2.5.3 Automobiltechnik

Im Automotive-Bereich gibt es im Gegensatz zur Bahnindustrie von einzelnen Fahrzeugmodellen verschiedene Modellvarianten, die dem Endkunden ein individuelles Fahrzeug versprechen. Dies hat eine große Modellvielfalt mit verschiedenen Ausstattungsvarianten zur Folge, was sich zum einen in einer unterschiedlichen Anzahl von Subsystemen im Fahrzeug und zum anderen in unterschiedlichen beziehungsweise modifizierten Ausführungen des gleichen Systems niederschlägt.

Die Entwicklung von Diagnosesystemen wurde in der Automobilindustrie vor allem durch die ab 1988 zunächst in Kalifornien zwangsweise eingeführte OBD-I-Schnittstelle vorangetrieben. Mit der On-Board-Diagnose werden folgende Ziele verfolgt (HACKNER ET AL. 2011):

- gesetzliche Forderungen erfüllen,
- Abgasuntersuchung vereinfachen,
- Qualität sichern,
- Ersatzwerte bereitstellen,
- Fehlerlokalisierung erleichtern.

Der zuletzt genannte Punkt wird auch erreicht, indem eine Schnittstelle zur Off-Board Diagnose, das heißt zur Werkstattdiagnose, bereitgestellt wird.

In HEINZELMANN ET AL. (1998) und HEINZELMANN (1999) wird eine Diagnoseeinrichtung vorgestellt, die eine Fehleraussage über ein Gesamtsystem trifft. BÄKER ET AL. (2002) schlagen ein zweistufiges Systemdiagnoseverfahren vor, das in die System- sowie Komponentendiagnose eingeteilt ist. Da die Diagnose auf beiden Ebenen unabhängig voneinander erfolgt, kann für jede Komponente ein geeignetes Diagnoseverfahren zur Anwendung kommen. Diese Notwendigkeit heben auch ZSCHARNACK ET AL. (2012) hervor. Zwischen den Ebenen werden lediglich die Informationen ‚fehlerhaft', ‚unbekannt' oder ‚möglicherweise defekt' für die Zustände einer Systemgröße und ‚defekt', ‚nicht defekt' oder ‚möglicherweise defekt' für die Funktionszustände übertragen (vgl. Anhang A.1.2.1).

HARMS (2007) identifiziert die fehlende Verknüpfung der Diagnoseinformationen als wesentliches Defizit bisher eingesetzter Diagnosesysteme für elektronische Fahrzeugsysteme. Daher wird vorgeschlagen, logische Abhängigkeiten von Fahrzeugsystemen in die Diagnose zu integrieren. Als Ansatz für das Erzeugen des Diagnosewissens verwendet der Autor eine Kombination aus struktureller Analyse und probabilistischen Netzwerken (vgl. Kapitel 2.4 und Anhang A.1.2.2).

RIEGER (2013) stellt fest, dass die Fahrzeugelektronik vor allem aufgrund der vielen neuen Assistenzsysteme in den vergangenen zwei Dekaden sehr komplex geworden ist. Die Anzahl der Steuergeräte in den Fahrzeugen hat sich in diesem

Zeitraum nahezu verachtfacht. Eine effiziente Diagnose wird durch eine hohe Variantenvielfalt (Ausstattungs- und Ländervarianten) zusätzlich erschwert. Die Steuergeräte sind untereinander vernetzt und greifen auf zum Teil ebenfalls vernetzte Sensoren zurück. Die Assistenzsysteme dürfen auf keinen Fall eingreifen, wenn sie selbst fehlerhaft arbeiten. Daher verfügen sie über eine spezialisierte Fehlerüberwachung, die ein zuvor definiertes Fehlverhalten erkennen kann und ein Eingreifen des Assistenzsystems gegebenenfalls unterbindet.

WALESCHKOWSKI & GIERA (2013) monieren, dass die Diagnose im Automobilbereich bisher zu großen Teilen auf einer geführten Fehlersuche basiert, die auf Entscheidungsbäumen beruht und durch den Pannendienst oder in der Werkstatt durchgeführt wird. Das Auslesen von Fehlercodes allein ist jedoch keine Diagnose, sondern wird dies erst in Verbindung mit einer Interpretation der Fehlercodes und dem Anstoßen von Folgeaktivitäten.

Nach LAUTENBACH & ZIRCHER (2013) basiert im VW-Konzern das Anforderungsmanagement auf *DOORS*, wofür es in der Raumfahrt, der Luftfahrt, der Automobilindustrie und in der Bahntechnik verwendet wird. Dementsprechend werden auch die Diagnoseschnittstellen in *DOORS* formuliert.

In NAWRATIL ET AL. (2009) wird zum Verifizieren des entwickelten Diagnosesystems die Fehlersimulation vorgeschlagen. Dabei sollen die Fehler simuliert werden, auf die das Diagnosesystem reagieren können muss.

SCHWARZ ET AL. (2013) konstatieren, dass sich im Bereich der Werkstattdiagnose cloud-basierte Dienste immer mehr durchsetzen. So werden beispielsweise die Werkstattinformationen und die Datenbasis der Diagnosesysteme sowie die Flashdaten für Steuergeräte per Online-Distribution bereitgestellt.

Die Automobiltechnik ist von einer großen Modellvielfalt mit einer außerordentlichen Anzahl von Ausstattungsvarianten geprägt. Nahezu jedes Fahrzeugsubsystem hat ein eigenes Steuergerät. Dies macht skalierbare Diagnosesysteme unbedingt erforderlich, um den Projektierungsaufwand zu reduzieren. Deren Anforderungen müssen bereits früh in der Produktentwicklung berücksichtigt werden. In der Automobiltechnik wird zwischen On-Board- und Off-Board-Diagnose unterschieden, wobei letztere die Werkstattdiagnose ist, bei der in der Regel eine geführte Fehlersuche mithilfe von Entscheidungsbäumen durchgeführt wird. Für die On-Board-Diagnosesysteme müssen die im Fahrzeug verbauten Sensoren ausreichend sein, da zusätzliche Sensoren aus Kostengründen eine große Ausnahme sind. Das grundsätzliche Ziel einer schnellen Fehlerbehebung ist auch in der Automobiltechnik von sehr hoher Relevanz, da der Endkunde, der häufig der Fahrzeugeigner ist, direkt von der Störung betroffen ist.

2.5.4 Schiffstechnik

In DENUCCI ET AL. (2005) wird Non-Intrusive Load Monitoring (NILM – sinngemäß berührungslose/nichtinvasive Lastüberwachung) für Schiffssysteme angewandt. Dabei konnte nachgewiesen werden, dass es sowohl geeignet ist, um die Alterung von elastischen Kupplungen zwischen elektrischen Antriebsmaschinen und deren Lasten (beispielsweise Seewasserpumpen) zu überwachen und vor baldigen Ausfällen zu warnen, als auch dafür, um Leckagen in Flüssigkeitskreisläufen zu finden (vgl. Anhang A.1.3.1).

DEARDEN & ERNITS (2013) testen ein Diagnosesystem an einem autonomen Tauchroboter, das zuvor bereits erfolgreich in Satelliten eingesetzt wurde (vgl. Kapitel 2.5.6). Es ist ein Konsistenz-basiertes Diagnosesystem (vgl. Kapitel 2.4.2), da es diskrete Modelle des zu überwachenden Systems nutzt, um aus Abweichungen zwischen dem vorhergesagten Systemverhalten und dem aus Telemetriedaten bestimmten tatsächlichen Systemverhalten Inkonsistenzen zu bestimmen, die auf Fehler und deren Ursachen hinweisen (vgl. Anhang A.1.3.2).

2.5.5 Flugzeugtechnik

An die in Flugzeugen verbauten Systeme werden grundsätzlich höhere Anforderungen in Bezug auf die Zuverlässigkeit gestellt als bei anderen Verkehrsmitteln. Daher werden die Diagnosesysteme schon früh in der Produktentwicklung berücksichtigt. Typische Wartungsintervalle für Flugzeuge sind in Tabelle A-19 in Anhang A.6 angegeben.

In TOOLEY & WYATT (2009), HOWARD & MARK (2013), AIRBUS (1998) und DASSAULT (2007) werden die Diagnosesysteme von Flugzeugen beschrieben, die tief in die IT-Infrastruktur der Flugzeuge integriert sind und in der Regel bis auf ein Display keine eigene Hardware haben. Die Diagnosedaten von Flugzeugen werden entweder über Satellit oder Funk an die Bodenstation übertragen (vgl. Anhänge A.1.4.1, A.1.4.2 und A.1.4.3).

2.5.6 Raumfahrttechnik

In DOODY (2011) und MORGAN (2011) wird beschrieben, welche Diagnose- und Kontrollsysteme in automatisierten Raumfahrzeugen eingesetzt werden. Der Fokus liegt bei diesen Systemen auf einem hohen Grad an künstlicher Intelligenz, da die unbemannten Raumfahrzeuge auch beim vorübergehenden Verlust der Kommunikationsverbindung zur Erde funktionsfähig bleiben sollen (vgl. Anhang A.1.5).

2.5.7 Zusammenfassung

Die Diagnosesysteme in den einzelnen Zweigen der Verkehrstechnik weisen unterschiedliche Entwicklungsstände und Fokusse auf.

In der Bahntechnik wird auf Basis der bestehenden Informationsinfrastruktur rudimentär Diagnose betrieben. Herausforderungen sind die lange Produktlebensdauer der Schienenfahrzeuge sowie deren zum Teil variable Zusammenstellung in Zugverbänden.

Die Automobiltechnik investiert viel in den Bereich Diagnose, da hier seitens des Kunden, des Endverbrauchers, der Wunsch vorhanden ist, das Kraftfahrzeug schnellstmöglich wieder störungsfrei betreiben zu können. Aufgrund der großen Anzahl von Kraftfahrzeugen ist für die Automobilindustrie gegenüber der Bahnindustrie eine Skalierung wirksam. Auftretende Störungen sind schnell zu beheben, da eine große Anzahl von Kunden betroffen sein kann.

In der Schiffstechnik wird Diagnose ähnlich wie in Industrieanlagen betrieben. Im militärischen Bereich sind auf Schiffen hochentwickelte IT- und Bordnetz-Infrastrukturen vorhanden, über deren Diagnosefähigkeit jedoch keine Informationen verfügbar sind.

Die Diagnosesysteme der Flugzeugtechnik sind tief in die einzelnen Systeme integriert und verfügen in der Regel über keine eigene Hardware. Die Entwicklung der Diagnosesysteme wird schon sehr früh in der Flugzeugentwicklung berücksichtigt. Ähnlich wie in der Schifftechnik sind über Diagnosesysteme in Militärflugzeugen keine Informationen verfügbar.

In der Raumfahrttechnik sind die Diagnosesysteme der bisher unbemannten Raumfahrzeuge so ausgelegt, dass diese über eine hohe Autonomie verfügen, damit das Raumfahrzeug seine Mission auch bei einem temporären Verlust der Kommunikationsverbindungen seine Mission fortsetzen kann.

2.6 DIAGNOSEMETHODEN IN DER MEDIZIN

Die unter anderem in SIEGENTHALER (2005) erläuterte Differentialdiagnostik ist eine Methode aus der Medizin, die in der Anamnese (Befragung des Patienten durch den Arzt, subjektiv) und Befunderhebung (Untersuchung des Patienten durch den Arzt, objektiv) gezielt eingesetzt. Sie folgt der Prämisse *Häufig ist häufig und selten ist selten*, die zwei Kernaussagen enthält:

(1) Zunächst sollen häufige Ursachen abgeklärt werden.

(2) Die eher selten auftretenden Ursachen dürfen nicht vernachlässigt werden.

Die Differentialdiagnostik ist in der Medizin die zentrale Methode, um neben der Verdachtsdiagnose auch Erkrankungen mit ähnlicher Symptomatik in die Diagnosestellung einzubeziehen. Eine Differentialdiagnose ist dementsprechend die Gesamtheit aller Diagnosen, die alternativ als Erklärung für die Symptomatik in Betracht zu ziehen sind. Diese Diagnosen können auch selbst wieder Differentialdiagnosen sein. Die möglichen Ursachen für die Erkrankung werden entsprechend der Wahrscheinlichkeit ihres Auftretens, ihrer Therapierbarkeit und ihrer Bedrohlichkeit überprüft.

In der Automobiltechnik ist im Bereich der Instandsetzung eine geführte Fehlersuche mithilfe von Fehlersuchbäumen üblich (vgl. Kapitel 2.5.3). In Ansätzen entspricht dies der Differentialdiagnostik in der Medizin, da durch das Abfragen bestimmter Störungsbilder die mögliche Störungsursache eingegrenzt werden soll.

Die Differentialdiagnostik bietet für den Einsatz in Diagnosesystemen von Schienenfahrzeugen ein größeres Potential als die bloße Suche nach der Ursache einer Störung. Auf Grundlage einer entsprechend aufbereiteten Wissensbasis, die auch für die Differentialdiagnostik in der Medizin unumgänglich ist, können Störungsbilder und mit ihnen Störungsursachen klassifiziert werden, die vom Bedienpersonal beispielsweise sofortiges oder überhaupt kein Eingreifen erfordern.

Weiterhin können Störungsursachen oder Gruppen von Störungsursachen gefunden werden, die von der Diagnosetechnik aufgrund gleicher oder ähnlicher Störungsbilder bei deren Auftreten nicht zu unterscheiden sind. Ein späteres Lokalisieren der Störungsursache kann jedoch, ähnlich wie in der Automobiltechnik, erleichtert werden (vgl. Anhang A.2.1).

Faust et al. (2012) stellen mit der computerassistierten Detektion (CAD – Computer-Aided Diagnosis) ein unterstützendes Verfahren in der Medizin vor, das Ärzten bei der Diagnosestellung und beim Festlegen einer geeigneten Therapie helfen soll. Es findet insbesondere dann Anwendung, wenn bildgebende Verfahren mit digitaler Bildverarbeitung während der Diagnostik zum Einsatz kommen (vgl. Anhang A.2.2).

Die Diagnostik folgt in der Medizin in der Regel festen Schemata, anhand derer ein Arzt nicht zutreffende Ursachen für ein Symptom ausschließen kann. Im Gegensatz zur technischen Diagnose kann das Untersuchungsobjekt in der Medizin, das heißt der Patient, eine Rückmeldung geben, wie sich die Beschwerden äußern und in welcher Intensität sie auftreten. Auf Basis dieser subjektiven Eindrücke kann ein Arzt eine objektive Diagnose stellen, woraufhin eine Behandlung eingeleitet wird.

Für die Diagnosen existiert in der Medizin ein einheitliches Kodierungsschema. Das Konzept der Differentialdiagnose kann in Verbindung mit dem vollständigen Diagnoseraum (vgl. Kapitel 1.3.2) für die technische Diagnose adaptiert werden.

Wie auch in der Technik gibt es in der Medizin Ansätze für eine (teil-)automatisierte Diagnosestellung.

2.7 DEFIZITANALYSE

Die bisher vorgestellten Konzepte für Diagnosesysteme weisen im Sinne einer ganzheitlichen Diagnosearchitektur für Schienenfahrzeuge folgende Defizite auf:

- Die Diagnoseprojektierung ist ein beiläufiger Prozess in der Systementwicklung (vgl. Kapitel 2.5.2).
- Es sind keine standardisierten leittechnischen Schnittstellen für Subsysteme auf Schienenfahrzeugen definiert (vgl. Kapitel 2.5.2).
- Auf Schienenfahrzeugen werden verschiedentlich subsystemnahe Diagnosesysteme eingesetzt, die jedoch nicht mit den anderen Diagnosesystemen synchronisiert sind (vgl. Kapitel 2.5.2).
- Ein Werkstatt-Bit zum Markieren von Meldungen, die während eines Werkstattaufenthalts auflaufen, ist zwar in einigen Schienenfahrzeugen bereits vorhanden, muss aber von Hand gesetzt werden, was eine hohe Wahrscheinlichkeit birgt, dass dies bei Werkstattaufenthalten von Schienenfahrzeugen nicht geschieht (vgl. Kapitel 2.2.6).
- Weiterentwickelte Ansätze existieren nur für Systeme mit zwei definierten Zuständen (vgl. Anhang A.1.1.1).
- Bereits umgesetzte Diagnosesysteme auf Basis von qualitativen Trendanalysen und Fuzzy-Regeln differenzieren die komplexen Systeme nicht stark genug, sodass die Ergebnisse der Diagnose nicht zufriedenstellend sind (vgl. Kapitel Anhang A.1.1.1).
- Die Umsetzbarkeit auf den Fahrzeugen wird nicht in jedem Fall gewahrt (vgl. Anhang A.1.1.2).
- Die Diagnosedaten werden teilweise nicht auf dem Fahrzeug, sondern auf der Landseite ausgewertet, was den Zeitpunkt der Diagnosestellung verschiebt und das zu übertragende Datenvolumen erheblich vergrößert (vgl. Anhang A.1.1.3).
- Die normale Fahrzeugleittechnik wird zum Teil mit einem Diagnosesystem gleichgesetzt (vgl. Anhang A.1.1.7).
- Testweise umgesetzte Diagnosekonzepte beschränken sich auf den Schienengüterverkehr und dort nur auf einzelne Wagengattungen (vgl. Anhang A.1.1.8).
- Die Genese der bereitgestellten Suchbäume ist nicht immer nachvollziehbar (vgl. Anhang A.1.2.2).
- Als Diagnose wird in Flugzeugen die normale Zustandsüberwachung bezeichnet (vgl. Kapitel 2.5.5).

- In vielen Konzepten beinhaltet das Verständnis von Diagnose nicht das Finden und Benennen der Störungsursache.

Zusammenfassend ist festzustellen, dass den Bemühungen um ein leistungsfähiges Diagnosekonzept für Schienenfahrzeuge die Struktur und eine klare Richtung fehlen. Neue Konzepte wurden nur versuchsweise umgesetzt und eine gezielte Weiterentwicklung fand in der Regel nicht statt.

Dies bietet ein großes Potential für die Entwicklung einer ganzheitlichen Diagnosearchitektur.

3 ANFORDERUNGEN AN EINE GANZHEITLICHE DIAGNOSEARCHITEKTUR

3.1 ALLGEMEINE ANFORDERUNGEN

Einzelne Anforderungen an eine ganzheitliche Diagnosearchitektur wurden in den Kapiteln 2.4 und 2.5 innerhalb der vorgestellten Konzepte für Diagnosesysteme bereits formuliert. Sie lassen sich in folgende Anforderungsklassen zusammenfassen:

Grundlegende Anforderungen an eine Diagnosearchitektur

- Mit einem Diagnoseprozess, der in einem Diagnosesystem abläuft, soll von den Symptomen auf die Natur eines Fehlzustandes geschlossen werden können (DIN EN 60706-5, DIN EN 13306, VDI 2889, VENKATASUBRAMANIAN ET AL. 2003c).
- Die Planung und die spätere Integration des Diagnosesystems müssen schon während der Produktentwicklung berücksichtigt werden (DIN EN 60706-2).
- Ein Diagnosesystem muss die Zuverlässigkeit und die Verfügbarkeit des Schienenfahrzeugs verbessern sowie die Instandhaltungskosten und den Instandhaltungsaufwand minimieren (DIN EN 60706-5, VDI 2888 und VAN HOUTEN ET AL. 2005).
- Eine Diagnosearchitektur muss übersichtlich und nachvollziehbar sein (VAN HOUTEN ET AL. 2005, HARMS 2007 und WALESCHKOWSKI & GIERA 2013).
- Eine Diagnosearchitektur muss an verschiedene Komponenten angepasst sowie erweitert werden können (VENKATASUBRAMANIAN ET AL. 2003c, HARMS 2007, LEHRASAB ET AL. 2002 und MIGUELÁNEZ ET AL. 2008).
- Der Modellierungsaufwand für das Diagnosesystem soll so gering wie möglich sein (VENKATASUBRAMANIAN ET AL. 2003c und HARMS 2007)
- Ein Diagnosesystem muss mit den vorhandenen Sensoren möglichst präzise Diagnosemeldungen erstellen können, da zusätzliche Sensoren nur für Diagnosezwecke in der Regel ausgeschlossen sind (HARMS 2007).
- Ein Diagnosesystem soll über eine Updatefunktion verfügen (VAN HOUTEN ET AL. 2005 und HARMS 2007).

- Ein Diagnosesystem soll eine vollständige Liste von möglichen Diagnosen erstellen, die neben Einzelfehlern auch Mehrfachfehler enthält (HARMS 2007).
- Ein Diagnoseprozess soll ein Fehlerbild ganzheitlich behandeln (WALESCHKOWSKI & GIERA 2013).
- Die Datenbasis des Diagnosesystems muss als Grundlage für eine Differentialdiagnose dienen können (vgl. Anhang A.2.1).

Anforderungen an die Performance eines Diagnosesystems

- Die Qualität des Diagnosesystems muss die Kennzahlen entsprechend Tabelle 3-1 einhalten und soll aus den Prozessdaten des Diagnosesystems abschätzbar sein (UIC 557, VENKATASUBRAMANIAN ET AL. 2003c).
- Störungen und deren Ursachen müssen vom Diagnosesystem rechtzeitig und eindeutig als solche identifiziert werden, bevor diese die Funktionsfähigkeit einer Komponente einschränken (UIC 557, DIN EN 60706-5, DIN EN 13306, VDV 164, VDV 880, HARMS 2007 und VENKATASUBRAMANIAN ET AL. 2003c).
- Auftretende Störungen müssen vom Diagnosesystem so klassifiziert werden, dass nur tatsächliche Fehler in der Komponente eine entsprechende Diagnosemeldung auslösen (DIN EN 60706-5, VDV 166/2, VDV 880 und VAN HOUTEN ET AL. 2005).
- Ein Diagnosesystem soll Mehrfachfehler erkennen können (VENKATASUBRAMANIAN ET AL. 2003c).
- Ein Diagnosesystem muss robust gegenüber Unsicherheiten und Signalrauschen sein (VENKATASUBRAMANIAN ET AL. 2003c).
- Ein Diagnosesystem muss Umfelddaten, die von der Umwelt, anderen Fahrzeugsystemen, dem Gesamtfahrzeug oder dem Fahrweg stammen, erfassen können (UIC 557, VDV 164, VDV 166/2, LIU ET AL. 2010, HARMS 2007, ROSIN ET AL. 2006 und HECHT ET AL. 2014).
- Ein Diagnosesystem muss Fehlerhäufigkeiten dokumentieren können (UIC 557).
- Ein Diagnosesystem muss neue Fehler erkennen und als solche klassifizieren können (VENKATASUBRAMANIAN ET AL. 2003c).
- Ein Diagnosesystem muss den Werkstattmodus automatisch erkennen, sofern dieser nicht durch Fahrzeugleittechnik vorgegeben wird (vgl. Kapitel 2.2.6).
- Ein Diagnosesystem soll automatische Reaktionen ausführen können (UIC 557).

Anforderungen an das Speichern und die Ausgabe der Diagnoseergebnisse

- Ein Diagnosesystem muss die Diagnoseergebnisse dauerhaft abspeichern können (UIC 557).
- Standardfehlercodes müssen hinterlegt oder automatisch generiert werden (VAN HOUTEN ET AL. 2005).
- Die gestörte Teilkomponente muss durch das Diagnosesystem der kleinsten wirtschaftlich tauschbaren Einheit zugeordnet werden (UIC 557, DIN EN 60706-5, VDV 880).
- Ein Diagnosesystem muss die Diagnoseergebnisse in angepasster Form für unterschiedliche Zielgruppen ausgeben können (UIC 557, HECHT ET AL. 2014 und VAN HOUTEN ET AL. 2005).

Anforderungen an das Übermitteln der Diagnoseergebnisse

- Das Diagnosesystem soll die Diagnosedaten für eine Übertragung im Zug über den Zugbus nach UIC 556 zur Verfügung stellen (UIC 557).
- Das Diagnosesystem muss eine Schnittstelle zum Übertragen der Diagnosemeldungen vom Fahrzeug auf die Landseite bereitstellen oder an eine solche angebunden sein (VAN HOUTEN ET AL. 2005).
- Ein Diagnosesystem soll möglichst wenige Daten vom Fahrzeug in eine Zentrale übertragen, um das zu übermittelnde Datenvolumen zu begrenzen.

Anforderungen an das Weiterverarbeiten der Diagnoseergebnisse

- Ein Diagnosesystem muss mit einem Instandhaltungssystem koppelbar sein (VDV 880).
- Ein Diagnosesystem muss einen entsprechenden Instandhaltungs- bzw. Instandsetzungsauftrag auslösen können.
- Ein Diagnosesystem soll zum Optimieren der bestehenden Instandhaltungsabläufe beitragen können (VAN HOUTEN ET AL. 2005).
- Ein Diagnosesystem soll es zukünftig ermöglichen, die präventive Instandhaltung mit festen Intervallen auf zustandsorientierte Instandhaltung mit flexiblen Intervallen umzustellen (VAN HOUTEN ET AL. 2005).

Tabelle 3-1: Qualitätskennzahlen eines Diagnosesystems
Quelle: UIC 557, bearbeitet

Systemzustand		Ereignis		Qualitätsmerkmal	Nachweis durch
Funktion	**Diagnose**	**Alarm**	**Bezeichnung**		
fehlerfrei	fehlerfrei	nein	Fehlerfreiheit	nicht betrachtet	
fehlerfrei	gestört	ja	Fehlalarm	$W_{FA} \leq 5\ \%$	Felddatenbewertung
gestört	fehlerfrei	ja	Fehleroffenbarung	$EF \geq 98\ \%$[2]	Entwurfsanalyse, Typenprüfung
		nein	Fehlernichterkennung	$100 - EF \leq 2\ \%$[2]	
gestört	gestört	nicht betrachtet (Mehrfachfehler)			

$$\text{Fehlereintrittswahrscheinlichkeit}^{3}\text{:}\ W_{\mathrm{FA}} = \frac{Anzahl\ der\ Fehlalarme}{Anzahl\ der\ Alarme} \tag{3-1}$$

$$\text{Erkennbarer Fehleranteil:}\ EF = \frac{Anzahl\ erkennbarer\ Fehler}{Anzahl\ aller\ Fehlermöglichkeiten} \tag{3-2}$$

Die oben genannten Bedingungen sind durch ein einfaches Diagnosesystem nach Kapitel 1.3.2 nicht erfüllt. Um vor allem die grundlegenden Anforderungen sowie die Anforderungen an das Übermitteln und das Weiterverarbeiten der Diagnoseergebnisse umsetzen zu können, muss die Definition des Diagnosesystems auf einer strukturierten Diagnosearchitektur basieren (vgl. Kapitel 1.3.2 und 4).

3.2 ANFORDERUNGEN AN DIE SUBSYSTEME

Die Subsysteme im Bordnetz von Schienenfahrzeugen unterliegen einer Vielzahl von Anforderungen. Um die Analyse dieser Anforderungen effizient zu gestalten, können die Subsysteme, wie in Abbildung 3-1 dargestellt, weiter unterteilt werden. Diese Unterteilung berücksichtigt, dass fast alle an die Bordnetze auf Schienenfahrzeugen angeschlossenen Subsysteme einen Steuerteil, einen Versorgungsteil, einen Antriebsteil und einen Arbeitsteil haben. Da an diese Teilsysteme stets ähnliche Anforderungen gestellt werden, vereinfacht dies die Anforderungsdefinition, da die Anforderungen an die Subsysteme modular aus den Anforderungen an die jeweils notwendigen Teilsysteme zusammengestellt werden können.

[2] Sicherheitsrelevante Fehler müssen alle erkannt werden.

[3] Bezogen auf eine definierte Betriebszeit/Laufleistung.

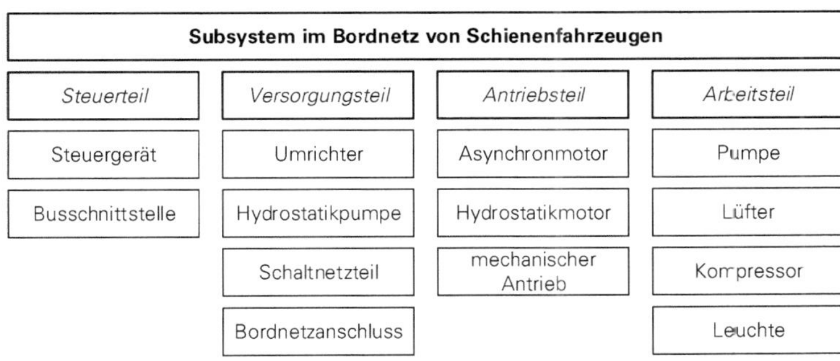

Abbildung 3-1: Unterteilung eines Subsystems
Quelle: eigene Darstellung

Werden Subsysteme ungeregelt an ein Bordnetz angeschlossen, haben sie keine eigenen Steuer- und Versorgungsteile, da die Bordnetzenergieversorgung als separates Subsystem betrachtet wird.

Die oben genannte Einteilung ist für komplexe Subsysteme im Bordnetz von Schienenfahrzeugen, wie Seiteneinstiegs- und Klimatisierungssysteme, nicht ausreichend, da diese Systeme über mehrere Steuer-, Versorgungs-, Antriebs- und Arbeitsteile verfügen. Daher können die Subsysteme im Bordnetz von Schienenfahrzeugen in Teilsysteme untergliedert (vgl. Abbildung 3-2) werden, wobei nicht jedes Teilsystem über jede Komponente verfügen muss.

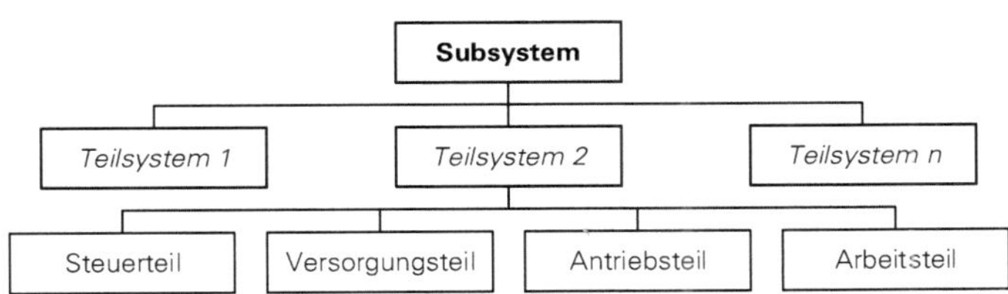

Abbildung 3-2: Untergliederung der Subsysteme
Quelle: eigene Darstellung

Neben den Subsystemen können auch die Anforderungen an die Subsysteme in Anforderungsklassen unterteilt werden, da für mehrere Subsysteme häufig gleiche oder ähnliche Anforderungen gelten. Dementsprechend und aufgrund der in den oben gezeigten Abbildungen dargestellten Struktur können die Anforderungen an die Subsysteme im Bordnetz von Schienenfahrzeugen in eine Datenbank eingepflegt werden, die in Rahmen dieser Arbeit mit *Microsoft ACCESS®* erstellt wurde. Die Struktur der Datenbank zeigt Abbildung 3-3.

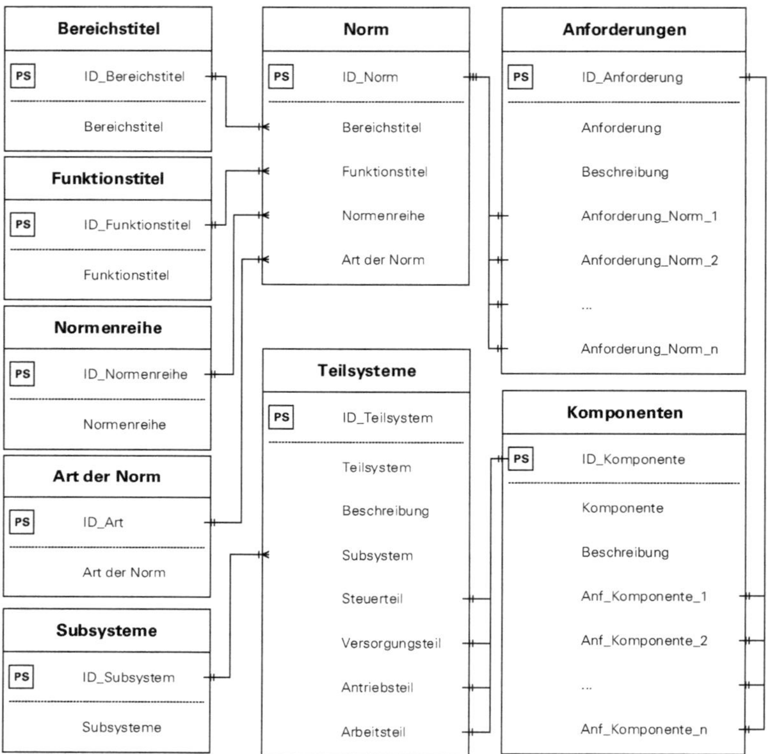

Abbildung 3-3: Struktur der Anforderungsdatenbank für Subsysteme
Quelle: eigene Darstellung

Die allgemeinen Anforderungsklassen für Subsysteme, deren Teilsysteme sowie deren Komponenten sind zum Beispiel:

- Brandschutz,
- elektromagnetische Verträglichkeit/Beeinflussung,
- RAMS,
- Umweltbedingungen und
- Vibrations- und Stoßfestigkeit.

Spezielle Anforderungen an einzelne Subsysteme, deren Teilsysteme sowie deren Komponenten sind beispielsweise:

- einen Funktionsablauf in einer bestimmten Zeit ausführen,
- eine Funktion mit einer bestimmten Qualität ausführen (beispielsweise Helligkeit, Spannungs-/Frequenzabweichung),
- in einem bestimmten Zustand beharren,

- eine Funktion nach einem bestimmten Trigger ausführen (beispielsweise Reversieren) oder
- eine Funktion nur ausführen, wenn bestimmte Bedingungen erfüllt sind.

Für die in Tabelle 3-2 angegebenen Normen für Bahnfahrzeuge und deren Subsysteme wurden die Anforderungen berücksichtigt.

Tabelle 3-2: Normen für Subsysteme auf Schienenfahrzeugen

Subsystem	Nummer der Norm	Titel der Norm
Bahnfahrzeuge allgemein	DIN EN 60077 (Reihe)	Bahnanwendungen – Elektrische Betriebsmittel auf Bahnfahrzeugen
	DIN EN 61373	Bahnanwendungen – Betriebsmittel von Bahnfahrzeugen – Prüfungen für Schwingen und Schocken
	DIN EN 50121 (Reihe)	Bahnanwendungen – Elektromagnetische Verträglichkeit
	DIN EN 50125-1	Bahnanwendungen – Umweltbedingungen für Betriebsmittel – Teil 1: Betriebsmittel auf Bahnfahrzeugen
	DIN EN 50126	Bahnanwendungen – Spezifikation und Nachweis der Zuverlässigkeit, Verfügbarkeit, Instandhaltbarkeit, Sicherheit (RAMS)
	DIN EN 50153	Bahnanwendungen – Fahrzeuge – Schutzmaßnahmen in Bezug auf elektrische Gefahren
	DIN EN 60529	Schutzarten durch Gehäuse (IP-Code)
Akkumulatoren	DIN 43530 (Reihe)	Akkumulatoren; Elektrolyt und Nachfüllwasser
	DIN 43534	Blei-Akkumulatoren; Wartungsfreie verschlossene Akkumulatoren mit Gitterplatten und festgelegtem Elektrolyt; Kapazitäten, Spannungen, Hauptmaße, konstruktive Merkmale, Anforderungen
	DIN 43539-5	Akkumulatoren; Prüfungen; Wartungsfreie verschlossene Blei-Akkumulatoren mit Gitterplatten und festgelegtem Elektrolyt
	DIN EN 60254-1	Blei-Antriebsbatterien – Teil 1: Allgemeine Anforderungen und Prüfungen
	DIN EN 60622	Akkumulatoren und Batterien mit alkalischen oder anderen nichtsäurehaltigen Elektrolyten – Gasdichte wieder aufladbare, prismatische Nickel-Cadmium-Einzelzellen
	DIN EN 60993	Elektrolyt für geschlossene wieder aufladbare Nickel-Cadmium-Zellen
	DIN VDE 0119-206-4	Zustand der Eisenbahnfahrzeuge – Elektro- und Traktionsanlagen, Zugelektrik – Teil 206-4: Batterien

Tabelle 3-2: Normen für Subsysteme auf Schienenfahrzeugen, fortgesetzt

Subsystem	Nummer der Norm	Titel der Norm
Akkumulatoren	DIN EN 50272 (Reihe)	Sicherheitsanforderungen für Batterien und Batterieanlagen
	DIN EN 50547	Bahnanwendungen – Batterien für Bordnetzversorgungssysteme
Beleuchtung	DIN EN 13272	Bahnanwendungen – Elektrische Beleuchtung in Schienenfahrzeugen des öffentlichen Verkehrs
	DIN VDE 0119-206-6	Zustand der Eisenbahnfahrzeuge – Elektro- und Traktionsanlagen, Zugelektrik – Teil 206-6: Notbeleuchtung
	DIN 50311	Bahnanwendungen – Bahnfahrzeuge – Gleichstromversorgte elektronische Vorschaltgeräte für Leuchtstofflampen
	UIC 555	Elektrische Beleuchtung in Reisezugwagen
Bordnetzenergieversorgung	DIN CLC/TS 50534	Bahnanwendungen – Generische Systemarchitekturen für elektrische Bordnetze zur Hilfsbetriebeversorgung
	DIN EN 50533	Bahnanwendungen – Eigenschaften der dreiphasigen (Drehstrom-) Bordnetz-Spannung
	DIN VDE 0119-206-5	Zustand der Eisenbahnfahrzeuge – Elektro- und Traktionsanlagen, Zugelektrik – Teil 206-5: Zugsammelschiene
	UIC 550	Elektrische Energieversorgungseinrichtungen für Wagen der Reisezugwagenbauart
	UIC 626	Elektrische Energieversorgung auf Dieseltriebfahrzeugen für die Versorgung von Wagen über die Zugsammelschiene
Brandschutz	DIN 54837	Prüfung von Werkstoffen, Kleinteilen und Bauteilabschnitten für Schienenfahrzeuge – Bestimmung des Brennverhaltens mit einem Gasbrenner
	DIN 5510 (Reihe)	Vorbeugender Brandschutz in Schienenfahrzeugen
	DIN EN 45545 (Reihe)	Bahnanwendungen – Brandschutz in Schienenfahrzeugen
	UIC 564-2	Vorschriften über Brandverhütung und Feuerbekämpfung für die im internationalen Verkehr eingesetzten Schienenfahrzeuge, in denen Reisende befördert oder die der Reisezugwagenbauart zugeordnet werden
Fahrgastalarmsystem	DIN EN 16334	Bahnanwendungen – Fahrgastalarmsystem – Systemanforderungen
	DIN EN 16683	Bahnanwendungen – Hilferufvorrichtungen und Kommunikationseinrichtungen für Fahrgäste – Anforderungen

Tabelle 3-2: Normen für Subsysteme auf Schienenfahrzeugen, fortgesetzt

Subsystem	Nummer der Norm	Titel der Norm
Fahrgastinformationssystem	DIN EN 62580-1	Elektronische Betriebsmittel für Bahnen – Bordinterne Multimedia- und Telematik-Untersysteme für Bahnanwendungen – Teil 1: Allgemeine Architektur
	DIN EN 62580-2	Bahnanwendungen – Bordinterne Multimediasysteme für Bahnanwendungen – Teil 2: Videoüberwachung/CCTV
Führerstände	DIN 5566 (Reihe)	Schienenfahrzeuge – Führerräume
	DIN EN 14813-1	Bahnanwendungen – Luftbehandlung in Führerräumen – Teil 1: Behaglichkeitsparameter
	DIN EN 14813-2	Bahnanwendungen – Luftbehandlung in Führerräumen – Teil 2: Typprüfung
	DIN EN 16186 (Reihe)	Bahnanwendungen – Führerraum
	UIC 612-03	Display System des Triebfahrzeugführers (DDS) – Technik- und Diagnose-Display (TDD)
	UIC 651	Gestaltung der Führerräume von Lokomotiven, Triebwagen, Triebzügen und Steuerwagen
Gleitschutz	DIN EN 15595	Bahnanwendungen – Bremse – Gleitschutz
Klimatisierungsanlagen	DIN EN 13129-1	Bahnanwendungen – Luftbehandlung in Schienenfahrzeugen des Fernverkehrs – Teil 1: Behaglichkeitsparameter
	DIN EN 13129-2	Bahnanwendungen – Luftbehandlung in Schienenfahrzeugen des Fernverkehrs – Teil 2: Typprüfung
	DIN EN 14750-1	Bahnanwendungen – Luftbehandlung in Schienenfahrzeugen des innerstädtischen und regionalen Verkehrs – Teil 1: Behaglichkeitsparameter
	DIN EN 14750-2	Bahnanwendungen – Luftbehandlung in Schienenfahrzeugen des innerstädtischen und regionalen Verkehrs – Teil 2: Typprüfung
	UIC 553-1	Lüftung, Heizung und Klimatisierung der Reisezugwagen – Typenprüfung
Kompressoren	DIN EN 1012-1	Kompressoren und Vakuumpumpen – Sicherheitsanforderungen – Teil 1: Kompressoren
Kondensatoren	DIN EN 61881-3	Bahnanwendungen – Betriebsmittel auf Bahnfahrzeugen – Kondensatoren für Leistungselektronik – Teil 3: Doppelschichtkondensatoren
Pumpen	DIN CLC/TS 50537-2	Bahnanwendungen – Anbauteile des Haupttransformators und Kühlsystems – Teil 2: Pumpe für Isolierflüssigkeiten für Haupttransformatoren und Drosselspulen

Tabelle 3-2: Normen für Subsysteme auf Schienenfahrzeugen, fortgesetzt

Subsystem	Nummer der Norm	Titel der Norm
Pumpen	DIN CLC/TS 50537-3	Bahnanwendungen – Anbauteile des Haupttransformators und Kühlsystems – Teil 3: Wasserpumpe für Traktionsumrichter
Seiteneinstiegs-systeme	DIN 27203 (Reihe)	Zustand der Eisenbahnfahrzeuge - Fahrgastraum
	DIN EN 14752	Bahnanwendungen – Seiteneinstiegssysteme für Schienenfahrzeuge
	UIC 560	Türen, Einstiege, Fenster, Tritte und Griffe an Personen- und Gepäckwagen
	VDV 111	Anforderungen an den Einklemm- und Verletzungsschutz an Türen und kraftbetätigten Tritten von Nahverkehrs-Schienenfahrzeugen
Spitzen- und Schlusssignale	DIN EN 15153-1	Bahnanwendungen – Optische und akustische Warneinrichtungen für Schienenfahrzeuge – Teil 1: Fernlichter, Spitzensignale und Zugschlusssignale
Steuergeräte	DIN EN 50155	Bahnanwendungen – Elektronische Einrichtungen auf Bahnfahrzeugen
Stromabnehmer	DIN VDE 0119-206-1	Zustand der Eisenbahnfahrzeuge – Elektro- und Traktionsanlagen, Zugelektrik – Teil 206-1: Stromabnehmer
Typhone	DIN EN 15153-2	Bahnanwendungen – Optische und akustische Warneinrichtungen für Schienenfahrzeuge – Teil 2: Signalhörner

Aufgrund des Umfangs der Anforderungen an die Subsysteme im Bordnetz von Schienenfahrzeugen können die Normen aus Tabelle 3-2 nur einen Auszug der bei Konstruktion, Installation und Betrieb von Subsystemen zu beachtenden Regeln der Technik darstellen.

Die Strukturierung der Anforderungen und der Normen wird durch die uneinheitliche Benennung und Nummerierung erheblich erschwert, weshalb eine geordnete Datenbasis die wesentliche Arbeitsgrundlage für den projektierenden Ingenieur darstellt.

4 MODULE EINER GANZHEITLICHEN DIAGNOSEARCHITEKTUR

4.1 MODUL 1 – STRUKTURIEREN

4.1.1 Einführung

Der ganzheitlichen Diagnosearchitektur liegt eine Struktur zugrunde, die bereits beim Design der Fahrzeugkomponenten beginnt und über den Entwurf des Diagnosesystems und das Durchführen der Diagnose bis hin zur Instandhaltung reicht. Innerhalb der Diagnosearchitektur sind Rückkopplungen zu vorherigen Schritten implementiert, um die Funktionalität des Diagnosesystems mit dem Betreiber des Fahrzeugs abzustimmen sowie die Erkenntnisse aus der Aus- und Bewertung der gesammelten Daten in die Störungsklassifizierung und in die Definition von Störungsarten, Sensoren und notwendigen Umfelddaten einfließen zu lassen.

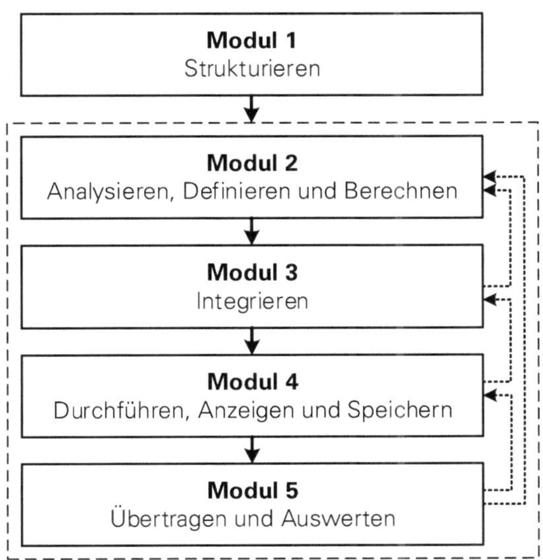

Abbildung 4-1: Module der Diagnosearchitektur
Quelle: eigene Darstellung

Die Struktur der ganzheitlichen Diagnosearchitektur enthält die Beschreibung der Arbeitsschritte, die notwendig sind, um ein Diagnosesystem vollständig neu zu entwickeln. Einzelne Module können auch als Teillösungen für bereits geplante oder eingebaute Diagnosesysteme dienen. Die Diagnosearchitektur ist in die fünf Module ***Struktur*** (Modul 1), ***Analysieren, Definieren und Berechnen*** (Modul 2), ***Integrieren*** (Modul 3), ***Durchführen, Anzeigen und Speichern*** (Modul 4) sowie ***Übertragen und Auswerten*** (Modul 5) entsprechend Abbildung 4-1 unterteilt. Die Module 2 bis 5 werden im Folgenden ausführlich erläutert.

4.1.2 Struktur des Moduls 2 – Analysieren, Definieren und Berechnen

Abbildung 4-2 zeigt die Struktur des zweiten Moduls der ganzheitlichen Diagnosearchitektur.

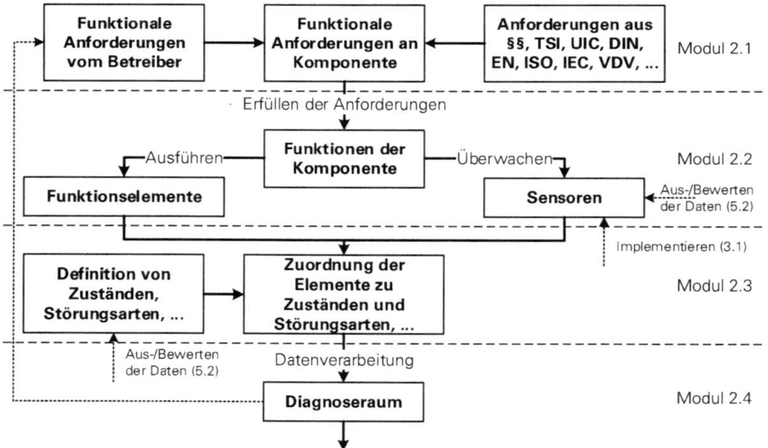

Abbildung 4-2: Modul 2 - Erzeugen des Diagnoseraumes
Quelle: eigene Darstellung

Modul 2.1 – Definition der Anforderungen

Zunächst werden die Anforderungen aus den Normen und Vorschriften sowie die Anforderungen des Betreibers zusammengetragen, um die funktionellen Anforderungen an das System zu formulieren. Neben den international und europaweit gültigen Normen sind nationale Vorschriften und gegebenenfalls Betreibervorschriften zu berücksichtigen.

Modul 2.2 – Definition der Funktionen, Elemente und Sensoren

Entsprechend den Anforderungen werden die Funktionen definiert, die das Subsystem erfüllen muss. Daraus ergeben sich einerseits die Funktionselemente, die (Teil-)Funktionen ausführen müssen, und andererseits Überwachungselemente für bestimmte Systemzustände oder Funktionselemente.

Modul 2.3 – Definition der Zustände und Störungsarten

Die Funktions- und Überwachungselemente sind dahingehend zu analysieren, wann sie aktiv sind, das heißt, eine Funktion erfüllen, und wie sie gestört sein können. Weiterhin werden Zuordnungen getroffen, die festlegen, welches der Überwachungselemente Hinweise zum Status bestimmter Funktionselemente geben kann. Hierbei werden auch komplexe Systemzusammenhänge und Umfelddaten berücksichtigt. Die vordefinierten Störungsarten sind so gewählt, dass möglichst wenige die auftretenden Störungen der betrachteten Systeme beschreiben können.

Modul 2.4 – Berechnen des Diagnoseraums

Aus der bisher durchgeführten Beschreibung der Systeme kann durch geeignetes Verknüpfen der Informationen der Diagnoseraum, das heißt, die Gesamtzahl der möglichen Diagnosen, berechnetet werden. Der Diagnoseraum ist vollständig, wenn alle Teilfunktionen mit entsprechenden Sensoren überwacht werden und alle Störungen detektiert werden können.

4.1.3 Struktur des Moduls 3 – Integrieren

Abbildung 4-3 zeigt die Struktur des dritten Moduls der ganzheitlichen Diagnosearchitektur.

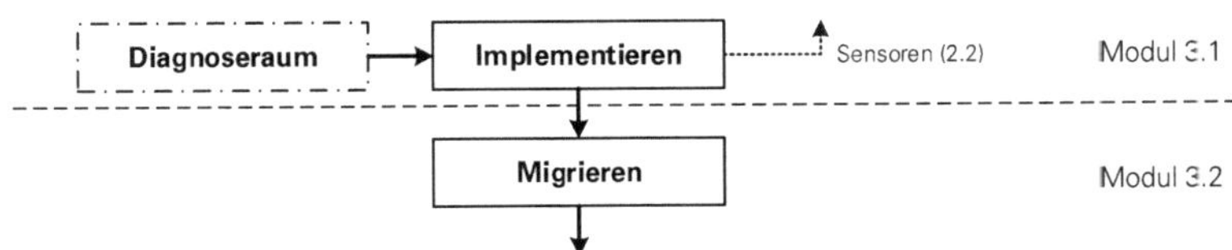

Abbildung 4-3: Modul 3 – Integrieren
Quelle: eigene Darstellung

Modul 3.1 – Implementieren des Diagnosesystems

Der berechnete Diagnoseraum ist in einem Diagnoseprozess zu hinterlegen, welcher in einem Diagnosesystem auf den Schienenfahrzeugen ablaufen kann. Neben dem Auslesemodus der Sensoren ist die tatsächliche Umsetzung der zuvor definierten Sensoren von besonderer Relevanz. Darüber hinaus werden die Energieversorgung des Diagnosesystems, die Schnittstelle zum Fahrzeugbus, automatische Reaktionen, die Differentialdiagnose und die Detektion von Zweifachstörungen diskutiert.

Modul 3.2 – Migrieren des Diagnosesystems

Für die unterschiedlichen in Kapitel 2.1 beschriebenen Schienenfahrzeuge sind verschiedene Migrationsstrategien geeignet. Diese berücksichtigen insbesondere betriebliche Anforderungen wie das Neuzusammenstellen der Züge und die auf den betrachteten Fahrzeugen vorhandene leittechnische Infrastruktur.

4.1.4 Struktur des Moduls 4 – Durchführen, Anzeigen und Speichern

Abbildung 4-4 zeigt die Struktur des vierten Moduls der ganzheitlichen Diagnosearchitektur.

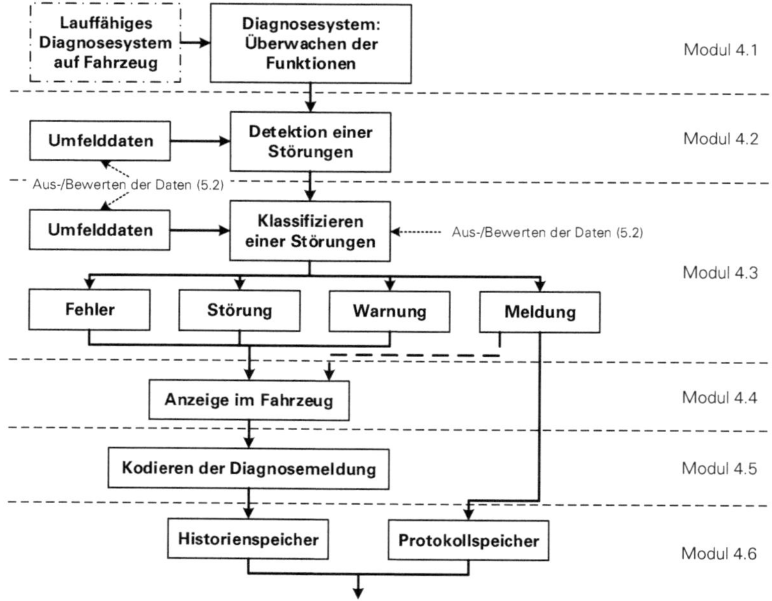

Abbildung 4-4: Modul 4 - Durchführen, Anzeigen und Speichern
Quelle: eigene Darstellung

Modul 4.1 – Überwachen der Funktionen

Dieser Teilschritt ist der Beginn des Diagnoseprozesses. Das Diagnosesystem überwacht die Funktionen des Systems auf einen störungsfreien Ablauf.

Modul 4.2 – Detektion einer Störung

Tritt eine Störung auf, wird sie aufgrund der im Diagnosesystem hinterlegten Sollwerte und -zustände detektiert. Dabei können Daten des Umfeldes, das sind andere Fahrzeugsysteme sowie Umwelteinflüsse, dazu beitragen, die Ursache einer Störung auch außerhalb des Systems zu lokalisieren. Die Informationen über die detektierte Störung werden als Diagnosemeldung ausgegeben.

Modul 4.3 – Klassifizieren einer Störung

Die detektierten Störungen werden entsprechend ihrem Einfluss auf den sicheren Betrieb des Systems priorisiert. Diese Einteilung erfolgt statisch oder dynamisch entsprechend der Auftretenshäufigkeit einer Störung. Weiterhin wird berücksichtigt, ob die Störung innerhalb oder außerhalb des betrachteten Systems lag. Falls erforderlich, werden automatische Reaktionen ausgelöst, um einen sicheren Zustand herzustellen.

Modul 4.4 – Anzeigen der Diagnosemeldungen

Die Diagnosemeldungen werden den relevanten Zielgruppen (vgl. Kapitel 1.3.9) im Zug, in der Betriebszentrale und in der Werkstatt in angepasster Detaillierung angezeigt. Betriebliche Meldungen werden nur auf Anforderung angezeigt.

Modul 4.5 – Kodieren der Diagnosemeldungen

Das Kodieren der Diagnosemeldungen dient dazu, den notwendigen Speicherplatz und die Größe des vom Fahrzeug an die Landseite zu übertragenen Datensatzes zu verringern, ohne den Informationsgehalt der kodierten Diagnosemeldung zu beeinträchtigen. Das Kodieren kann parallel zum Anzeigen der Diagnosemeldungen im Fahrzeug geschehen.

Modul 4.6 – Speicherstrategien

Ausgehend von der Klassifikation der Störung wird die Diagnosemeldung im Historien- oder Protokollspeicher abgelegt.

4.1.5 Struktur des Moduls 5 – Übertragen und Auswerten

Abbildung 4-5 zeigt die Struktur des fünften Moduls der ganzheitlichen Diagnosearchitektur.

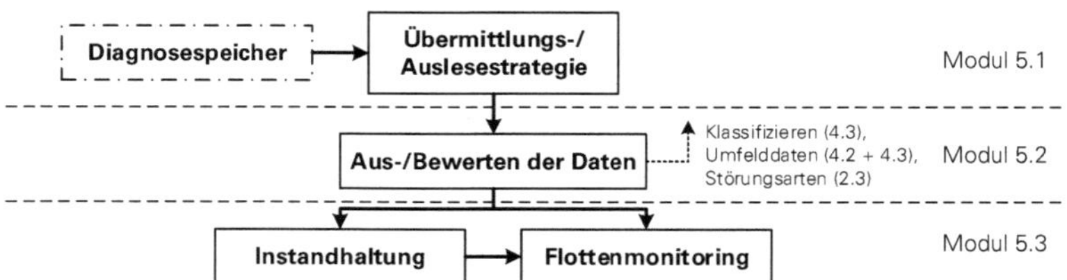

Abbildung 4-5: Modul 5 - Übermitteln und Auswerten der Diagnosedaten
Quelle: eigene Darstellung

Modul 5.1 – Übermittlungsstrategien

Die Übermittlungsstrategie für die Diagnosemeldungen ist entsprechend den Betreiberanforderungen anpassbar. Dies ist notwendig, um keine unnötigen Kosten durch Übertragungsentgelte zu erzeugen. Mögliche Übertragungstechniken sind in Kapitel 2.3.3 beschrieben.

Modul 5.2 – Aus-/Bewerten der Diagnosedaten

Die übermittelten Daten werden im zentralen oder nächstgelegenen dezentralen Server analysiert. Die Ergebnisse der Analyse werden an die Instandhaltung und das Flottenmonitoring weitergeleitet.

Modul 5.3 – Instandhaltung und Flottenmonitoring

Anhand der ausgewerteten Daten wird zum einen die Instandhaltung oder Instandsetzung durchgeführt. Zum anderen dienen sie zum Flottenmonitoring, um einen Überblick über die Zuverlässigkeit der Fahrzeuge und einzelner Fahrzeugsysteme zu bekommen sowie eventuelle systematische Fehler zu entdecken.

4.2 MODUL 2 – ANALYSIEREN, DEFINIEREN UND BERECHNEN

4.2.1 Modul 2.1 – Definition der Anforderungen

Die technischen Anforderungen an die Subsysteme und deren Komponenten wurden in Kapitel 3.2 beschrieben. Bei einem grenzüberschreitenden Einsatz der Fahrzeuge werden diese zum Teil durch länderspezifische Regelungen ergänzt.

Vor allem im Bereich des Nah- und Regionalverkehrs stellen die Betreiber der Fahrzeuge oder die Besteller der Leistungen zusätzliche Anforderungen, um sich im Wettbewerb von anderen Anbietern oder Verkehrsmitteln abheben zu können.

Wie in Kapitel 3.2 beschrieben, muss die komplette Analyse der jeweils geltenden Regelwerke für jedes Subsystem einmalig ausführlich durchgeführt werden. Im Weiteren reicht eine Differenzanalyse, um die Anforderungen an die Subsysteme aktuell zu halten.

Abbildung 4-6 zeigt eine Gliederung in Teilsysteme am Beispiel einer klassischen Einkanal-Kaltdampfkälteanlage (VCM – Vapor Cycle Machine), wie sie in zahlreichen Schienenfahrzeugen des Personenverkehrs verbaut ist. Dargestellt sind neben den einzelnen Teilsystemen und deren Komponenten auch die notwendigen Steuergeräte und Sensoren. Die Teilsysteme und Komponenten einer Zweikanal-Kaltdampfkältemaschine und einer Einkanal-Kaltluftkältemaschine (ACM – Air Cycle Machine) sind Anhang A.8 zu entnehmen.

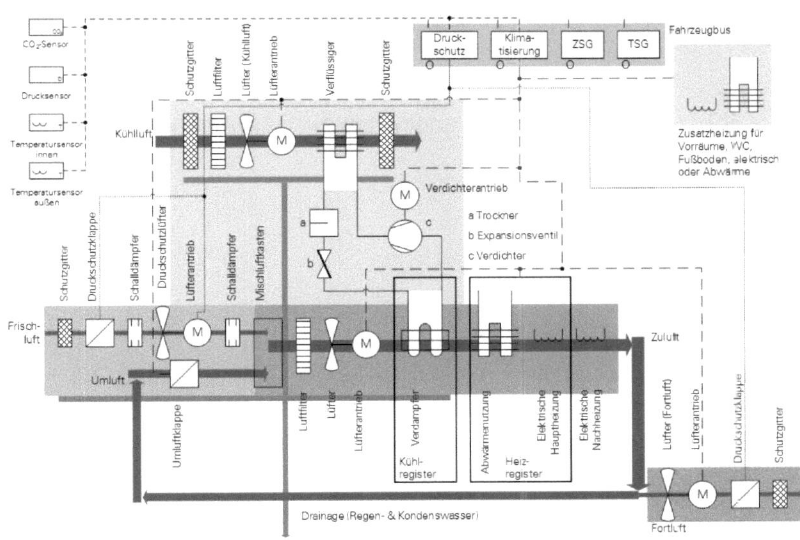

Abbildung 4-6: Teilsysteme einer Einkanal-Kaltdampfkälteanlage (VCM)
Quelle: eigene Darstellung nach JANICKI ET AL. (2013)

4.2.2 Modul 2.2 – Definition der Funktionen, Elemente und Sensoren

Den Funktionen eines Subsystems im Schienenfahrzeug liegen die zuvor beschriebenen ***Anforderungen*** zugrunde. Für Seiteneinstiegssysteme, auf die bei

Vollbahnen 20 % bis 25 % der Betriebsstörungen im Personenverkehr zurückzuführen sind und die daher als Beispiel gewählt wurden (SCHINDLER 2014), sind dies unter anderem (vereinfacht nach DIN EN 14752, UIC 560, VDV 111, PALLY 2009):

(1) während der Fahrt sicher geschlossen bleiben,
(2) während des Haltens am Bahnsteig und nach Freigabe das Ein- und Aussteigen der Fahrgäste ermöglichen,
(3) Öffnungs- und Schließtaster sowie ggf. Haltewunschtaster für Personen mit eingeschränkter Mobilität (PRM-Taster) zum Bedienen der Türen durch die Fahrgäste, die ihren Status (aktiviert/deaktiviert) anzeigen sowie das Betätigen quittieren,
(4) Fahrgast vor dem Schließen der Tür warnen,
(5) keine Fahrgäste oder Gegenstände einklemmen.

Das Erfüllen der Anforderungen bedingt folgende ***Funktionen***:

(1) Türöffnung bei Fahrt verschließen,
(2) Türöffnung beim Halt am Bahnsteig und nach Freigabe öffnen,
(3) Bedienung durch den Fahrgast
  i) Initiieren des Öffnens,
  ii) Initiieren des Schließens,
  iii) Signalisieren des Haltewunsches für Personen mit eingeschränkter Mobilität,
  iv) Tasterfeedback (je Taster)
    a) aktiviert,
    b) deaktiviert,
    c) betätigt,
(4) Warnung des Fahrgastes vor dem Schließen der Tür
  i) optisch,
  ii) akustisch,
(5) Einklemmschutz.

Die Funktionselemente sind notwendig, um eine Funktion oder eine Teilfunktion auszuführen. Die Sensoren überwachen den Ablauf der Funktionen und das Erreichen definierter Zustände (vgl. Abbildung 4-7 in Kapitel 4.2.3.2). Dementsprechend sind Sensoren ebenfalls Funktionselemente, da sie innerhalb des Systems die Aufgabe haben, das Beibehalten und Erreichen von Zuständen sowie den Funktionsablauf zu überwachen. Eine Sonderform der Sensoren sind die Signale, da diese bestimmte Zustände des Fahrzeugs und anderer Fahrzeugsysteme übertragen. Sicherheitsrelevante Sensoren werden redundant ausgeführt. Sensoren werden bei der Modellbildung als abstrakt betrachtet. Dementsprechend wird die physikalische Ausführungsform der Sensoren nicht berücksichtigt. Dies gewährleistet, dass theoretisch alle Störungen erkennbar sind, wenn passende abstrakte

Sensoren definiert werden. Die Zuordnung von abstrakten Sensoren auf reale Sensoren erfolgt beim Implementieren des Diagnosesystems (vgl. Kapitel 4.3.1.1).

Für das bereits erwähnte Beispiel eines Seiteneinstiegssystems sind unter anderem folgende ***Funktionselemente*** und ***Sensoren*** notwendig:

(1) Türblatt, Türaufhängung, Türverriegelung, Endlagensensor geschlossen, Verriegelungssensor,

(2) Türantrieb, Türblattführung, Endlagensensor geöffnet, Stillstandssignal, Freigabesignal,

(3) Taster
   - i) Öffnungstaster,
   - ii) Schließtaster,
   - iii) PRM-Taster,
   - iv) Tasterbeleuchtung (je Taster)
      - a) z. B. grün,
      - b) z. B. aus,
      - c) z. B. rot,

(4) Warneinrichtung
   - i) z. B. rot blinkende Leuchte,
   - ii) z. B. Klingel,

(5) Einklemmsensor.

Mit den zuvor genannten Funktionselementen und Sensoren ist ein Seiteneinstiegssystem grundsätzlich funktionsfähig. Als weitere Sensoren werden ergänzt:

- Türmotorstrom,
- Türmotorspannung,
- Öffnungszeit,
- Schließzeit,
- zweiter Endlagensensor geschlossen.

Nicht berücksichtigt bleiben aufgrund der vereinfachten Darstellung die bei vielen Seiteneinstiegssystemen inzwischen vorhandenen Schiebe- oder Klapptritte.

Weiterhin können Sensoren notwendig sein, die Informationen über andere Subsysteme bereitstellen. Für das Beispiel des Seiteneinstiegsystems wären dies die anderen Türen des Wagens oder das Klimatisierungssystem. Je nach erforderlichem Detaillierungsgrad zeigen diese zusätzlichen Sensoren an, ob ein Subsystem fehlerfrei arbeitet oder in welchem Zustand es sich befindet.

Wenn eine Diagnose auf KTE-Ebene erforderlich ist, dann muss jedem betrachtetem Element der Name oder die Kennung der jeweiligen KTE zugordnet werden, damit dies beim Formulieren der Diagnosemeldung berücksichtigt werden kann (vgl. Kapitel 4.4.2). Eine Möglichkeit der Umsetzung, die in die Datenverarbeitung eingebunden werden kann, ist in Tabelle 4-1 dargestellt.

Tabelle 4-1: Zuordnung der KTE

Element/Sensor	KTE_1	KTE_2	...	KTE_n
Element_1				
Element_n				
Sensor_n				

4.2.3 Modul 2.3 – Definition der Störungsarten und Zustände

4.2.3.1 Definition der Störungsarten

Die Störungsarten beschreiben systematisch die möglichen Störungsursachen der Funktions- und Überwachungselemente. Sie sind abstrakt formuliert, um die Fehlfunktionen der Elemente mit einer minimalen Anzahl von Störungsarten zu beschreiben. Die Störungsarten werden dementsprechend nicht für jedes Subsystem neu definiert sondern allenfalls um bisher nicht relevante Störungsursachen ergänzt. Die vordefinierten Störungsarten sind die Folgenden:

Ausfall Element

Das Funktions- oder Überwachungselement selbst ist ausgefallen. Hiervon können grundsätzlich alle Elemente betroffen sein. Der Ausfall der Energieversorgung zählt explizit nicht zu dieser Störungsart.

Ausfall Energie

Die Energieversorgung eines Bauteils ist ausgefallen. Diese Störungsart betrifft alle Elemente, die für ihre Funktion Hilfsenergie benötigen.

Ausfall Kommunikation Bus

Das betrachtete Fahrzeugsystem beziehungsweise dessen Steuergerät hat den Kontakt zum Fahrzeugbus verloren. Es ist beispielsweise nicht mehr möglich, Signale von der Fahrzeugsteuerung oder von anderen Steuergeräten zu empfangen.

Ausfall Kommunikation fest

Das betrachtete Fahrzeugsystem beziehungsweise dessen Steuergerät kann ein Signal nicht mehr empfangen, das über eine festverdrahtete Leitung gesendet wird. Diese Art der Signalübertragung wird bei sicherheitsrelevanten Signalen angewandt.

Blockiert

Ein Element kann eine vorgesehene Bewegung nicht ausführen.

Dauernd aktiv

Ein Element des betrachteten Fahrzeugsystems kann nicht abgeschaltet werden.

Falsche Informationen

Ein Sensor oder ein Steuergerät sendet falsche Informationen an das betrachtete Fahrzeugsystem.

Kleiner t_0

Eine Funktion des betrachten Subsystems wird schneller ausgeführt als dies laut Projektierung zulässig ist.

Kurzschluss

Das betrachtete Fahrzeugsystem beziehungsweise dessen Steuergerät detektiert einen Kurzschluss an einem der Steuerausgänge.

Leck

Ein Teil eines hydraulischen oder pneumatischen Versorgungssystems ist undicht, sodass der vorgeschriebene Druck nicht erreicht wird.

Überdruck

In einem hydraulischen oder pneumatischen System herrscht Überdruck.

Überlast

Die Strombelastung an den Eingangs- oder Ausgangsklemmen eines Subsystems oder Elements liegt oberhalb des zulässigen Werts.

Überspannung

Die Spannung an den Eingangs- oder Ausgangsklemmen eines Subsystems oder Elements liegt oberhalb des zulässigen Werts.

Übertemperatur

Die Temperatur eines Subsystems oder Elements liegt oberhalb des zulässigen Werts.

Unterspannung

Die Spannung an den Eingangs- oder Ausgangsklemmen eines Subsystems oder Elements liegt unterhalb des zulässigen Werts.

Verschlissen

Ein Element führt eine vorgesehene Bewegung aufgrund erhöhter Reibung durch Alterungserscheinungen langsamer aus als projektiert.

Verschmutzt

Ein Element führt eine vorgesehene Bewegung aufgrund erhöhter Reibung durch Verschmutzung langsamer aus als projektiert.

4.2.3.2 Definition der Zustände

Die Funktionsabläufe der Subsysteme werden mithilfe von Zustandsmodellen nachgebildet. Innerhalb dieser Funktionsabläufe treten statische Zustände, transiente Zustände und Zustandsübergänge (Transitionen) auf. Diese werden anhand von Parametern überwacht, die Werte innerhalb bestimmter Toleranzen annehmen oder einhalten müssen.

Statische Zustände sind durch Parameter gekennzeichnet, die sich im Regelbetrieb innerhalb des Zustandes nicht oder nur in geringem Maße ändern. Diese Parameter sind vor allem Zustandssignale von Aktuatoren sowie anderer Fahrzeugsysteme. Dementsprechend liegt ein statischer Zustand vor, wenn

- das System ausgeschaltet oder in Grundstellung ist,
- ein Parameter des Systems einen bestimmten Zielwert erreicht hat oder
- ein Sollwert erreicht ist, der unterschiedliche Werte (Stufen) haben kann.

Statische Zustände haben am zeitlichen Ablauf der Funktionen eines Fahrzeugsystems den größten Anteil.

Transiente Zustände sind im Gegensatz zu statischen Zuständen dadurch gekennzeichnet, dass einige Parameter innerhalb breiter Toleranzbänder variieren können. Dies ist unter anderem dann der Fall, wenn sich das Subsystem oder ein Teil dessen zwischen zwei Endlagen befindet. Ein Beispiel hierfür ist das Verfahren der Türblätter von Seiteneinstiegssystemen, wie es in HECHT ET AL. (2014) beschrieben wird.

Die einzelnen Zustände kann das Subsystem durch ***Zustandsübergänge*** (Transitionen) erreichen. Während dieser Zustandsübergänge können die Parameter teils große Gradienten aufweisen, die vom Diagnosesystem im Regelbetrieb des überwachten Systems nicht als Störungen identifiziert werden dürfen.

Die zulässige Dauer der transienten Zustände und Zustandsübergänge ist im Allgemeinen reglementiert. Die Öffnungs- und Schließzeiten für einflügelige Türen sollen beispielsweise 6 s nicht überschreiten (HECHT ET AL. 2008).

In Abbildung 4-7 werden die grundlegenden Elemente eines Zustandsmodells anhand des stark vereinfachten Zustandsmodells eines Seiteneinstiegssystems zusammenfassend dargestellt.

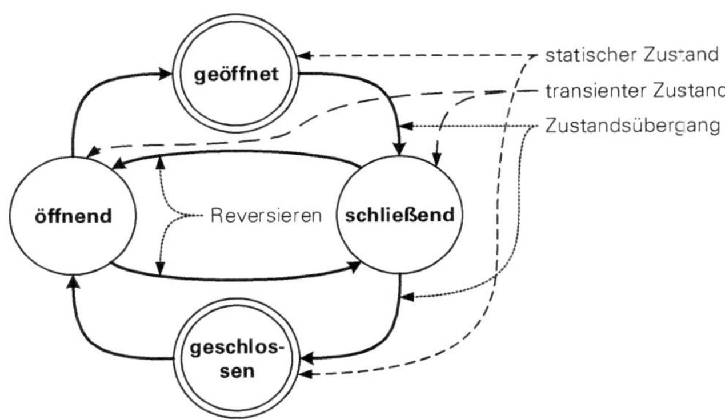

Abbildung 4-7: Vereinfachtes Zustandsmodell eines Seiteneinstiegssystems
Quelle: eigene Darstellung nach HECHT ET AL. (2014)

Die als Reversieren gekennzeichneten Zustandsübergänge ermöglichen speziell bei Türsystemen das Verfahren in die Ausgangsposition, um das dauerhafte Einklemmen von Personen, Tieren und Gegenständen zu vermeiden.

Die zulässigen Zustände und Zustandsübergänge werden nach der Analyse des betrachteten Fahrzeugsystems auf Basis der Funktionen festgelegt (vgl. Kapitel 4.2.2).

Für die einzelnen Zustände und Transitionen sind die Beharrungs- und Übergangsbedingungen wiederum an Hand der Funktionen zu definieren. In Tabelle 4-2 ist dies am Beispiel eines Seiteneinstiegssystems vereinfacht dargestellt.

Tabelle 4-2: Beispiele für Beharrungs- und Übergangsbedingungen

Zustand	Bedingungen
geschlossen	Stillstandssignale können anliegen, Freigabesignale können anliegen, Endlagensignale geschlossen müssen anliegen
öffnend	Stillstandssignale müssen anliegen, Freigabesignale müssen anliegen, Endlagensignale können anliegen
geöffnet	Stillstandssignale müssen anliegen, Freigabesignale müssen anliegen, Endlagensignale geöffnet müssen anliegen
schließend	Stillstandssignale müssen anliegen, Freigabesignale können anliegen, Endlagensignale können anliegen
Transition	**Bedingungen**
geschlossen → öffnend	Stillstandssignale müssen anliegen, Freigabesignale müssen anliegen, Endlagensignale geschlossen können anliegen
öffnend → geöffnet	Stillstandssignale müssen anliegen, Freigabesignale müssen anliegen, Endlagensignale geöffnet können anliegen
geöffnet → schließend	Stillstandssignale müssen anliegen, Freigabesignale können anliegen, Endlagensignale geöffnet können anliegen
schließend → geschlossen	Stillstandssignale müssen anliegen, Freigabesignale können anliegen, Endlagensignale geschlossen können anliegen
öffnend → schließend	Stillstandssignale müssen anliegen, Freigabesignale können anliegen, Endlagensignale geöffnet können anliegen
schließend → öffnend	Stillstandssignale müssen anliegen, Freigabesignale können anliegen, Endlagensignale geschlossen können anliegen

Mithilfe der definierten Zustände, Transitionen und Übergangsbedingungen und den bereits zuvor festgelegten Störungsarten, Funktionselementen und Sensoren kann nun der Diagnoseraum berechnet werden.

4.2.4 Modul 2.4 – Berechnen des Diagnoseraums

4.2.4.1 Erstellen der Basistabellen

Auf Grundlage der analysierten Daten und des Zustandsmodells erfolgt das Aufstellen von Basistabellen, in denen die Systemeigenschaften und -zusammenhänge hinterlegt werden. Dafür werden die Funktionselemente und Sensoren sowie die Zustände und Störungsarten verknüpft. Dies gewährleistet eine hohe Übersichtlichkeit der zu verarbeitenden Daten, da nur einfache Zusammenhänge dargestellt und bearbeitet werden. Die Struktogramme für das Erstellen der Basistabellen sind in Anhang A.9 enthalten. Der Programmcode zum Erzeugen und Verarbeiten der Basistabellen ist in *The MathWorks MATLAB®* geschrieben. Dies ermöglicht kürzere Laufzeiten der Skripte als es mit *VBA®* möglich ist. Projektunabhängig enthält die *Microsoft EXCEL®*-Arbeitsmappe `DistChar.xlsx` die vordefinierten Störungsarten, fünf Charakteristika, die in einem späteren Bearbeitungsschritt den zu definierenden Elementen und Sensoren zugeordnet werden,

den Status, in dem die Störung entdeckt werden kann, sowie die möglichen Sensortypen. Den Charakteristika, Status und Sensortypen sind entsprechend Tabelle 4-3 bis Tabelle 4-5 die jeweils möglichen Störungsarten zugeordnet (vgl. Kapitel 4.2.3.1). Dies ermöglicht im Weiteren das teilautomatisierte Ausfüllen der Basistabellen. Tabelle 4-6 enthält die Notationsweise der Basistabellen. Die Zeichenfolge `System_#` ist im Folgenden jeweils mit der Bezeichnung für das betrachtete System zu ersetzen.

Tabelle 4-3: Aufbau der Arbeitsmappe DistChar.xlsx - Charakteristik

	Störungsart																
Charakteristik	Ausfall Element	Ausfall Energie	Ausfall Kommunikation Bus	Ausfall Kommunikation fest	Blockiert	Dauernd aktiv	Falsche Informationen	Kleiner t_0	Kurzschluss	Leck	Überdruck	Überlast	Überspannung	Übertemperatur	Unterspannung	Verschlissen	Verschmutzt
mechanisch	1				1							1		1		1	1
elektronisch	1	1	1	1		1	1		1			1	1	1	1		
elektrisch	1	1			1	1		1	1			1	1	1	1	1	1
pneumatisch	1	1			1	1		1		1	1	1		1		1	1
hydraulisch	1	1			1	1		1		1	1	1		1		1	1
Steuergerät	1	1	1	1		1	1		1			1	1	1			

Tabelle 4-4: Aufbau der Arbeitsmappe DistChar.xlsx - Status

	Störungsart																
Status	Ausfall Element	Ausfall Energie	Ausfall Kommunikation Bus	Ausfall Kommunikation fest	Blockiert	Dauernd aktiv	Falsche Informationen	Kleiner t_0	Kurzschluss	Leck	Überdruck	Überlast	Überspannung	Übertemperatur	Unterspannung	Verschlissen	Verschmutzt
aktiv	1	1			1			1	1	1		1				1	1
inaktiv						1											
immer			1	1			1				1		1	1	1		

Tabelle 4-5: Aufbau der Arbeitsmappe DistChar.xlsx - Sensortyp

	Störungsart							
Sensortyp	Ausfall Element	Ausfall Energie	Ausfall Kommunikation Bus	Ausfall Kommunikation fest	Blockiert	Dauernd aktiv	Falsche Informationen	Kleiner t_0
Beleuchtungsstärke	0	0				1		
Drehzahl	0	0			<S	1		
Druck		0				1		
Feuchte								
Frequenz		0				1		
Leistung	0	0				1		
Massenstrom	0	0			0	1		
Signal_logisch			0	0				
Signal_Sollwert						0		
Signal_System_OK		0	0	0				
Signal_Vergleich							0	
Spannung		0						
Strom	0	0						
Temperatur								
Weg	0	0			<S			
Widerstand								
Zähler					>S			
Zeit	>>S				>>S			<S

Tabelle 4-5: Aufbau der Arbeitsmappe DistChar.xlsx - Sensortyp, fortgesetzt

		Störungsart							
Sensortyp	Kurzschluss	Leck	Überdruck	Überlast	Überspannung	Übertemperatur	Unterspannung	Verschlissen	Verschmutzt
Beleuchtungsstärke									
Drehzahl								<S	<S
Druck		<S	>S						
Feuchte									
Frequenz									
Leistung	>>S			>S					
Massenstrom									
Signal_logisch									
Signal_Sollwert									
Signal_System_OK									
Signal_Vergleich									
Spannung					>S		<S		
Strom	>>S			>S					
Temperatur						>S			
Weg		<S						<S	<S
Widerstand	<S								
Zähler								>S	
Zeit		<S						>S	>S

Tabelle 4-6: Notationsweise in den Basistabellen

Ausprägung	Aktivität Element	Aktivität Sensor/Signal
0	nicht aktiv	liegt nicht an
1	aktiv	liegt an
2	unsicher/gestört[4]	wird nicht ausgewertet
''	kein Eintrag in Zelle	
<S		Schwellwert unterschritten
>S		Schwellwert überschritten
>>S		Schwellwert stark überschritten

Die abstrakten Sensoren zum Detektieren von Schwellwertunter- unc -überschreitungen werden im Laufe der Tabellenerstellung automatisch angelegt, falls die Sensortypen für die Schwellwertüberwachung geeignet sind und es eine entsprechende Störungsart gibt.

Als Grundlage für das Erstellen der systemspezifischen Basistabellen dient die Arbeitsmappe `System_#.xlsx`, welche die separaten Arbeitsblätter **`Elemente`**

[4] Bei Sensoren für den Zustand anderer Systeme

und **Sensoren** enthält. In diesen wird vermerkt, in welchem Zustand beziehungsweise bei welcher Transition ein Element oder Sensor aktiv ist.

Der Aufbau der beiden Arbeitsblätter entspricht Tabelle 4-7. Verbleibt das betrachtete System in einem Zustand, wird der Zielzustand mit *X* gekennzeichnet. Andernfalls führt das betrachtete System einen Zustandsübergang aus. Für die Sensoren werden die Transitionen im weiteren Verlauf automatisch ausgefüllt. Das Ergebnis wird als **System_#_ElemSens.xlsx** mit den Arbeitsblättern **Elemente** und **Sensoren** gespeichert, damit die Ausgangsdatei nicht verändert wird.

Tabelle 4-7: Aufbau der Arbeitsblätter in System_#_ElemSens.xlsx

	Zustand_n	Zustand_n+1	Ausgangszustand_n	Ausgangszustand_n+1
Element/Sensor	X	X	Zielzustand_n+1	Zielzustand_n+2
Element_n	0/1/2	0/1/2	0/1/2	0/1/2
Sensor_n	0/1/2	0/1/2	0/1/2	0/1/2

Im Arbeitsblatt **SensType** in der Arbeitsmappe **System_#_SensType.xlsx** werden die Sensoren den vordefinierten Sensortypen zugeordnet. Den Aufbau des Arbeitsblatts zeigt Tabelle 4-8. Das Arbeitsblatt ist vom Bearbeiter auszufüllen.

Tabelle 4-8: Aufbau des Arbeitsblatts in System_#_SensTyp.xlsx

Sensortyp	Sensor_1	Sensor_n
Sensortyp _1	1/''	1/''
Sensortyp_n	1/''	1/''

Anschließend wird die Arbeitsmappe **System_#_SensElem.xlsx** mit dem Arbeitsblatt **SensElem** entsprechend Tabelle 4-9 erzeugt, in dem die Elemente und Sensoren den Sensoren zugeordnet werden, die sie überwachen. Das Arbeitsblatt ist vom Bearbeiter auszufüllen.

Tabelle 4-9: Aufbau des Arbeitsblatts in System_#_SensElem.xlsx

Element/Sensor	Sensor_1	Sensor_n
Element_n	1/''	1/''
Sensor_n	1/''	1/''

Das Arbeitsblatt **SensElem** wird automatisch um die oben genannten Sensoren zur Schwellwertüberwachung ergänzt und als **SpecialSensElem** in der Arbeitsmappe **System_#_SpecialSensElem.xlsx** gespeichert. Die Struktur entspricht ebenfalls Tabelle 4-9.

In der Datei `System_#_ElemSensChar.xlsx` werden im Arbeitsblatt `ElemSensChar` die Elemente und Sensoren einer ihnen entsprechenden Charakteristik zugeordnet. Die Struktur des Arbeitsblatts entspricht der Tabelle 4-10. Sensoren wird automatisch die Charakteristik *elektronisch* zugeordnet. Die Charakteristik der Elemente ist durch den Bearbeiter einzutragen.

Tabelle 4-10: Aufbau des Arbeitsblatts in System_#_ElemSensChar.xlsx

Element/Sensor	mechanisch	elektronisch	elektrisch	pneumatisch	hydraulisch
Element_1	1/''	1/''	1/''	1/''	1/''
Element_n	1/''	1/''	1/''	1/''	1/''
Sensor_n	1/''	1/''	1/''	1/''	1/''

Basierend auf den zuvor erzeugten Tabellen wird die Datei `System_#_ElemSensDist.xlsx` mit dem Arbeitsblatt `ElemSensDist` automatisch erzeugt. Es entspricht in seinem Aufbau Tabelle 4-11 und enthält die Information, welches Element beziehungsweise welcher Sensor wie gestört sein kann.

Tabelle 4-11: Aufbau des Arbeitsblattes in System_#_ElemSensDist.xlsx

Element/Sensor	Strörung_1	Störung_2	Störung_n
Element_n	1/''	1/''	1/''
Sensor_n	1/''	1/''	1/''

Im Folgenden wird die Arbeitsmappe `System_#_StatTranSens.xlsx` mit dem Arbeitsblatt `StatTranSens` erzeugt, in der angegeben wird, in welchem Zustand oder bei welcher Transition ein Sensor oder ein Signal Werte liefern muss und wann diese nicht in der Auswertung berücksichtigt werden. Das Arbeitsblatt ist vom Bearbeiter auszufüllen und entspricht in seinem Aufbau der Tabelle 4-12.

Tabelle 4-12: Aufbau des Arbeitsblattes in System_#_StatTranSens.xlsx

Zustand/Transition		Sensor_1	Sensor_n
Zustand_n	X	0/1/2	0/1/2
Zustand_n	Zustand_n+1	0/1/2	0/1/2

Das Arbeitsblatt `StatTranSens` wird automatisch um die oben genannten Sensoren zur Schwellwertüberwachung ergänzt und als `StatTranSpecialSens` in der Arbeitsmappe `System_#_ StatTranSpecialSens.xlsx` gespeichert. Die Struktur entspricht ebenfalls Tabelle 4-12.

Als letzte Basistabelle wird `System_#_ElemDistSens.xlsx` mit dem Arbeitsblatt `ElemDistSens` automatisch erzeugt, das in seinem Aufbau der Tabelle 4-13 entspricht.

Tabelle 4-13: Aufbau des Arbeitsblattes in System_#_ElemDistSens.xlsx

Element/Sensor	Störung	Sensor_1	Sensor_n
Element_1	Störung_1	0/1/''	0/1/''
Element_1	Störung_n	0/1/''	0/1/''
Element_n	Störung_n	0/1/''	0/1/''

In dieser Tabelle werden die im Falle einer Störung anliegenden Sensorwerte definiert. Dabei werden nur die vom Sollwert abweichenden Signale betrachtet, wodurch die Tabelle sehr dünn besetzt ist.

4.2.4.2 Berechnungsalgorithmus

Auf Grundlage der bisher erstellten Basistabellen wird dem Gesamtstruktogramm in Abbildung 4-8 entsprechend der Diagnoseraum berechnet. Der Diagnoseraum stellt die Gesamtheit der Störungen dar, die durch ein Diagnosesystem erkannt werden können (vgl. Kapitel 1.3.2). Die Ergebnisse werden in der Datei `System_#_ElemDistStatTranSens.xlsx` im Arbeitsblatt `ElemDistStatTranSens` gespeichert. Der Aufbau dieser Ergebnisdatei ist in Tabelle 4-14 exemplarisch dargestellt.

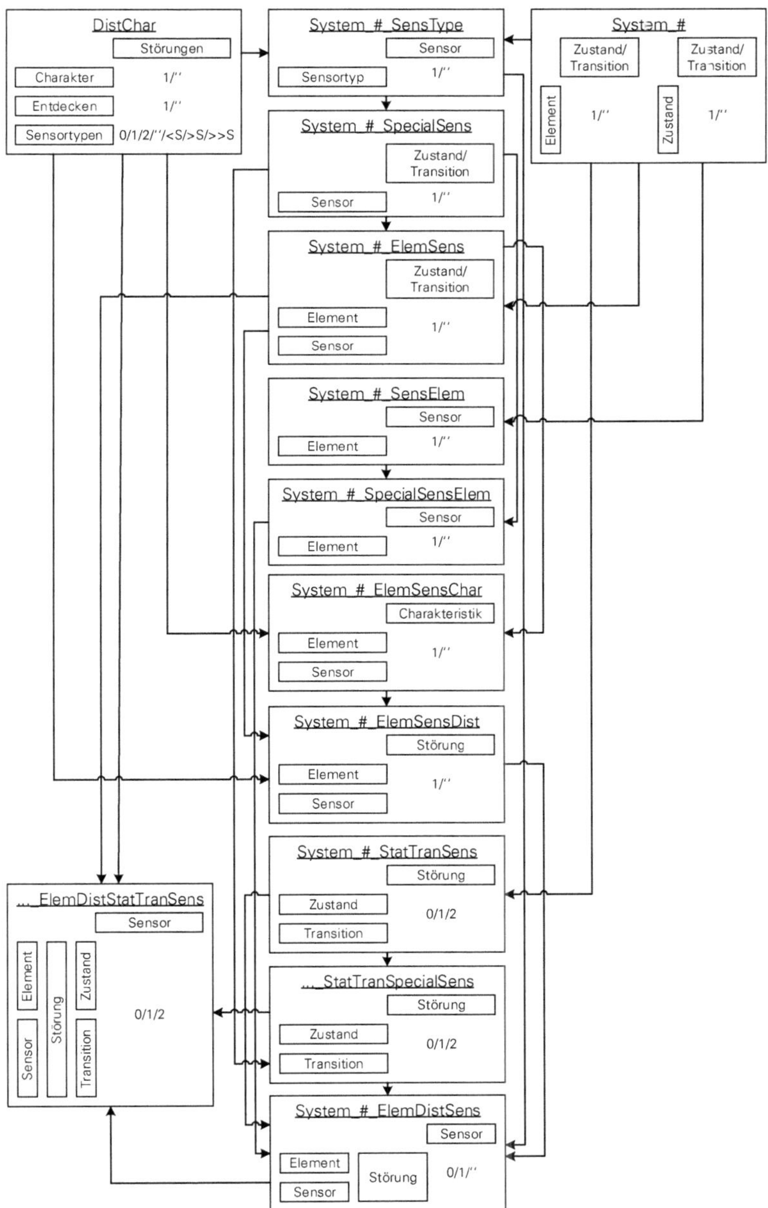

Abbildung 4-8: Gesamtstruktogramm - Berechnen des Diagnoseraums
Quelle: eigene Darstellung

Tabelle 4-14: Aufbau der Ergebnistabelle

Element	Sensor	Startzustand	Zielzustand	Sensor_1	Sensor_n
Element_1	Sensor_1	Zustand_1	X	0/1/2	0/1/2
Element_1	Sensor_n	Zustand_1	Zustand_2	0/1/2	0/1/2
Element_n	Sensor_n	Zustand_n	X	0/1/2	0/1/2

Die Ergebnistabelle beinhaltet neben den ungestörten Sensorbildern aus `System_#_StatTranSens.xlsx` die hiervon abweichenden Ausprägungen der Sensoren aus `System_#_ElemDistSens.xlsx`, die zusammengenommen die Signatur der Störung eines Elements in einem bestimmten Zustand oder während einer Transition darstellen.

Für das Beispiel des Seiteneinstiegssystems aus Kapitel 4.2.2 ist die Ergebnistabelle auszugsweise in Tabelle 4-15 dargestellt. Die Ergebnistabelle eines Beleuchtungssystems ist in Kapitel 4.3.1.6 auf Seite 123 dargestellt (vgl. Tabelle 4-18).

Tabelle 4-15: Auszug aus der Ergebnistabelle für Seiteneinstiegssysteme

Element	Störung	Startzustand	Zielzustand	Sensor_Einklemmschutz	Sensor_geöffnet_Endlage	Sensor_geschlossen_Endlage_1	Sensor_geschlossen_Endlage_2	Sensor_Motorspannung	Sensor_Motorspannung_>S	Sensor_Motorstrom	Sensor_Motorstrom_>S	Sensor_Motorstrom_>>S	Sensor_Öffnungszeit	Sensor_Schließzeit
Türantrieb	Ausfall Energie	öffnend	X	2	0	0	0	0	0	0	0	0	1	0
Türantrieb	Ausfall Energie	schließend	X	2	0	0	0	0	0	0	0	0	0	1
Türantrieb	Ausfall Energie	geschlossen	öffnend	2	0	2	2	0	0	0	0	0	1	0
Türantrieb	Ausfall Energie	öffnend	geöffnet	2	2	0	0	0	0	0	0	0	1	0
Türantrieb	Ausfall Energie	geöffnet	schließend	2	2	0	0	0	0	0	0	0	0	1
Türantrieb	Ausfall Energie	schließend	geschlossen	2	0	2	2	0	0	0	0	0	0	1
Türantrieb	Ausfall Energie	öffnend	schließend	2	0	0	0	0	0	0	0	0	0	0
Türantrieb	Ausfall Energie	schließend	öffnend	2	0	0	0	0	0	0	0	0	0	0

4.3 MODUL 3 – INTEGRIEREN

4.3.1 Modul 3.1 – Implementieren des Diagnosesystems

4.3.1.1 Mapping der abstrakten Sensoren auf reale Sensoren

Der Einsatz des Diagnosesystems auf einem Fahrzeug erfordert das Zuordnen von realen Sensoren zu den bisher als abstrakt betrachteten Sensoren. Unter Umständen sind mehrere abstrakte Sensoren auf einen realen Sensor übertragbar, wenn beispielsweise ein Sensor zum Überwachen eines oberen und unteren Schwellwerts einsetzbar ist.

Im Zusammenhang der Sensorzuordnung kann eine Neuberechnung des Diagnoseraums erforderlich sein, wenn für einen abstrakten Sensor aus finanziellen Gründen oder aus Gründen der technischen Umsetzbarkeit keine reale Entsprechung gefunden werden kann. Dies ist gleichbedeutend mit einer Einschränkung der Funktionsfähigkeit des Diagnosesystems, da nicht mehr alle zuvor berechneten Störungen identifiziert werden können. Abhilfe schaffen Sammelmeldungen, die nicht die einzelne Störung sondern einen Satz möglicher Störungen benennen (vgl. Kapitel 4.3.1.6).

4.3.1.2 Auslesen der Sensoren

Das Auslesen der Sensoren beziehungsweise Abfragen von Daten anderer Steuergeräte erfolgt je nach Art der eingesetzten Sensoren zeit- oder eventgesteuert. Beim zeitgesteuerten Auslesen fragt das Diagnosesystem die verfügbaren Sensoren sowie gegebenenfalls untergeordnete Diagnosesteuergeräte und Steuergeräte benachbarter Fahrzeugsysteme ab. Das eventgesteuerte Senden von Daten an das Diagnosesystem erfolgt beim Einsatz von Smartsensoren, die nur beim Auftreten bestimmter Sensorwerte die aufgezeichneten Daten übertragen und wenn untergeordnete Diagnosesteuergeräte und Steuergeräte benachbarter Fahrzeugsysteme automatisch Daten beim Eintreten bestimmter Zustände übermitteln.

Das eventgesteuerte Übermitteln von Sensordaten ist in Bezug auf die Menge der zu übertragenden Daten vorteilhaft, da diese nur gesendet werden, wenn eine Störung vorliegt. Zugleich erfordert es den Einsatz von Smartsensoren, deren finanzieller Mehraufwand gegenüber konventionellen Sensoren gerechtfertigt sein muss.

4.3.1.3 Schnittstelle zum Fahrzeugbus & Verfügbarkeit von Ortsinformationen

Die Datenübertragung vom und zum Diagnosesystem erfolgt im Zug und teilweise auch im Fahrzeug über die in Kapitel 2.3.2 vorgestellten Bussysteme. Vom

Diagnosesystem zu den Diagnosedisplays (TDD, vgl. Kapitel 4.4.4.1) werden die Diagnosemeldungen übertragen. Von anderen Subsystemen zum Diagnosesystem werden folgende Informationen übertragen

- Fahrzeugzustand (vgl. Kapitel 2.2.6),
- Zustände anderer Subsystem und
- gegebenenfalls
    - Ortsinformationen sowie
    - Zug- und Wagennummer.

Ob die Ortsinformationen, Zug- und Wagennummer zu jedem einzelnen Diagnosesystem übertragen werden müssen, ist von der Migration des Diagnosesystems im Zugverband abhängig (vgl. Kapitel 4.3.2).

Auf Güterwagen muss die Ortsinformation jedem Diagnosesystem beispielsweise über ein GPS-Modul (vgl. Kapitel 2.3.4) zur Verfügung gestellt werden, da Güterzüge nicht über die erforderliche Informationsinfrastruktur verfügen, um diese Informationen zentral im Zug bereitzustellen.

4.3.1.4 Energieversorgung des Diagnosesystems

In Triebfahrzeugen und Fahrzeugen des Personenverkehrs erfolgt die Energieversorgung der für das Diagnosesystem erforderlichen Komponenten durch die in Kapitel 2.2.5 beschriebene Bordnetzenergieversorgung. Für Güterwagen werden in RIEKENBERG (2004) und HECHT ET AL. (1999) Lösungen beschrieben, wie eine elektrische Energieversorgung realisiert werden kann. Die untersuchten Varianten der Energieversorgung sind

- Zugsammelschiene,
- Primärzellen (ohne Nachladung) und
- Sekundärzellen mit Nachladung durch
    - Solarzelle,
    - Brennstoffzelle und
    - Radsatzgenerator.

Der Einsatz einer Zugsammelschiene im Schienengüterverkehr ist mittelfristig nicht realistisch, da dieses Konzept nur in Zügen funktioniert, die durchgängig mit einer solchen ausgerüstet sind. Der Einsatz von Primärzellen scheint gegenüber dem Einsatz von Sekundärzellen aufgrund der nicht erforderlichen Nachladeeinheit vorteilhaft zu sein. Hierfür müssten diese jedoch spätestens während der Revision der Güterwagen[5] präventiv getauscht werden und während der Einsatzzeit immer genügend Leistung abgeben können. Sie müssten dementsprechend wesentlich

[5] Güterwagen allgemein: 6 Jahre, Kesselwagen: 4 Jahre

größer dimensioniert werden als eine Sekundärzelle, die nur als Pufferspeicher fungiert.

Versuche mit verschiedenen Kesselwagen haben gezeigt, dass bei diesen Wagentypen mit Sekundärzellen und Solarzellen, je nach Anbaumöglichkeiten für die Solarmodule, eine zuverlässige Energieversorgung möglich ist. Bei anderen Güterwagen mit abweichender Fahrzeugumgrenzungslinie und anderen Lade-/Entladeeinrichtungen wie bei Schiebewandwagen oder offenen Güterwagen ist das Anbringen von Solarmodulen in vielen Fällen nicht möglich.

Die Brennstoffzelle wird ebenfalls als Möglichkeit zum Nachladen der Sekundärzelle untersucht. Als Teil der Traktionsenergieversorgung sind Brennstoffzellen bereits erprobt und im Einsatz, wobei die Wasserstoff- oder Methantanks wieder aufgefüllt werden können. Für den Einsatz als Energieversorgung für ein Diagnose- und Telematiksystem im Schienengüterverkehr sollte ein Wiederauffüllen in der Zeit bis zur Revision nicht notwendig sein.

Der Einsatz moderner Radsatzgeneratoren zum Erzeugen elektrischer Leistung an Bord von Güterwagen wird bereits seit geraumer Zeit erwogen und mehrfach erprobt. Diese erzeugen während der Zugfahrt kontinuierlich elektrische Leistung für die Versorgung des Diagnosesystems und das Laden der Sekundärzellen. Aktuelle Ausführungsformen von Radsatzgeneratoren finden im Achslagerdeckel Platz (Joch et al. 2014). Daher ist diese Variante zu bevorzugen, wenn Güterwagen mit einem Diagnosesystem ausgerüstet werden sollen.

Die ebenfalls angedachten Wind-, Schwinganker- und Druckluftgeneratoren werden aufgrund der fehlenden Praxistauglichkeit nicht diskutiert.

4.3.1.5 Automatische Reaktionen des Diagnosesystems

Automatische Reaktionen sind kein Teil eines Diagnoseprozesses, können aber durch diesen getriggert werden. In Abhängigkeit des Fehlerursprungs kann das Diagnosesystem das Steuergerät des eigenen Subsystems, eines anderen Subsystems oder die Fahrzeugsteuerung und per Ausgabe über ein Display auch den Triebfahrzeugführer und das Zugbegleitpersonal zu einer Schalt- oder Bedienhandlung veranlassen.

4.3.1.6 Differentialdiagnose

Die Differentialdiagnose (vgl. Anhang A.2.1) dient dazu, die Ursachen von Störungen zu identifizieren, wenn hierfür keine entsprechenden Sensoren zur Verfügung stehen. Dies wird im Folgenden am Beispiel eines Leuchtmittels demonstriert, für das zunächst der vollständige Diagnoseraum berechnet wird.

Die Anforderungen für die Beleuchtungselemente in Schienenfahrzeugen des öffentlichen Verkehrs werden in DIN EN 13272 definiert. Die Funktion der Beleuchtungselemente ist es, die verschiedenen Wagenbereiche mit definierten Beleuchtungsstärken auszuleuchten. Die hierfür erforderlichen Elemente und Sensoren sind:

- Elemente
    - Leuchtmittel (beispielsweise LED),
- Sensoren
    - Stromsensor,
    - Spannungssensor,
    - Temperatursensor,
    - Beleuchtungsstärkesensor,
    - Betriebsstundensensor und
    - Einschalthäufigkeitssensor.

Die zuvor aufgelisteten Sensoren sind eine Maximalausstattung, mit der eine möglichst große Anzahl von Störungen eindeutig detektiert werden kann. Den Sensoren wurden die Sensortypen entsprechend Tabelle 4-16 zugeordnet.

Tabelle 4-16: Sensortypen für das System Leuchtmittel

Sensortyp	Sensor_Strom	Sensor_Spannung	Sensor_Temperatur	Sensor_Beleuchtungsstärke	Sensor_Betriebsstunden	Sensor_Einschalthäufigkeit	Signal_Sollwert
Beleuchtungsstärke				1			
Signal_Sollwert							1
Spannung		1					
Strom	1						
Temperatur			1				
Zähler					1	1	

Alle Sensoren dienen zum Überwachen des Leuchtmittels (vgl. Tabelle 4-9). Dem Leuchtmittel wurde die für die Sensoren automatisch ausgewählte Charakteristik *elektronisch* zugeordnet (vgl. Tabelle 4-3). Das Sensorbild für den ungestörten Betrieb wurde wie in Tabelle 4-17 dargestellt angegeben (vgl. Tabelle 4-12). Da vor allem bei Leuchtdioden der Wechsel zwischen den statischen Zuständen *aus* und *an* sehr schnell erfolgt, wurden keine transienten Zustände modelliert (vgl. Abbildung 5-22).

Tabelle 4-17: Normales Sensorbild für ein Leuchtmittel

Startzustand	Zielzustand	Sensor_Strom	Sensor_Spannung	Sensor_Temperatur	Sensor_Beleuchtungs-	Sensor_Betriebsstunden	Sensor_Einschalthäufigkeit	Signal_Sollwert
an	X	1	1	1	1	1	1	1
aus	X	0	0	1	0	0	0	0

Die vorgestellte Maximalvariante ermöglicht die Detektion der Störungen, die in Tabelle 4-18 angegeben sind.

Tabelle 4-18: Ergebnistabelle für ein Leuchtmittel – Maximalvariante

Element	Störung	Startzustand	Zielzustand	Sensor_Strom	Sensor_Strom_>S	Sensor_Strom_>>S	Sensor_Spannung	Sensor_Spannung_<S	Sensor_Spannung_>S	Sensor_Temperatur	Sensor_Temperatur_>S
Leuchtmittel	Ausfall Element	an	X	0	0	0	1	0	0	1	0
Leuchtmittel	Ausfall Energie	an	X	0	0	0	0	0	0	1	0
Leuchtmittel	dauernd aktiv	aus	X	1	0	0	1	0	0	1	0
Leuchtmittel	Kurzschluss	an	X	0	0	1	1	0	0	1	0
Leuchtmittel	Überlast	an	X	0	1	0	1	0	0	1	0
Leuchtmittel	Überspannung	an	X	1	0	0	0	0	1	1	0
Leuchtmittel	Überspannung	aus	X	0	0	0	0	0	1	1	0
Leuchtmittel	Übertemperatur	an	X	1	0	0	1	0	0	0	1
Leuchtmittel	Übertemperatur	aus	X	0	0	0	0	0	0	0	1
Leuchtmittel	Unterspannung	an	X	1	0	0	0	1	0	1	0
Leuchtmittel	Unterspannung	aus	X	0	0	0	0	1	0	1	0
Leuchtmittel	verschlissen	an	X	1	0	0	1	0	0	1	0
Leuchtmittel	verschmutzt	an	X	1	0	0	1	0	0	1	0

Tabelle 4-18: Ergebnistabelle für ein Leuchtmittel – Maximalvariante, fortgesetzt

Element	Störung	Startzustand	Zielzustand	Sensor_Beleuchtungsstärke	Sensor_Beleuchtungsstärke_<S	Sensor_Beleuchtungsstärke_>S	Sensor_Betriebsstunden	Sensor_Betriebsstunden_>S	Sensor_Einschalthäufigkeit	Sensor_Einschalthäufigkeit_>S	Signal_Sollwert
Leuchtmittel	Ausfall Element	an	X	0	0	0	1	0	1	0	1
Leuchtmittel	Ausfall Energie	an	X	0	0	0	1	0	1	0	1
Leuchtmittel	dauernd aktiv	aus	X	1	0	0	0	0	0	0	0
Leuchtmittel	Kurzschluss	an	X	1	0	0	1	0	1	0	1
Leuchtmittel	Überlast	an	X	1	0	0	1	0	1	0	1
Leuchtmittel	Überspannung	an	X	0	0	1	1	0	1	0	1
Leuchtmittel	Überspannung	aus	X	0	0	0	0	0	0	0	0
Leuchtmittel	Übertemperatur	an	X	1	0	0	1	0	1	0	1
Leuchtmittel	Übertemperatur	aus	X	0	0	0	0	0	0	0	0
Leuchtmittel	Unterspannung	an	X	1	0	0	1	0	1	0	1
Leuchtmittel	Unterspannung	aus	X	0	0	0	0	0	0	0	0
Leuchtmittel	verschlissen	an	X	0	1	0	0	1	0	1	1
Leuchtmittel	verschmutzt	an	X	0	1	0	1	0	1	0	1

Sind die Sensoren für *Temperatur* und *Beleuchtungsstärke* für das Diagnosesystem nicht vorhanden, verringert sich die Anzahl der unterscheidbaren Diagnosen von dreizehn auf zehn (vgl. Tabelle 4-19).

Tabelle 4-19: Ergebnistabelle für ein Leuchtmittel – eingeschränkte Variante

Element	Störung	Startzustand	Zielzustand	Sensor_Strom	Sensor_Strom_>S	Sensor_Strom_>>S	Sensor_Spannung	Sensor_Spannung_>S	Sensor_Betriebsstunden	Sensor_Betriebsstunden_>S	Sensor_Einschalthaeufigkeit	Sensor_Einschalthaeufigkeit_>S	Signal_Sollwert
Leuchtmittel	Ausfall Element	an	X	0	0	0	1	0	1	0	1	0	1
Leuchtmittel	Ausfall Energie	an	X	0	0	0	0	0	1	0	1	0	1
Leuchtmittel	dauernd aktiv	aus	X	1	0	0	1	0	0	0	0	0	0

Tabelle 4-19: Ergebnistabelle für ein Leuchtmittel – eingeschränkte Variante, fortgesetzt

Element	Störung	Startzustand	Zielzustand	Sensor_Strom	Sensor_Strom_>S	Sensor_Strom_>>S	Sensor_Spannung	Sensor_Spannung_<S	Sensor_Spannung_>S	Sensor_Betriebsstunden	Sensor_Betriebsstunden_>S	Sensor_Einschalthaeufigkeit	Sensor_Einschalthaeufigkeit_>S	Signal_Sollwert
Leuchtmittel	Kurzschluss	an	X	0	0	1	1	0	0	1	0	1	0	1
Leuchtmittel	Überlast	an	X	0	1	0	1	0	0	1	0	1	0	1
Leuchtmittel	Überspannung	an	X	1	0	0	0	0	1	1	0	1	0	1
Leuchtmittel	Überspannung	aus	X	0	0	0	0	0	1	0	0	0	0	0
Leuchtmittel	Unterspannung	an	X	1	0	0	0	1	0	1	0	1	0	1
Leuchtmittel	Unterspannung	aus	X	0	0	0	0	1	0	0	0	0	0	0
Leuchtmittel	verschlissen	an	X	1	0	0	1	0	0	0	1	0	1	1

Die übertemperatur- und verschmutzungsbezogenen Störungen können nicht mehr erkannt werden. Die Temperatur kann beim Einsatz von Leuchtdioden von Relevanz sein, da eine höhere Temperatur eine schnellere Degradation der Substratschicht zur Folge hat. Die beiden genannten Störungsarten sind nur noch feststellbar, wenn das Instandhaltungspersonal die Beleuchtungsmittel gezielt auf eine Verminderung der Beleuchtungsstärke hin untersucht. Dieser Hinweis kann dem Personal auf Basis des zuvor berechneten vollständigen Diagnoseraums gegeben werden, da in Kombination mit der Neuberechnung die nicht zu detektierenden Störungen aufgezeigt werden können.

Sind neben Sensoren für *Temperatur* und *Beleuchtungsstärke* auch die im Steuergerät umsetzbaren Sensoren für *Einschalthäufigkeit* und *Betriebsstunden* nicht vorhanden, verringert sich die Anzahl der erkennbaren Störungen ein weiteres Mal von zehn auf neun (vgl. Tabelle 4-20).

Tabelle 4-20: Ergebnistabelle für ein Leuchtmittel – Minimalvariante

Element	Störung	Startzustand	Zielzustand	Sensor_Strom	Sensor_Strom_>S	Sensor_Strom_>>S	Sensor_Spannung	Sensor_Spannung_<S	Sensor_Spannung_>S	Signal_Sollwert
Leuchtmittel	Ausfall Element	an	X	0	0	0	1	0	0	1
Leuchtmittel	Ausfall Energie	an	X	0	0	0	0	0	0	1

Tabelle 4-20: Ergebnistabelle für ein Leuchtmittel – Minimalvariante, fortgesetzt

Element	Störung	Startzustand	Zielzustand	Sensor_Strom	Sensor_Strom_>S	Sensor_Strom_>>S	Sensor_Spannung	Sensor_Spannung_<S	Sensor_Spannung_>S	Signal_Sollwert
Leuchtmittel	dauernd aktiv	aus	X	1	0	0	1	0	0	0
Leuchtmittel	Kurzschluss	an	X	0	0	1	1	0	0	1
Leuchtmittel	Überlast	an	X	0	1	0	1	0	0	1
Leuchtmittel	Überspannung	an	X	1	0	0	0	0	1	1
Leuchtmittel	Überspannung	aus	X	0	0	0	0	0	1	0
Leuchtmittel	Unterspannung	an	X	1	0	0	0	1	0	1
Leuchtmittel	Unterspannung	aus	X	0	0	0	0	1	0	0

In der Minimalvariante ist auch die verschleißbezogene Störung nicht mehr zu detektieren. Eine dem Zugbegleit- oder Instandhaltungspersonal aufgefallene *Verminderung der Beleuchtungsstärke* ist als Differentialdiagnose auf die in der Maximalvariante ermittelten Ursachen *Leuchtmittel verschmutzt, Leuchtmittel verschlissen* und *Leuchtmittel Übertemperatur* zurückzuführen.

4.3.1.7 Detektion von Zweifachstörungen

Das gleichzeitige Auftreten von zwei Störungen wurde anhand des Leuchtmittels (vgl. Kapitel 4.3.1.6) und des Seiteneinstiegssystems (vgl. Kapitel 4.2) untersucht. Beim gleichzeitigen Auftreten zweier Störungen überlagern sich deren Sensorbilder, so dass sich diese Zweifachstörungen unter Umständen nicht von anderen Zweifachstörungen oder von Einfachstörungen unterscheiden lassen. Die in Tabelle 4-21 mit **0** markierten Kombinationen zweier Störungen wurden nicht betrachtet, da sie nicht auftreten.

Tabelle 4-21: Nicht betrachtete Kombinationen zweier Störungen
1 … Kombination betrachtet, **0** … Kombination nicht betrachtet

Störungskombinationen	Ausfall Element	Ausfall Energie	Ausfall Komm. Bus	Ausfall Komm. fest	blockiert	dauernd aktiv	falsche Information	kleiner t_0	Kurzschluss	leck	Ueberdruck	Ueberlast	Ueberspannung	Uebertemperatur	Unterspannung	verschlissen	verschmutzt
Ausfall Element		1	1	1	1	**0**	1	**0**	1	1	1	1	1	1	1	1	1
Ausfall Energie			1	1	1	**0**	1	**0**	**0**	1	**0**	**0**	**0**	1	**0**	1	1
Ausfall Komm. Bus				1	1	1	1	1	1	1	1	1	1	1	1	1	1
Ausfall Komm. fest					1	1	1	1	1	1	1	1	1	1	1	1	1
blockiert						1	1	**0**	1	1	1	1	1	1	1	1	1
dauernd aktiv							1	1	**0**	1	1	1	1	1	1	1	1
falsche Information								1	1	1	1	1	1	1	1	1	1
kleiner t_0									**0**	**0**	1	1	1	1	**0**	**0**	**0**
Kurzschluss										1	1	1	**0**	1	**0**	1	1
leck											**0**	1	1	1	1	1	1
Ueberdruck												1	1	1	1	1	1
Ueberlast													1	1	1	1	1
Ueberspannung														1	**0**	1	1
Uebertemperatur															1	1	1
Unterspannung																1	1
verschlissen																	1
verschmutzt																	

Für das Subsystem Leuchtmittel zeigt sich, dass beim Beharren im Zustand *an* die Einfachstörung *Leuchtmittel Kurzschluss* nicht von der Zweifachstörung *Leuchtmittel Ausfall Element & Kurzschluss* zu unterscheiden ist.

Für das Subsystem Seiteneinstiegssystem zeigt sich, dass mehrere Zweifachstörungen nicht von anderen Zweifachstörungen zu unterscheiden sind. Nachfolgend sind einige Beispiele aufgelistet:

- *Türantrieb – Ausfall Element – Überspannung – geschlossen → öffnend, Türantrieb – blockiert – Überspannung – geschlossen → öffnend,*
- *Türantrieb – Überspannung – verschlissen – geschlossen → öffnend, Türantrieb – Überspannung – verschmutzt – geschlossen → öffnend,*
- *Türantrieb – Ausfall Energie – verschlissen – geöffnet → schließend, Türantrieb – Ausfall Energie – verschmutzt – geöffnet → schließend,*
- *Türantrieb – Ausfall Element – verschlissen – geöffnet → schließend, Türantrieb – Ausfall Element – verschmutzt – geöffnet → schließend, Türantrieb – blockiert – verschlissen – geöffnet → schließend, Türantrieb – blockiert – verschmutzt – geöffnet → schließend, Türantrieb – Ausfall*

Element – verschlissen – öffnend → geöffnet, Türantrieb – Ausfall Element – verschmutzt –öffnend → geöffnet, Türantrieb – blockiert – verschlissen – öffnend → geöffnet, Türantrieb – blockiert – verschmutzt – öffnend → geöffnet,

- *Türantrieb – Ausfall Energie – verschlissen – öffnend → geöffnet, Türantrieb – Ausfall Energie – verschmutzt – öffnend → geöffnet.*

Die vergleichsweise große Anzahl von nicht zu unterscheidenden Zweifachstörungen ist vor allem darauf zurückzuführen, dass das Zustandsmodell des Seiteneinstiegssystems mit einer minimalen Zahl von Sensoren erstellt wurde und die Störungsarten *verschlissen* und *verschmutzt* daher kaum zu unterscheiden sind.

Die Möglichkeit der Detektion von Zweifachstörungen ist demzufolge von der verfügbaren Sensorik und der damit verbundenen Unterscheidbarkeit der Störungsarten abhängig.

4.3.2 Modul 3.2 – Migrieren des Diagnosesystems

Die Migrationsstrategie für ein ganzheitliches Diagnosesystem steht in engem Zusammenhang zur Integrationstiefe in das Schienenfahrzeug sowie in dessen Designphase (vgl. Tabelle 1-3).

Für den Integrationsumfang in die Fahrzeuginfrastruktur sind drei Stufen realisierbar:

- vollständige Integration in ein neu zu bauendes Fahrzeug,
- Teilintegration in einzelne Subsysteme eines neu zu bauenden Fahrzeugs,
- nachträgliche Integration in Bestandsfahrzeuge.

Neben dem Integrationsumfang ist die Integrationstiefe ein wesentlicher Aspekt für Migrationsstrategien. Der Diagnoseprozess kann grundsätzlich an folgenden Orten im Schienenfahrzeug ablaufen:

- zentral auf Zugebene,
- zentral auf Fahrzeugebene und
- dezentral (subsystemnah).

Für Subsysteme mit eigenem leistungsfähigem Steuergerät, wie zum Beispiel dem Tür- oder HKL-Steuergerät in Personenwagen, Triebzügen und Multiple Units, kann des Weiteren eine Mischform aus zentraler und dezentraler Diagnose zur Anwendung kommen.

Neben den fahrzeugseitig ablaufenden Diagnoseprozessen ist dies auch landseitig umsetzbar, wobei dies die zu übertragende Datenmenge erheblich vergrößern würde, da die Rohdaten der Sensoren bzw. der Signalverarbeitung übertragen werden müssten.

Der Einteilung der Integrationstiefe des Diagnoseprozesses entsprechend ist die Speicherung der Diagnosedaten und -meldungen ebenfalls an den genannten Orten möglich.

Um eine bevorzugte Migrationsstrategie bestimmen zu können, werden die Varianten für den Integrationsumfang, die Integrationstiefe und den Speicherort zunächst unter Anwendung des Analytic Hierarchy Process (AHP) entsprechend ihrer Eignung gegeneinander gewichtet. Details hierzu befinden sich in Anhang A.7.

Aus den beschriebenen Freiheitsgraden und deren Gewichtung wird die Variantenmatrix entsprechend Tabelle 4-22 erzeugt.

Tabelle 4-22: Gewichtete Variantenmatrix für Migrationsstrategien

	Integrationstiefe								
	zentral (Zug)			zentral (Fahrzeug)			dezentral		
	Speicherort								
Integrations-umfang	zentral (Zug)	zentral (Fahrzeug)	dezentral	zentral (Zug)	zentral (Fahrzeug)	dezentral	zentral (Zug)	zentral (Fahrzeug)	dezentral
vollständig	0,14	0,04	0,01	0,28	0,08	0,02	0,04	0,04	0,04
teilweise	0,06	0,02	0	0,13	0,04	0,01	0,02	0,02	0,02
nachträglich	0,02	0	0	0,03	0,01	0	0	0	0

Bei vollständiger Integration ist ein zentral im Zug ablaufender Diagnoseprozess aufgrund der zentral verfügbaren Daten aller Subsysteme grundsätzlich wünschenswert, würde jedoch zu einem großen Datenvolumen führen, das ständig über den Zugbus zu übertragen wäre (vgl. Kapitel 2.3.2). Daher sollte der Diagnoseprozess zentral im einzelnen Fahrzeug ablaufen. Eine Speicherung der Diagnosemeldungen zentral im Zug ist hingegen zu empfehlen, da diese einerseits dem Triebfahrzeugführer oder Zugbegleitpersonal mitgeteilt und andererseits wenigstens zum Teil zyklisch an die Landseite übertragen werden müssen (Kapitel 1.3.9). Eine Speicherung der Diagnosemeldungen zentral im Fahrzeug ist bei vollständiger Integration ebenfalls denkbar, erhöht aber den Aufwand für die Datenübertragung Richtung Werkstatt und Flottenmanagement.

Bei teilweiser Integration des Diagnosesystems sollte der Diagnoseprozess ebenfalls zentral im jeweiligen Fahrzeug ablaufen und die Diagnosemeldungen zentral im Zug gespeichert werden. Eine Speicherung zentral im Fahrzeug ist bei teilweiser Integration ebenfalls denkbar, erhöht aber gleichermaßen den Aufwand für die Datenübertragung Richtung Landseite. Weiterhin sind auch dezentral ablaufende Diagnoseprozesse möglich, wobei die Speicherung der Diagnosemeldung dennoch zentral im Zug erfolgen sollte.

Bei nachträglicher Integration eines Diagnosesystems in ein Schienenfahrzeug vereinfachen dezentral ablaufende Diagnoseprozesse die Umsetzung eines solchen Vorhabens erheblich, da die Rohdaten der Sensoren nicht in die bereits vorhandene Fahrzeugleittechnik übertragen werden müssen. Die Diagnosemeldungen sollten dennoch zentral im Zug gespeichert werden, um eine automatische Übertragung zu ermöglichen. Eine Speicherung der Diagnosemeldungen zentral im Fahrzeug würde dies erschweren. Ein im Fahrzeug zentral ablaufender Diagnoseprozess ist gleichfalls möglich, wenn mit einem Diagnosesystem nachzurüstende Fahrzeuge über eine entsprechend leistungsfähige Leittechnik verfügen.

Eine Speicherung der Diagnosemeldungen zentral im Zug hätte darüber hinaus bei allen Migrationsstrategien und Fahrzeugvarianten den Vorteil, dass die auflaufenden Diagnosemeldungen sowie entsprechende Handlungshinweise auf dem TDD (vgl. Kapitel 4.4.4.1) des besetzten Führerstands angezeigt und damit dem Triebfahrzeugführer zur Kenntnis gebracht werden können.

Die Kombination der Einzelwerte aus Tabelle A-23 ergibt die Matrix der Eignung der einzelnen Integrationsvarianten für die verschiedenen Fahrzeugarten (vgl. Tabelle 4-23).

Grundsätzlich ist die nachträgliche Integration immer die am wenigsten geeignete Strategie, da diese einen hohen Aufwand für die Anpassung des Diagnosesystems in die bereits vorhandene Fahrzeuginfrastruktur erfordert.

In Triebzügen ist aufgrund der Fahrzeugstruktur bei vollständiger Integration ein im Zug zentral ablaufender Diagnoseprozess mit zentraler Speicherung der Diagnosemeldungen erstrebenswert.

In Multiple Units, Loks und Reisezugwagen sollte bei vollständiger Integration eines Diagnosesystems der Diagnoseprozess zentral im Fahrzeug ablaufen und die Diagnosemeldungen zur Übermittlung an die Landseite zentral im Zug im führenden Fahrzeug gespeichert werden. Wenn die Fahrzeugverbände regelmäßig betrieblich neu gebildet werden, ist für Multiple Units und Reisezugwagen eine Speicherung der Diagnosemeldungen zentral im Fahrzeug empfehlenswert.

Bei Güterwagen sollte bei vollständiger Integration eines Diagnosesystems der Diagnoseprozess zentral auf dem Fahrzeug ablaufen und die Diagnosemeldungen auch dort gespeichert werden. Diese Empfehlung basiert auf der häufigen Zugneubildung und der fehlenden durchgängigen Dateninfrastruktur in Zügen im Güterverkehr (vgl. HECHT ET AL. 1999). Eine Ausnahme bilden Ganzzüge, die in immer gleicher Wagenreihung verkehren. In diesem speziellen Fall ist im

Güterverkehr die Speicherung der Diagnosemeldungen zentral im Zug möglich, wenn dieser über eine entsprechende Dateninfrastruktur verfügt.

Tabelle 4-23: Integrationsvarianten für verschiedene Fahrzeugarten

Integrationsumfang	Integrationstiefe	Speicherort	Fahrzeugart: Triebzug	Multiple Unit	Lok	Reisezugwagen	Güterwagen
vollständig	zentral (Zug)	zentral (Zug)	27	18	9	9	3
		zentral (Fahrzeug)	18	12	6	6	9
		dezentral	9	6	3	3	6
	zentral (Fahrzeug)	zentral (Zug)	18	27	27	27	9
		zentral (Fahrzeug)	12	18	18	18	27
		dezentral	6	9	9	9	18
	dezentral	zentral (Zug)	9	9	18	18	6
		zentral (Fahrzeug)	6	6	12	12	18
		dezentral	3	3	6	6	12
teilweise	zentral (Zug)	zentral (Zug)	18	12	6	6	2
		zentral (Fahrzeug)	12	8	4	4	6
		dezentral	6	4	2	2	4
	zentral (Fahrzeug)	zentral (Zug)	12	18	18	18	6
		zentral (Fahrzeug)	8	12	12	12	18
		dezentral	4	6	6	6	12
	dezentral	zentral (Zug)	6	6	12	12	4
		zentral (Fahrzeug)	4	4	8	8	12
		dezentral	2	2	4	4	8
nachträglich	zentral (Zug)	zentral (Zug)	9	6	3	3	1
		zentral (Fahrzeug)	6	4	2	2	3
		dezentral	3	2	1	1	2
	zentral (Fahrzeug)	zentral (Zug)	6	9	9	9	3
		zentral (Fahrzeug)	4	6	6	6	9
		dezentral	2	3	3	3	6
	dezentral	zentral (Zug)	3	3	6	6	2
		zentral (Fahrzeug)	2	2	4	4	6
		dezentral	1	1	2	2	4

Bei teilweiser Integration eines Diagnosesystems gelten die gleichen Aussagen wie zuvor.

Aus der Kombination der Integrationsvarianten für verschiedene Fahrzeugarten und der gewichteten Variantenmatrix resultieren die bevorzugten Migrationsstrategien für die betrachteten Fahrzeugarten. Die Bewertungsergebnisse sind in (Tabelle 4-24) dargestellt.

Tabelle 4-24: Bevorzugte Migrationsstrategien

Integrations-umfang	Integrationstiefe	Speicherort	Fahrzeugart: Triebzug	Multiple Unit	Lok	Reisezugwagen	Güterwagen
vollständig	zentral (Zug)	zentral (Zug)	3,84	2,56	1,28	1,28	0,43
		zentral (Fahrzeug)	0,76	0,51	0,25	0,25	0,38
		dezentral	0,10	0,06	0,03	0,03	0,06
	zentral (Fahrzeug)	zentral (Zug)	5,12	7,69	7,69	7,69	2,56
		zentral (Fahrzeug)	1,01	1,52	1,52	1,52	2,28
		dezentral	0,13	0,19	0,19	0,19	0,39
	dezentral	zentral (Zug)	0,38	0,38	0,76	0,76	0,25
		zentral (Fahrzeug)	0,25	0,25	0,50	0,50	0,76
		dezentral	0,13	0,13	0,25	0,25	0,50
teilweise	zentral (Zug)	zentral (Zug)	1,13	0,75	0,38	0,38	0,13
		zentral (Fahrzeug)	0,22	0,15	0,07	0,07	0,11
		dezentral	0,03	0,02	0,01	0,01	0,02
	zentral (Fahrzeug)	zentral (Zug)	1,50	2,25	2,25	2,25	0,75
		zentral (Fahrzeug)	0,30	0,45	0,45	0,45	0,67
		dezentral	0,04	0,06	0,06	0,06	0,11
	dezentral	zentral (Zug)	0,11	0,11	0,22	0,22	0,07
		zentral (Fahrzeug)	0,07	0,07	0,15	0,15	0,22
		dezentral	0,04	0,04	0,07	0,07	0,15
nachträglich	zentral (Zug)	zentral (Zug)	0,15	0,10	0,05	0,05	0,02
		zentral (Fahrzeug)	0,03	0,02	0,01	0,01	0,01
		dezentral	0,00	0,00	0,00	0,00	0,00
	zentral (Fahrzeug)	zentral (Zug)	0,20	0,29	0,29	0,29	0,10
		zentral (Fahrzeug)	0,04	0,06	0,06	0,06	0,09
		dezentral	0,00	0,01	0,01	0,01	0,01
	dezentral	zentral (Zug)	0,01	0,01	0,03	0,03	0,01
		zentral (Fahrzeug)	0,01	0,01	0,02	0,02	0,03
		dezentral	0,00	0,00	0,01	0,01	0,02

Aufgrund der Berücksichtigung der Ergebnisse der Variantenmatrix ist für Triebzüge der zentral im Fahrzeug ablaufende Diagnoseprozess mit zentraler Speicherung im Zug die bevorzugte Migrationsstrategie. Die Vorteile eines zentral im Zug ablaufenden Diagnoseprozesses werden durch den erhöhten Aufwand für die Übertragung der Sensordaten aufgewogen.

Für Multiple Units, Loks und Reisezugwagen wird die Aussage bestätigt, dass bei vollständiger Integration eines Diagnosesystems der Diagnoseprozess zentral im Fahrzeug ablaufen und die Diagnosemeldungen zentral im Zug gespeichert werden sollen.

Für Güterwagen wird das Ergebnis untermauert, dass die Diagnosemeldungen des zentral im Fahrzeug ablaufenden Diagnoseprozesses auch zentral im Fahrzeug gespeichert werden sollen. Wenn möglich, sollte die Speicherung zentral im Zug erfolgen.

In Abbildung 4-9 sind die am besten bewerteten Migrationsstrategien dargestellt. Der Integrationsumfang wird in dieser Darstellung nicht berücksichtigt, da in der Bewertung stets die gleichen Optionen für Integrationstiefe und Speicherort bevorzugt werden.

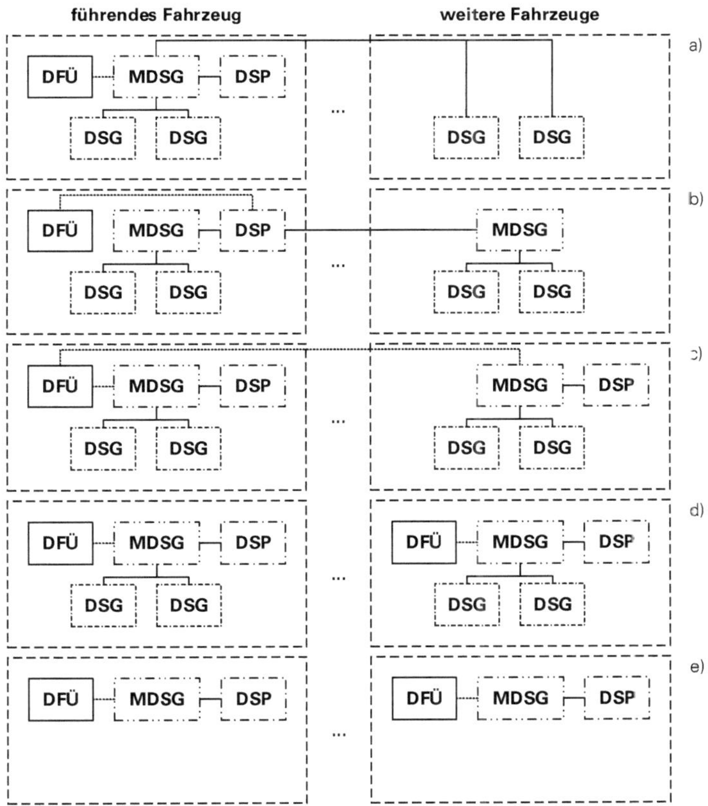

Abbildung 4-9: Am besten bewertete Migrationsstrategien
Quelle: eigene Darstellung
DFÜ – Datenfernübertragung, DSP – Diagnosespeicher, DSG – Diagnosesteuergerät, MDSG – Master-Diagnosesteuergerät

Der in Variante a) dargestellte zentral im Zug auf einem Master-Diagnosesteuergerät (MDSG) ablaufende Diagnoseprozess mit zentraler Datenübertragung stellt vor allem bei Triebzügen und Multiple Units eine alternative Migrationsstrategie zur über alle Fahrzeugarten bevorzugten Variante b) dar, bei der der Diagnoseprozess zentral im Fahrzeug in einem MDSG abläuft und die Diagnosedaten zentral im Zug im Diagnosespeicher (DSP) gespeichert werden. In beiden Fällen erfolgt die Datenfernübertragung (DFÜ) von dem Fahrzeug aus, auf dem sich die Speichereinheit befindet. Im Güterverkehr ist diese Variante nur für Ganzzüge geeignet, die auf Unterwegsbahnhöfen nicht zerlegt und neu zusammengestellt werden. Gleiches gilt für die Variante c), wobei in diesem Fall die Speicherung zentral im Fahrzeug erfolgt. Variante d) ist mit einem zentral auf dem Fahrzeug ablaufenden Diagnoseprozess sowie zentraler Speicherung auf dem Fahrzeug und Datenübermittlung von jedem Fahrzeug aus für Multiple Units und Güterwagen geeignet. Die zuletzt gezeigte Variante e) ist eine Abwandlung von d), wobei die Diagnoseprozesse vollständig in einem MDSG ablaufen. Dies ist auch bei den Varianten a) bis c) möglich, erfordert aber in jedem Fall geeignete Übertragungswege für die Sensordaten im Zugverband. Für Straßen- und Stadtbahnfahrzeuge sind ebenso wie für Multiple Units die Varianten d) und e) als Migrationsstrategie zu empfehlen.

Wenn in einem Zugverband mehrere Fahrzeuge mit einer DFÜ-Einheit gemeinsam verkehren, ist es möglich, dass die Daten nur vom Fahrzeug mit dem besetzten Führerstand aus übertragen werden. Das Übertragen der Daten zum führenden Fahrzeug ist aufgrund des Anzeigens im TDD (vgl. Kapitel 4.4.4.1) ohnehin erforderlich.

4.4 MODUL 4 – DURCHFÜHREN, ANZEIGEN UND SPEICHERN

4.4.1 Modul 4.1 – Überwachen der Funktionen

Das Überwachen der Funktionen, das heißt das Ablaufen des Diagnoseprozesses, erfolgt in den bereits genannten DSGs oder MDSGs. Bei einer nachträglichen Integration in ein einzelnes Subsystem kann der Diagnoseprozess auch direkt im Steuergerät laufen, wenn dies über eine entsprechende Rechenleistung und die Möglichkeit zur Softwareanpassung verfügt.

Der Diagnoseprozess basiert standardmäßig auf der Parameterüberwachung (vgl. Kapitel 4.2.3.2 und 4.3.1.2). Andere Diagnosemethoden sind ebenfalls möglich, da nicht festgelegt ist, wie bestimmte Störungsarten eines Elements oder Sensors detektiert werden.

Beim Überwachen der Funktionen sind dem Diagnosesystem jederzeit der aktuelle Systemzustand und gegebenenfalls der Zielzustand bekannt, da diese Teil der Diagnosemeldung und damit der Störungsdokumentation sind (vgl. Kapitel 4.4.2).

4.4.2 Modul 4.2 – Detektion einer Störung

Wird beim Überwachen der Funktionen eine Störung detektiert, werden die anliegenden Sensorwerte mitsamt den Umfelddaten und der Eintrittszeit der Störung gespeichert. Ausgehend von der Detektion einer Störung werden weitere Funktionen getriggert, die das System in einen sicheren Zustand überführen und gewährleisten sollen, dass die Störung zeitnah behoben wird. Dafür werden durch das Diagnosesystem auch automatische Reaktionen angestoßen (vgl. Kapitel 4.3.1.5).

Die bei der Störungsdetektion automatisch erstellten Diagnosemeldungen haben stets den gleichen Aufbau:

- ***Startzustand***
  - Zustand: In welchem Zustand befindet sich das System?
  - Transition: Aus welchem Zustand sollte das System in einen anderen Zustand wechseln?
- ***Zielzustand***
  - Zustand: Entfällt.
  - Transition: In welchen Zustand sollte das System wechseln?
- ***Element/Sensor***
  - Das/Der von der Störung betroffene Element/Sensor wird benannt.
- ***Störungsart***
  - Die Störungsart wird benannt.

Eine Diagnosemeldung lautet dementsprechend: Aus ***Startzustand*** wurde ***Zielzustand*** nicht erreicht, weil ***Element/Sensor Störungsart***. Der einheitliche Aufbau macht die Diagnosemeldungen für die relevanten Zielgruppen verständlich und nachvollziehbar.

4.4.3 Modul 4.3 – Klassifizieren einer Störung

Das Klassifizieren der Störungen dient dem Unterscheiden von betrieblichen Meldungen und Fehler-, Störungs- oder Warnmeldungen (vgl. Kapitel 1.3.10 und 4.1.4). Hierfür werden die Umfelddaten ausgewertet und ein Priorisierungsschema durchlaufen.

Die Umfelddaten lassen Rückschlüsse darauf zu, ob die Ursache für die detektierte Störung im überwachten Fahrzeugsystem selbst oder außerhalb von diesem liegt. Eine Störung mit einer außerhalb des Subsystems liegenden Ursache darf nicht als Störung gespeichert werden, da dies in der Auswertung die tatsächliche Zuverlässigkeit des betrachteten Subsystems verfälschen würde.

Das allgemeine Priorisierungsschema ist in Abbildung 4-10 dargestellt. Es gilt gleichermaßen für Zustände und Transitionen. Dementsprechend enthält es die optionale Möglichkeit, eine Transition erneut anzustoßen, bevor das Nichterreichen eines Zustands als Störung detektiert wird. Dies ist dann relevant, wenn die Transition durch stochastische Ereignisse unterbrochen werden kann.

Darüber hinaus kann einer Warnung entsprechend der Häufigkeit ihres Auftretens eine Dringlichkeit zugeordnet werden. Tritt ein Ereignis, das im Regelfall zu einer Warnmeldung führt, zu häufig auf, kann dies zu einer Klassifizierung als Störung führen, damit die Ursache durch instandhaltungstechnische oder betriebliche Maßnahmen behoben wird.

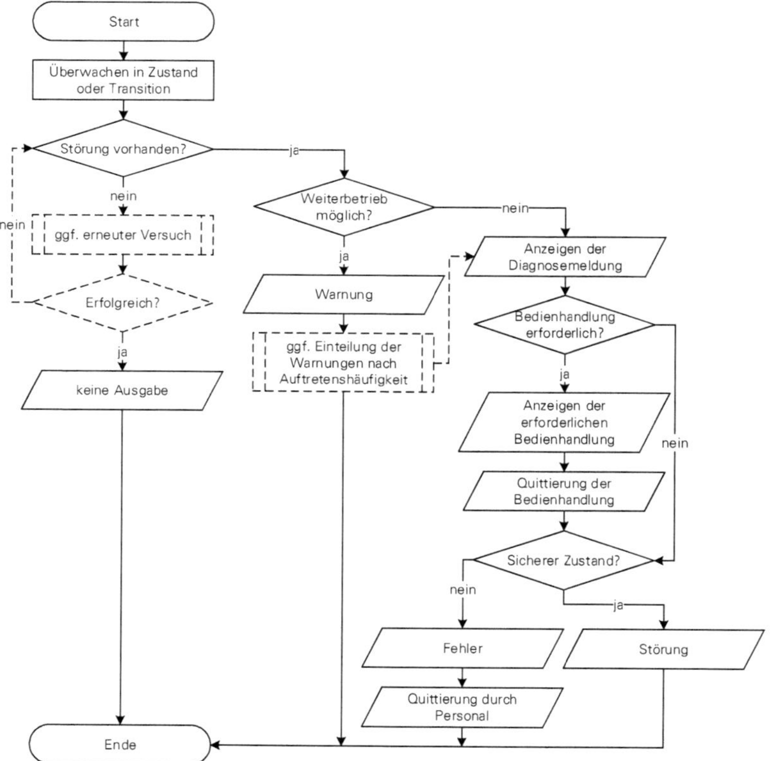

Abbildung 4-10: Allgemeines Priorisierungsschema
Quell: eigene Darstellung

Die Entscheidung, unter welchen Bedingungen ein sicherer Zustand wiederhergestellt werden kann, ist für jeden Subsystemtyp separat zu projektieren. Dies kann teilautomatisiert erfolgen, indem zunächst für alle in Kapitel 4.2.3.1 definierten Störungsarten ein Sicherheitsindikator festgelegt wird, wie es in Tabelle 4-25 dargestellt ist. Der Sicherheitsindikator gibt an, wie kritisch eine bestimmte Störung beziehungsweise ein gestörtes Element oder ein gestörter Sensor ist und gilt für alle Subsysteme.

Tabelle 4-25: Sicherheitsindikator – Störungsarten
1 … unkritisch, 2 … gegebenenfalls kritisch, 3 … kritisch

	Ausfall Element	Ausfall Energie	Ausfall Kommunikation Bus	Ausfall Kommunikation fest	blockiert	dauernd aktiv	falsche Information	kleiner t_0	Kurzschluss	leck	Ueberdruck	Ueberlast	Ueberspannung	Uebertemperatur	Unterspannung	verschlissen	verschmutzt
Sicherheits-indikator	3	3	2	3	2	2	2	2	3	2	3	3	3	3	2	1	1

Anschließend werden den Elementen und Sensoren der Subsysteme dieselben Störungsindikatoren zugeordnet. Dies ist in Tabelle 4-26 und in Tabelle A-2 im Anhang A.3 für die Subsysteme Beleuchtung und Seiteneinstiegssystem veranschaulicht.

Tabelle 4-26: Sicherheitsindikator – Leuchtmittel
1 … unkritisch, 2 … gegebenenfalls kritisch, 3 … kritisch

Element/Sensor	**Sicherheitsindikator**
Leuchtmittel	2
Sensor_Strom	2
Sensor_Spannung	2
Sensor_Temperatur	2
Sensor_Beleuchtungsstärke	2
Sensor_Betriebsstunden	2
Sensor_Einschalthäufigkeit	1
Signal_Sollwert	1

Das Produkt der Störungsindikatoren für die Störungsarten und die Elemente sowie die Sensoren ist der Gesamtstörungsindikator, der unter Beachtung der Zuordnung Element/Sensor – Störungsart (vgl. Tabelle 4-10) anzeigt, ob ein sicherer Zustand wiederherstellbar ist. Es kann festgelegt werden, dass ein Gesamtstörungsindikator von 1 oder 2 eine *Warnung*, 3 oder 4 eine *Störung* und

6 oder 9 einen *Fehler* anzeigt. Die Gesamtstörungsindikatoren sind Tabelle 4-27 und Tabelle A-3 im Anhang A.3 dargestellt.

Tabelle 4-27: Gesamtstörungsindikatoren - Beleuchtung

Element/Sensor	Ausfall Element	Ausfall Energie	Ausfall Kommunikation Bus	Ausfall Kommunikation fest	dauernd aktiv	falsche Information	Kurzschluss	Ueberlast	Ueberspannung	Uebertemperatur	Unterspannung
Leuchtmittel	6	6	4	6	4	4	6	6	6	6	4
Sensor_Strom	6	6	4	6	4	4	6	6	6	6	4
Sensor_Spannung	6	6	4	6	4	4	6	6	6	6	4
Sensor_Temperatur	6	6	4	6	4	4	6	6	6	6	4
Sensor_Beleuchtungsstärke	6	6	4	6	4	4	6	6	6	6	4
Sensor_Betriebsstunden	6	6	4	6	4	4	6	6	6	6	4
Sensor_Einschalthäufigkeit	3	3	2	3	2	2	3	3	3	3	2
Signal_Sollwert	3	3	2	3	2	2	3	3	3	3	2

4.4.4 Modul 4.4 – Anzeigen der Diagnosemeldungen

4.4.4.1 Technik- und Diagnose-Display

Das Technik- und Diagnose-Display (TDD – Technical and Diagnostic Display) ist in UIC 612-03 beschrieben und dient hauptsächlich zum Anzeigen von Parametern des Antriebssystems, Diagnosemeldungen aller gekuppelten Fahrzeuge und Abhilfemaßnahmen für auftretende Störungen. Das Grundbild eines TDD zeigt Abbildung 4-11.

Informationen auf Zugebene: Leistungsbereitstellung **Elektrotraktion:** - Fahrleitungsspannung - Hauptschalter **Dieseltraktion:** - Status der Dieselmotoren	**Informationen auf Zugebene: Traktion/Bremskraft der dynamischen Bremse** - angeforderte und effektive Bremskraft in kN - falls Motoren ausgefallen sind: prozentual fehlende Traktions-/dynamische Bremskraft	**Informationen auf Zugebene: Bremse** Falls im Führerstand keine Barmeter vorhanden sind: - Bremszylinderdruck - Hauptluftbehälterdruck	Im Stand: Icon für Spitzen- und Schluss-signal Status der Zug-sammel-schiene Energie-verbrauch
Zusatzinformationen für den Triebfahrzeugführer, Diagnosemeldungen			

Netz, Energie-versor-gung		Zugbus-Status		

Abbildung 4-11: Grundbild des TDD
Quelle: eigene Darstellung nach UIC 612-03

Das Diagnosesystem und das TDD sollen über einen Werkstattmodus verfügen, um die in der Werkstatt bzw. während Schulungen auftretenden Störungen von Störungen im Betrieb unterscheiden zu können (vgl. Kapitel 2.2.6).

Das TDD ist demzufolge dazu prädestiniert, die Diagnosemeldungen im jeweils aktiven Führerstand anzuzeigen, unabhängig davon, in welchem Fahrzeug des Zuges die Störung auftrat. Die notwendigen Daten erhält das TDD aus dem TCMS (vgl. Kapitel 2.3.1). Neben dem Anzeigen von Diagnosemeldungen und Abhilfemaßnahmen dient es darüber hinaus auch zum Durchführen von Schalthandlungen, die sich aus der Diagnosemeldung ergeben, sofern die betroffenen Subsystemelemente über das TDD fernsteuerbar sind.

Einige Diagnosemeldungen sind auch für das Zugbegleitpersonal relevant, wenn sie zum Beispiel die Systeme von Reisezugwagen betreffen. Daher ist es je nach Zugkonfiguration (vgl. Kapitel 2.2.5.2) erforderlich, dass in einzelnen oder allen Wagen Displays vorhanden sind, über die das Zugbegleitpersonal für sich wichtige Diagnosemeldungen und Abhilfemaßnahmen abrufen kann.

Insbesondere bei Störungen der Seiteneinstiegssysteme könnten die häufig im Einstiegsbereich vorhandenen Displays des FIS dazu dienen, die Fahrgäste auf die gestörte Tür aufmerksam zu machen. Ein Beispiel hierfür zeigt Abbildung 4-12.

Abbildung 4-12: Hinweis für Fahrgäste im FIS
Quelle: eigene Darstellung

4.4.4.2 Anzeigen in Betriebszentrale

Neben der Ausgabe der Diagnosemeldung auf dem TDD können diese auch im Nachgang in einer Betriebszentrale angezeigt und ausgewertet werden. Die Ausgabe der Diagnoseergebnisse kann beispielsweise auf einer interaktiven Karte erfolgen, die den Ort des Auftretens der Störung zeigt. Häufungsstellen für bestimmte Störungen können auf diese Weise leicht visualisiert werden.

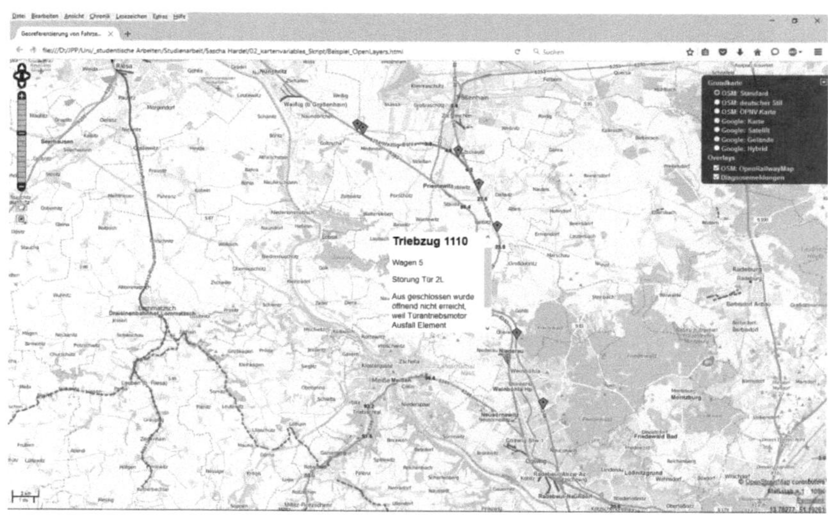

Abbildung 4-13: Beispiel für das Anzeigen einer Diagnosemeldung
Quelle: OSM (2015), bearbeitet

Die Anzeige der Diagnosemeldungen kann mit einem GIS- und browserunabhängigem Skript erfolgen. Als Geoinformationssystem (GIS) dienen beispielsweise *OpenStreetMap, Google Maps, Bing Maps* oder *Nokia HERE*.

OpenStreetMap hat gegenüber den anderen Kartendiensten den Vorteil, dass das Kartenmaterial unter der *Open Data Commons Open Database License* (Geodaten) bzw. der *Creative Commons License „Namensnennung, Weitergabe unter gleichen Bedingungen" 2.0* (vorgerenderte Rasterbilddateien (Kacheln)) auch für kommerzielle Zwecke wie die Anzeige von Diagnosemeldungen kostenfrei zur Verfügung steht. Als Vorteil ist weiterhin die Möglichkeit von Eisenbahninfrastrukturunternehmen (EIU) anzusehen, die eigene Schieneninfrastruktur in das Datenmaterial einzupflegen und so den Eisenbahnverkehrsunternehmen (EVU) die Möglichkeit zu bieten, den Ort der Störung auf einer sehr genauen Karte zu betrachten. Es ist weiterhin möglich, einen eigenen Kartenserver mit angepassten Daten (zum Beispiel ausschließlich Eisenbahninfrastruktur) auf der Basis von *OpenStreetMap* zu betreiben. Anders als die kommerziellen Dienste gibt es in *OpenStreetMap* nicht die Option, den Ort der Störung auf Satellitenbildern (*Google Maps*) oder Luftbildaufnahmen (*Bing Maps*) darzustellen. Zudem existiert beim Ausfall des Dienstes kein Vertragspartner, der für die Nichtverfügbarkeit haftet.

Die kommerziellen Kartendienste *Google Maps, Bing Maps* und *Nokia HERE* stellen ebenfalls kostenlos Kartenmaterial zur Ansicht für Privatpersonen zur Verfügung. Eine kommerzielle Nutzung ist nur mit stark eingeschränkten Rechten oder mit einem Lizenzerwerb möglich.

Die Visualisierung der Diagnosemeldungen im Browser geschieht mithilfe eines Skripts auf Basis von *JavaScript*. Die hierfür erforderlichen Bibliotheken *OpenLayers* bzw. *Leaflet* sind unter der *BSD License* ebenfalls kostenfrei erhältlich.

4.4.5 Modul 4.5 – Kodieren der Diagnosemeldungen

4.4.5.1 Einführung

Die Diagnosemeldungen werden hexadezimal kodiert, wie dies bereits heute erfolgt. Leer- und Sonderzeichen werden dabei nicht berücksichtigt. Die kodierte Diagnosemeldung beinhaltet

- die Fahrzeugnummer,
- die Systemkennung,
- den Betriebszustand des Fahrzeugs,
- die Diagnosemeldung und
- das Sensorbild.

Die Zugnummer kann vor der Übertragung der Diagnosedaten an die Landseite oder beim Auslesen ergänzt werden, ist aber für das Anzeigen und Speichern auf dem Fahrzeug nicht relevant.

4.4.5.2 Fahrzeugnummer

Die Kennzeichnung der Schienenfahrzeuge erfolgt entsprechend des Fahrzeugtyps nach

- UIC 438-1 für Reisezugwagen,
- UIC 438-2 für Güterwagen und
- UIC 438-3 für Triebfahrzeuge.

Die zwölfstellige UIC-Fahrzeugnummer ist für die drei Fahrzeugtypen nach dem in Tabelle 4-28 gezeigten Schema aufgebaut.

Tabelle 4-28: Aufbau der UIC-Fahrzeugnummer

	Internationaler Block		**Nationaler Block**		
Ziffern	1 – 2	3 – 4	5 – 8	9 – 11	12
Wagen	RIC-Code[6]	Länder-code	Baureihen-nummer	Ordnungs-nummer	Prüf-ziffer
Triebfahrzeug	Bauartcode				

Für das Kodieren der Diagnosemeldung sind zunächst nur die Baureihen- und Ordnungsnummer samt der Prüfziffer relevant. Nur für interoperable Fahrzeuge ist auch der internationale Block von Interesse (vgl. Kapitel 4.5.1). Falls ein Betreiber für nicht interoperable Fahrzeuge keine Prüfziffer vorsieht, kann diese in der Kodierung entsprechend entfallen.

Die Fahrzeugnummer eines aktuellen Hochgeschwindigkeitstriebzugs der Deutschen Bahn lautet vom Dezimalformat in das Hexadezimalformat umgerechnet wie in Tabelle 4-29 angegeben.

Tabelle 4-29: Umrechnen der Fahrzeugnummer ins HEX-Format

Dezimalschreibweise	93 80 5407 007 3
HEX-Schreibweise	DA 68 61 2F 39

4.4.5.3 Systemkennung

Die Systemkennung entspricht der Kennzeichnungssystematik für Schienenfahrzeuge, die in DIN EN 15380-2 vorgegeben ist (vgl. Kapitel 1.1). Diese Norm

[6] Kode mit technischen Merkmalen für das Austauschverfahren von Personen- und Güterwagen.

unterteilt die Komponenten und Systeme von Schienenfahrzeugen in Hauptproduktgruppen (HPG, vgl. Tabelle 1-2) und Unterproduktgruppen (UPG). Für das Kodieren ins Hexadezimalformat müssen die Kennbuchstaben zunächst ihrer entsprechenden Stelle im Alphabet zugeordnet werden. Den Systemen und Elementen (S/E) ist keine Kennung zugeordnet, so dass diese frei gewählt werden kann. Ist das System oder Element mehrfach auf dem Fahrzeug vorhanden, kann dies in der Nummer (#) berücksichtigt werden. Die Zahlenwerte werden anschließend in einen sechsstelligen HEX-Wert kodiert.

Tabelle 4-30: Umrechnen der Systemkennung ins HEX-Format

Kennbuchstabe					Zahlenwert				Systemkennung
HPG		UPG		S/E	HPG	UPG	S/E	#	HEX-kodiert
H	Hilfsbetriebeanlagen	B	Umformereinrichtung	Batteriehauptschalter	08	02	01	01	7A 60 85
				Bordnetzumrichter			02	01	7A 60 E9
		C	Batterieeinrichtung	Absicherung		03	01	01	7A 87 95
⋮	⋮	⋮	⋮	⋮	⋮	⋮	⋮	⋮	

4.4.5.4 Betriebszustand des Fahrzeugs

Die in Kapitel 2.2.6 vorgestellten Betriebszustände der Schienenfahrzeuge sind ebenfalls Bestandteil der kodierten Diagnosemeldung und bekommen HEX-Werte entsprechend Tabelle 4-31 zugeteilt.

Tabelle 4-31: HEX-Werte der Fahrzeugzustände

Betriebszustand		HEX-Wert
aufgerüstet fahrbereit	Fahrgastbetrieb	A1
	Tunnelfahrt	A2
	Leerfahrt	A3
	Waschfahrt	A4
	Rangierfahrt/Kuppelfahrt	A5

Tabelle 4-31: HEX-Werte der Fahrzeugzustände, fortgesetzt

Betriebszustand			HEX-Wert
Abstellbetrieb	aufgerüstet abgestellt	Parkmodus	B1
		Energiesparmodus	B2
	abgerüstet abgestellt	externe Energieversorgung	B3
		keine externe Energieversorgung	B4
Werkstattmodus			C1

4.4.5.5 Diagnosemeldung

Die einzelnen Bestandteile der Diagnosemeldungen werden HEX-kodiert. Hierfür werden die Elemente, Sensoren, Zustände und Störungsarten HEX-Werten zugeordnet. Transitionen sind nicht separat zu kodieren, da sich diese aus Start- und Zielzustand ergeben.

Zustände

Die Zustände, die entsprechend Kapitel 4.2.3.2 definiert werden, werden mit zweistelligen HEX-Werten im Bereich 01 bis FE kodiert. Dies ermöglicht 254 Zustände je Subsystem. Soll ein System in einem Zustand verharren, wird der Zielzustand mit FF kodiert.

Element/Sensor

Die Elemente und Sensoren, die entsprechend Kapitel 4.2.2 definiert werden, werden mit zweistelligen HEX-Werten im Bereich 01 bis FF kodiert. Dies ermöglicht 255 Elemente beziehungsweise Sensoren je Subsystem. Bei Bedarf kann der Wertebereich auf einen dreistelligen HEX-Wert erweitert werden, was 4095 Elemente und Sensoren pro Subsystem ermöglicht.

Störungsart

Die in Kapitel 4.2.3.1 definierten Störungsarten werden den HEX-Werten entsprechend Tabelle 4-32 zugeordnet. Die HEX-Werte für die Störungen sind immer zweistellig.

Tabelle 4-32: HEX-Werte der Störungsarten

Störungsart	HEX-Wert	Störungsart	HEX-Wert
Ausfall Element	01	leck	0A
Ausfall Energie	02	Überdruck	0B
Ausfall Kommunikation Bus	03	Überlast	0C
Ausfall Kommunikation fest	04	Überspannung	0D
blockiert	05	Übertemperatur	0E
dauernd aktiv	06	Unterspannung	0F
falsche Informationen	07	verschlissen	11
kleiner t_0	08	verschmutzt	12
Kurzschluss	09		

Diagnosemeldung

Die hexadezimal kodierte Diagnosemeldung hat in der Regel acht, bei erweiterter Element- und Sensoranzahl neun Zeichen und setzt sich, wie in Tabelle 4-33 dargestellt, zusammen.

Tabelle 4-33: Vollständige, hexadezimal kodierte Diagnosemeldung

Startzustand	Zielzustand	Element	Störungsart
01	FF	04	01

4.4.5.6 Sensorbild

Das Sensorbild stellt aufgrund der enthaltenen Ziffern 0/1/2 ein ternäres Wort dar (vgl. Kapitel 4.2.4.2), wie es in Tabelle 4-34 dargestellt ist. Dieses wird in ein HEX-Wort umgerechnet.

Tabelle 4-34: Umrechnen des Sensorbilds ins HEX-Format

Element/Sensor	Störungsart	Zustand/Transition		Sensor_1	Sensor_2	Sensor_3	Sensor_4	Sensor 5	Sensor_6
Element_1	Störung_1	Zustand_1	Zustand_2	1	1	0	2	0	1

ternäres Wort:	110201
hexadezimales Wort	12 D

4.4.5.7 Vollständige, kodierte Diagnosemeldung

Aus zuvor gebildeten HEX-Werten wird die vollständige, kodierte Diagnosemeldung zusammengesetzt (vgl. Tabelle 4-35).

Tabelle 4-35: Vollständige, kodierte Diagnosemeldung

Block	Fahrzeug-nummer	Produkt-gruppe	Betriebs-zustand	Diagnose-meldung	Sensorbild	Summe
Zeichen	10	6	2	8...9	~5...10	~30...40

Die kodierte Diagnosemeldung hat einen stets gleichen Aufbau und kann aufgrund der festen Blocklängen automatisch gelesen und dekodiert werden.

4.4.6 Modul 4.6 – Speicherstrategien

4.4.6.1 Anforderungen

Tatsächliche Diagnosemeldungen, sprich Fehler-, Störungs- und Warnmeldungen, sollen getrennt von betrieblichen Meldungen gespeichert werden, da Letztgenannte keine Aussagen über die Zuverlässigkeit eines Systems erlauben und andere Anforderungen an die Datenspeicherung stellen.

4.4.6.2 Historienspeicher

Im Historienspeicher werden die Diagnosemeldungen samt der Sensor- und Umfelddaten gespeichert. Falls eine bislang nicht berücksichtigte Störung auftreten sollte, wird diese als unbekannt markiert. Die in Kapitel 4.4.2 beschriebene einheitliche Störungsmeldung wird wie folgt abgewandelt: Aus ***Startzustand*** wurde ***Zielzustand*** nicht erreicht, weil ***unbekannte Störung***. Anhand der gespeicherten Sensor- und Umfelddaten kann in der Werkstatt die Störungsursache ausfindig gemacht und die Störung per Update ins Diagnosesystem eingepflegt werden.

Die Daten aus dem Historienspeicher dürfen nicht lösch- oder überschreibbar sein. Erst nach dem quittierten Auslesen in der Werkstatt darf ein Löschen erfolgen. Dies stellt sicher, dass es zu keinem Datenverlust durch beabsichtigtes oder unbeabsichtigtes Löschen oder Überschreiben kommt.

4.4.6.3 Protokollspeicher

Im Protokollspeicher sollen alle betrieblichen Meldungen gespeichert werden, die durch den normalen Betrieb eines Fahrzeugsystems generiert werden. Da sie für die Instandhaltung nicht relevant sind, können betriebliche Meldungen in einen Ringspeicher geschrieben und nach einer definierten Anzahl von Meldungen oder nach einer definierten Zeit gelöscht werden. Die Daten aus dem Protokollspeicher müssen nicht per DFÜ übertragen werden.

4.5 MODUL 5 – ÜBERTRAGEN UND AUSWERTEN

4.5.1 Modul 5.1 – Übermittlungsstrategien

Die verfügbaren Kommunikationssysteme wurden in Kapitel 2.3.3 bereits beschrieben. Um die Variantenvielfalt einzugrenzen, wurden technischen Parameter der Kommunikationssysteme einer Bewertung unterzogen, bei der zwischen interoperablen Netzen und lokal begrenzten Netzen unterschieden wurde. Der Bewertungsprozess ist Anhang A.4 beschrieben. Zu den interoperablen Netzen zählt das zusammenhängende europäische Eisenbahnnetz mit 1435 mm Spurweite. Als lokal begrenzte Netze sind Straßen- und Stadtbahnnetze, Industrie- und Anschlussbahnen sowie Regionalbahnnetze zu verstehen.

Für große interoperable Netze ist die Interoperabilität neben der Verschlüsselung und den Kosten pro Nachricht der wichtigste Bewertungsparameter. Tabelle 4-36 zeigt die Ergebnismatrix der Bewertung für diese Netze.

Tabelle 4-36: Bewertung Kommunikationstechnik interoperables Netz

	Varianten						
	WLAN	Blue-tooth	RFID	Infra-rot	NFC	GSM-R	LTE
Reichweite im Freien	0,0002	0,0001	0,0001	0,0000	0,0000	0,0093	0,0056
Dämpfung durch Hindernisse	0,0042	0,0083	0,0042	0,0042	0,0042	0,0125	0,0083
Verschlüsselung	0,1004	0,1004	0,1004	0,0335	0,0670	0,0670	0,1004
Datenrate	0,0115	0,0000	0,0000	0,0192	0,0000	0,0000	0,0029
Interoperabilität	0,0218	0,0218	0,0218	0,0218	0,0218	0,0654	0,0436
Kosten pro Nachricht	0,0156	0,0156	0,0156	0,0156	0,0156	0,0156	0,0052
Kosten Infrastruktur	0,0018	0,0018	0,0018	0,0018	0,0018	0,0054	0,0054
Präferenzindex *w*	**0,1554**	**0,1480**	**0,1438**	**0,0960**	**0,1103**	**0,1751**	**0,1714**

Das Übertragen der Diagnosedaten sollte in interoperablen Netzen über GSM-R oder LTE erfolgen. Die bei LTE höheren Kosten pro Nachricht, die durch entsprechende Verträge mit Providern reduziert werden könnten, werden in der Bewertung durch die starke Verschlüsselung aufgewogen. Da die Verschlüsselung neben der vergleichsweise geringen Datenrate der Schwachpunkt von GSM-R ist, sollte grundsätzlich eine geeignete, zeitgemäße Verschlüsselung implementiert werden. Diese Nachteile werden durch die Interoperabilität aufgewogen, die speziell für die Bahntechnik spezifiziert ist. UIC 912 beinhaltet darüber hinaus Einheitsmeldungen für den Informationsaustausch auf internationaler Ebene. RIEKENBERG (2004) kommt für die Datenübertragung zwischen Güterwagen und

Lok zu einem ähnlichen Schluss, wobei in der durchgeführten Nutzwertanalyse weder die Datenrate noch die Art der Verschlüsselung berücksichtigt wurden.

Für lokal begrenzte Netze sind die Verschlüsselung, Kosten pro Nachricht und die Kosten für die Infrastruktur die wesentlichen Bewertungsparameter. Tabelle 4-37 zeigt die Ergebnismatrix der Bewertung für diese Netze.

Tabelle 4-37: Bewertung Kommunikationstechnik lokales Netz

	Varianten						
	WLAN	Bluetooth	RFID	Infrarot	NFC	GSM-R	LTE
Reichweite im Freien	0,0007	0,0002	0,0002	0,0000	0,0000	0,0368	0,0221
Dämpfung durch Hindernisse	0,0164	0,0328	0,0164	0,0164	0,0164	0,0492	0,0328
Verschlüsselung	0,0889	0,0889	0,0889	0,0296	0,0593	0,0593	0,0889
Datenrate	0,0496	0,0002	0,0001	0,0827	0,0000	0,0000	0,0124
Interoperabilität	0,0031	0,0031	0,0031	0,0031	0,0031	0,0093	0,0062
Kosten pro Nachricht	0,0105	0,0105	0,0105	0,0105	0,0105	0,0105	0,0035
Kosten Infrastruktur	0,0012	0,0012	0,0012	0,0012	0,0012	0,0036	0,0036
Präferenzindex *w*	**0,1705**	**0,1369**	**0,1204**	**0,1436**	**0,0905**	**0,1687**	**0,1695**

Das Übertragen der Diagnosedaten sollte in lokal begrenzten Netzen entweder über LTE oder WLAN erfolgen. LTE ist in besiedelten Gebieten bereits gut ausgebaut. Falls kein LTE-Netz zur Verfügung stehen sollte, ist die Technik abwärtskompatibel zu älteren Mobilfunkstandards. Die Netzinfrastruktur wird durch die Provider bereitgestellt. Mit diesen sind entsprechende Verträge abzuschließen, die die Kosten pro Nachricht regeln. Die Übertragung per WLAN hat keine Kosten pro Nachricht, da der Fahrzeugbetreiber die notwenigen Hotspots selbst errichten müsste. Diese bräuchten beispielsweise nur an häufig frequentierten Punkten im Netz oder an den Linienendpunkten installiert werden, um die im Fahrzeug gesammelten Diagnosedaten zu übertragen. Von einer Übertragung über GSM-R sollte in lokal begrenzten Netzen abgesehen werden, wenn es sich nicht um Regionalverkehrsbetreiber handelt, die die Infrastruktur großer Netzbetreiber nutzen. Andernfalls müsste ein GSM-R-Netz entlang der befahrenen Strecken errichtet werden.

Da das Übermitteln der Diagnosedaten nicht sicherheitsrelevant ist, ist es grundsätzlich empfehlenswert, die Daten nur im Stand zu übertragen, weil dann die Wahrscheinlichkeit einer stabilen Verbindung am größten ist. Falls die Übermittlung fehlschlägt, können Daten später erneut gesendet werden.

4.5.2 Modul 5.2 – Aus-/Bewerten der Diagnosedaten

Die übertragenen und ausgelesenen Diagnosemeldungen und -daten werden in einer Instandhaltungszentrale gespeichert und ausgewertet. Dies kann entweder beim Betreiber der Fahrzeuge selbst oder beim Instandhalter der Fahrzeuge erfolgen. Dabei ist es Stand der Technik, dass die fahrzeugspezifischen Daten in einer Datenbank abgelegt werden, auf deren Basis das Auswerten und Visualisieren der Fahrzeugeinsatz- und Störungsdaten möglich ist (STUUT 2013 und VDV 880). Von besonderer Relevanz sind dabei:

- die aufgetretenen Diagnosemeldungen eines Fahrzeugs in einem auswählbaren Zeitraum,
- die aufgetretenen Diagnosemeldungen eines Subsystems in allen Fahrzeugen der Flotte beziehungsweise in Fahrzeugen mit identischer Ausrüstung und
- die aufgetretenen Diagnosemeldungen eines Fahrzeugs oder eines Subsystems in einem bestimmten Bereich der befahrenen Infrastruktur (vgl. Kapitel 4.4.4.2).

Das Visualisieren der Störungen je Fahrzeug oder Zugeinheit kann wie Abbildung 4-14 dargestellt aussehen. Dargestellt ist die Häufigkeit von Störungen über der Fahrzeugnummer.

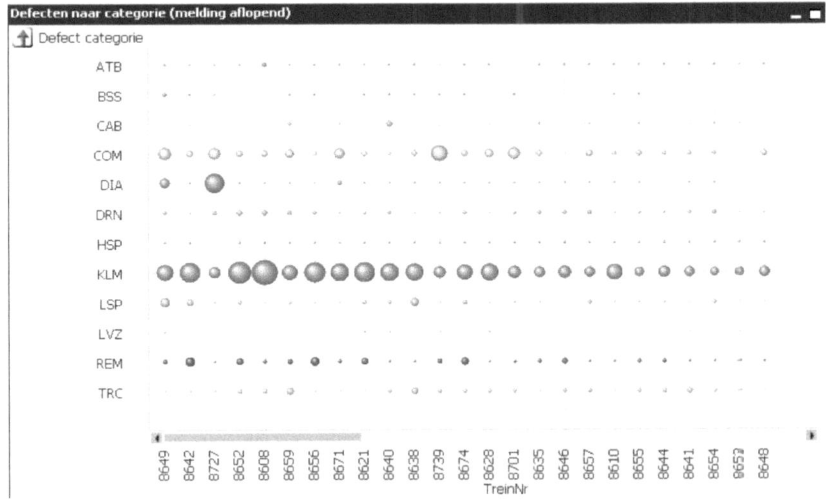

Abbildung 4-14: Beispiel für die Visualisierung von Störungen
Quelle: STUUT (2013)

4.5.3 Modul 5.3 – Instandhaltung und Flottenmonitoring

Die Instandhaltung oder Instandsetzung eines Subsystems kann über zwei Wege veranlasst werden:

- Der Instandhaltungs-/Instandsetzungsauftrag wird durch das Übertragen der Diagnosemeldung per DFÜ automatisch ausgelöst und, wenn die Störungsart dies erlaubt, beim nächsten geplanten Werkstattaufenthalt (vgl. Anhang A.5) abgearbeitet.
- Der Instandhaltungs-/Instandsetzungsauftrag wird durch den Instandhaltungs- oder Flottenmanager nach dem Auswerten Fahrzeugeinsatz- und Störungsdaten ausgelöst.

Insbesondere elektrische, hydraulische und pneumatische Subsysteme lassen eine Degradation erkennen, bevor diese zu einer Störung wird. Daher kann durch geeignete Diagnosemethoden (vgl. Kapitel 2.4) und die in Kapitel 4.4.3 beschriebene Dringlichkeit einer Warnmeldung eine präventive Instandhaltung veranlasst werden.

Um den zeitlichen und finanziellen Aufwand für Instandhaltungsmaßnahmen abschätzen zu können, wurde eine Datenbank erstellt, die beispielhaft die Kosten für die Instandhaltung von elektrischen, dieselelektrischen und dieselhydraulischen Lokomotiven der DB AG enthält. Die Basis für diese Datenbank bilden DIN EN 15380-2, DIN EN 81346-2 und DIN EN 60300-3-3. Die Struktur dieser Datenbank ist in Abbildung 4-15 dargestellt.

Die Kosten für Instandhaltungsmaßnahmen werden in Materialkosten und, mithilfe der durchschnittlichen Dauer der Maßnahme und des Stundenlohnes, in Personalkosten unterteilt.

Das Flottenmonitoring nutzt neben den bereits genannten Fahrzeugeinsatz- und Störungsdaten auch die Instandhaltungsdaten samt des Datenrücklaufs aus den Werkstätten. Aus diesen Daten kann auf die Zuverlässigkeit der Fahrzeuge und Subsysteme geschlossen werden, was eine zielgerichtete Planung für die Instandhaltung Neubeschaffung von Komponenten ermöglicht.

Ziel des Flottenmonitorings ist es, von einer präventiven Instandhaltung mit festen Intervallen (vgl. Anhang A.5) zu einer zustandsbasierten und schließlich zu einer vorausschauenden Instandhaltung überzugehen.

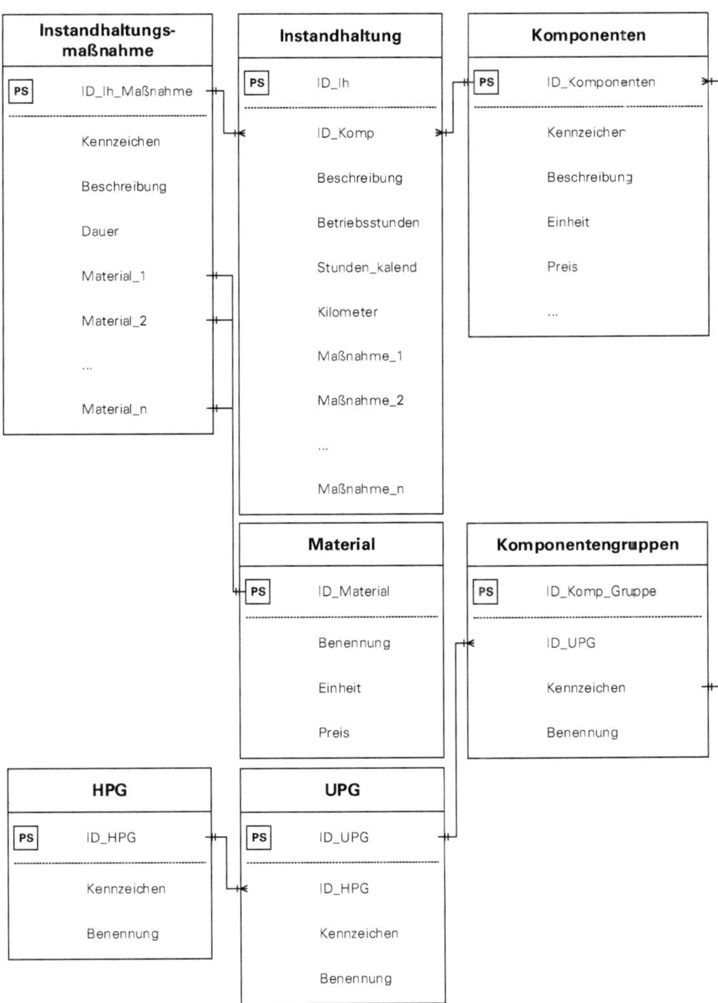

Abbildung 4-15: Struktur der Komponentendatenbank
Quelle: eigene Darstellung

4.6 ZUSAMMENFASSUNG

Die ganzheitliche Diagnosearchitektur ist geeignet, um ein Diagnosesystem von Grund auf neu zu projektieren oder vorhandene Diagnosesysteme zu verbessern.

Die hierfür erforderlichen Module

- *Modul 2 – Analysieren, Definieren und Berechnen,*
- *Modul 3 – Implementieren und Migrieren,*
- *Modul 4 – Durchführen, Anzeigen und Speichern* sowie
- *Modul 5 – Übertragen und Auswerten*

wurden ausführlich beschrieben und Lösungsmöglichkeiten für die einzelnen Module und Submodule vorgestellt.

Die erforderlichen Arbeitsschritte wurden insbesondere im *Modul 2 – Analysieren, Definieren und Berechnen* so gestaltet, dass die zu bearbeitende Datenmenge überschaubar und die zu treffenden Entscheidungen nachvollziehbar sind. Dies gewährleistet einen möglichst geringen Einfluss durch subjektive Entscheidungen und verringert die Wahrscheinlichkeit des Übersehens von notwendigen Aspekten und Verknüpfungen.

5 VALIDIEREN DER DIAGNOSEARCHITEKTUR

5.1 LABORMESSUNGEN

5.1.1 Einführung

Die im Labor der *Professur Elektrische Bahnen* durchgeführten Messungen dienen einerseits zum Aufnehmen von Sensorwerten der Subsysteme im ungestörten Zustand und andererseits zum Untersuchen der Möglichkeit der Detektion von Störungen anhand aufgezeichneter Sensorbilder. Da entsprechende echte Subsysteme von Schienenfahrzeugen nicht zur Verfügung standen wurde an den Modell-Subsystemen gemessen, die in Tabelle 5-1 aufgelistet sind.

Tabelle 5-1: Modelle der Subsysteme

Subsystem	Energieversorgung Subsystem	Modell	Energieversorgung Modell
Einphasen-Lüfter	1 AC 230 V, 50 Hz	Einphasen-Lüfter	1 AC 230 V, 50 Hz
Beleuchtung	DC 24 V	LED-Modul	DC 2,4 V
DC-Motor	DC 110 V	DC-Motor	DC 8 V

Um die Messungen effizient durchführen zu können und um eine Möglichkeit zu schaffen, auch auf Fahrzeugen zu messen, wurden verschiedene Sensormodule konzipiert, die im folgenden Kapitel vorgestellt werden.

5.1.2 Sensormodule

Die Messausrüstung besteht aus den sechs Sensormodulen

- Spannungs- und Stromsensor-Modul für Wechselstrom (SSM AC),
- Spannungs- und Stromsensor-Modul für Gleichstrom (SSM DC),
- Temperatursensor-Modul (TSM),
- Fotosensor-Modul (FSM),
- Drucksensor-Modul (DSM) und
- Drehzahlsensor-Modul (USM – Umdrehungssensormodul)

sowie dem Erfassungs- und Verarbeitungsmodul (EVM). Das Messkonzept ist in Abbildung 5-1 skizziert.

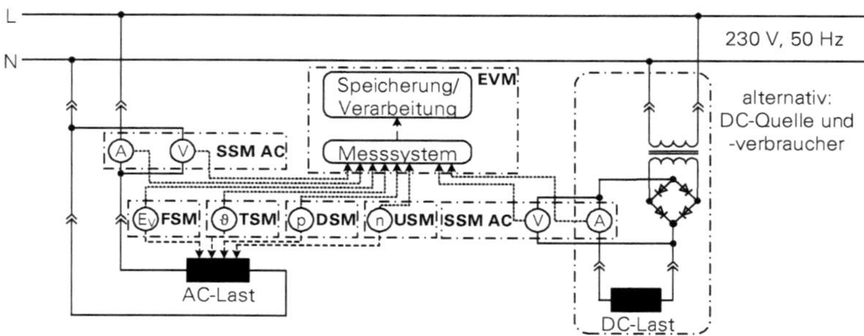

Abbildung 5-1: Messkonzept für Subsysteme
Quelle: eigene Darstellung

Für die in Tabelle 5-1 genannten Modell-Subsysteme können dementsprechend, in Abhängigkeit des Verbrauchertyps, Strom und Spannung (AC und DC), Beleuchtungsstärke, Temperatur, Drehzahl und Druck erfasst werden. Die Leistung und die Effektivwerte von Strom und Spannung sowie der Phasenwinkel werden online berechnet.

Die Messbereiche der Sensormodule sind in Tabelle 5-2 zusammengefasst. Die Sensormodule sind, bis auf das FSM mit 5 V und das USM mit 3 V, auf eine Spannung von 10 V am Eingang des Messsystems ausgelegt, sodass für die jeweiligen Messbereiche die volle Auflösung genutzt werden kann.

Tabelle 5-2: Messbereich und Auflösung der Sensormodule

Modul	Größe	Messbereich	Auflösung	Typ
SSM AC	Spannung (ist)	0 V – 230 V (effektiv)	23 V/V	LEM LV 100-1500
	Spannung (max.)	0 V – 1500 V (effektiv)	150 V/V	
	Strom (ist)	0 A – 16 A (effektiv)	1,6 A/V	LEM LA 100-S/SP1
	Strom (max.)	0 A – 100 A (effektiv)	10 A/V	
SSM DC	Spannung (ist)	0 V – 50 V	5 V/V	LEM LV 100-50
	Spannung (max.)	0 V – 50 V	5 V/V	
	Strom (ist)	0 A – 5 A	0,5 A/V	LEM LA 25-NP
	Strom (max.)	0 A – 25 A	2,5 A/V	
TSM	Temperatur	-200 °C – 1100 °C	130 K/V	B+B Typ K
DSM	Druck	0 bar – 10 bar	1 bar/V	Telemecanique XMLP010BC71V
FSM	relative Beleuchtungsstärke	0 % – 100 %	20 %/V	TAOS TSL 257-LF
USM	Drehzahl	n/a	n/a	Fototransistor/LED

Die Messung mit dem FSM liefert Ergebnisse relativ zur Umgebungshelligkeit, da der Sensor mit den vorhandenen Mitteln nicht für die Messung der absoluten Beleuchtungsstärke kalibriert werden kann.

5.1.3 Referenzmessungen

5.1.3.1 Einführung

Mit den in Tabelle 5-1 genannten Modell-Subsystemen wurden die in Tabelle 5-3 zusammengefassten Messungen durchgeführt. Der im Weiteren als Sollwertsignal bezeichnete Parameter ist bei realen Subsystem die Sollwertvorgabe. Dies kann, je nach Subsystem, zum Beispiel eine Soll-Temperatur oder eine Soll-Drehzahl sein.

Die Abtastrate betrug bei allen Messungen auf allen Kanälen 10 Hz.

Tabelle 5-3: Messungen an den Modell-Subsystemen

<table>
<tr><th>Modell</th><th>Energieversorgung</th><th>Sensormodule</th><th>Störung</th></tr>
<tr><td rowspan="4">Einphasen-Lüfter</td><td rowspan="4">1 AC 230 V, 50 Hz</td><td rowspan="4">SSM AC, TSM</td><td>ohne</td></tr>
<tr><td>dauernd aktiv</td></tr>
<tr><td>blockiert</td></tr>
<tr><td>Ausfall Element</td></tr>
<tr><td rowspan="4">LED-Modul</td><td rowspan="3">DC 2,4 V</td><td rowspan="4">SSM DC, FSM, TSM</td><td>ohne</td></tr>
<tr><td>dauernd aktiv</td></tr>
<tr><td>Ausfall Element</td></tr>
<tr><td>-</td><td>Ausfall Energie</td></tr>
<tr><td rowspan="6">DC-Motor</td><td rowspan="4">DC 8 V</td><td rowspan="6">SSM DC, TSM</td><td>ohne</td></tr>
<tr><td>dauernd aktiv</td></tr>
<tr><td>blockiert</td></tr>
<tr><td>Ausfall Element</td></tr>
<tr><td>DC 4 V</td><td>Unterspannung</td></tr>
<tr><td>-</td><td>Ausfall Energie</td></tr>
</table>

5.1.3.2 AC-Subsystem – Lüfter

Der Einphasenlüfter mit Kondensator-Hilfsphase, der auf Schienenfahrzeugen des Personenverkehrs zum Beispiel als Fortluft- oder Verflüssiger-Lüfter verwendet wird (PABST & GOEDDAEUS 2001), hat im ***störungsfreien Betrieb*** die in Abbildung 5-2 und Abbildung 5-3 dargestellte Charakteristik. Die Drehzahl beträgt 2710 min^{-1}.

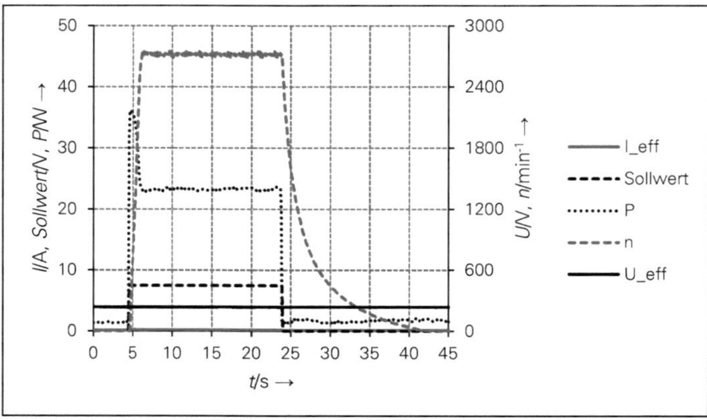

Abbildung 5-2: Charakteristik AC-Lüfter, störungsfrei

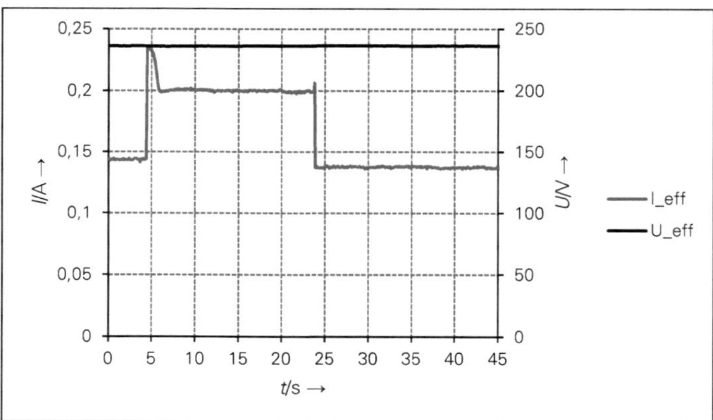

Abbildung 5-3: Charakteristik AC-Lüfter, störungsfrei, Strom & Spannung

Beim Zuschalten hat der Lüfter eine Stromspitze von 0,23 A (Leistung: 36 W), die vom Diagnosesystem nicht als Störung detektiert werden darf. Im eingeschwungenen Zustand bezieht der Lüfter 0,2 A (Leistung: 23 W). Der eingeschwungene Zustand ist nach etwa 2 s erreicht. Um die Strom- beziehungsweise Leistungsspitze im Diagnosesystem zu berücksichtigen, gibt es unter anderem folgende Möglichkeiten:

- Überwachen des Stromgrenzwerts erst nach 2 s im eingeschwungenen Zustand → Detektion von Kurzschlüssen im Moment des Zuschaltens nicht möglich.

- Stromanstiegsüberwachung beim Zuschalten, im eingeschwungenen Zustand Überwachen des Stromgrenzwerts → Detektion von Kurzschlüssen im Moment des Zuschaltens möglich.
- Überwachen der Kurvenform des Stroms in Abhängigkeit des Zeitpunkts → Detektion von Kurzschlüssen möglich (vgl. Anhang A.1.1.1).

Bei der Störungsart ***dauernd aktiv*** hat der Lüfter dieselbe Charakteristik wie im störungsfreien Betrieb, wobei das Sollwertsignal, wie Abbildung 5-4 zeigt, nicht anliegt. Dies dient zur Detektion der Störungsart.

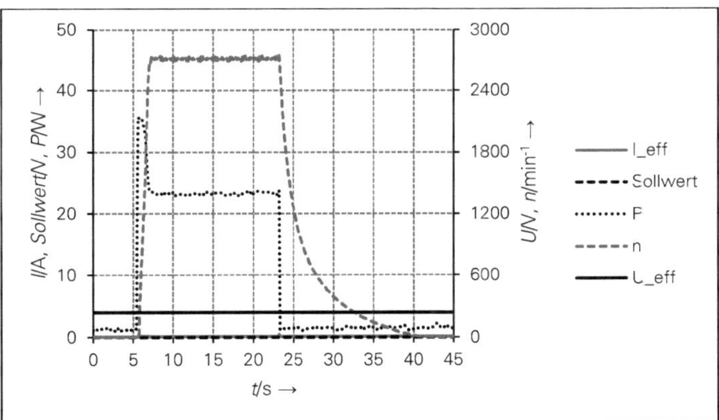

Abbildung 5-4: Charakteristik AC-Lüfter, dauernd aktiv

Die Störungsart ***blockiert*** zeichnet sich, wie aus Abbildung 5-5 und Abbildung 5-6 ersichtlich, durch einen vergleichsweise hohen konstanten Strom von 0,23 A (Leistung: 37 W) aus, was dem Wert des Anlaufstroms des Motors entspricht. Im Moment des Zuschaltens ist die Störungsart *blockiert* demnach nur durch die nicht beginnende Drehbewegung vom *störungsfreien Betrieb* zu unterscheiden. Darüber hinaus sinkt der Strom im *störungsfreien* Betrieb bereits nach einer Sekunde auf unter 0,25 A (Leistung: 30 W).

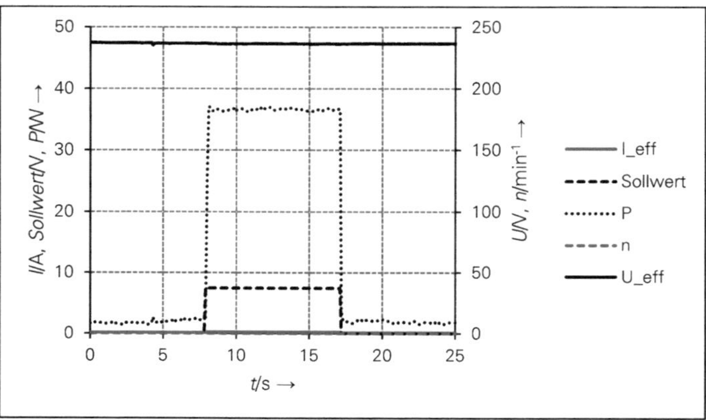

Abbildung 5-5: Charakteristik AC-Lüfter, blockiert

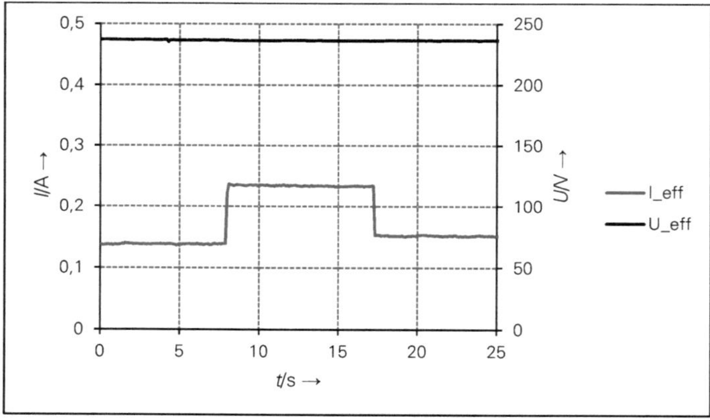

Abbildung 5-6: Charakteristik AC-Lüfter, blockiert, Strom & Spannung

Die Störungsart ***Ausfall Element*** ist durch die in Abbildung 5-7 dargestellte Charakteristik gekennzeichnet. Von den anderen Störungsarten ist sie aufgrund des anliegenden Sollwertsignals und der anliegenden Spannung erkennbar, wobei kein Strom fließt und der Lüfter daher keine Leistung bezieht.

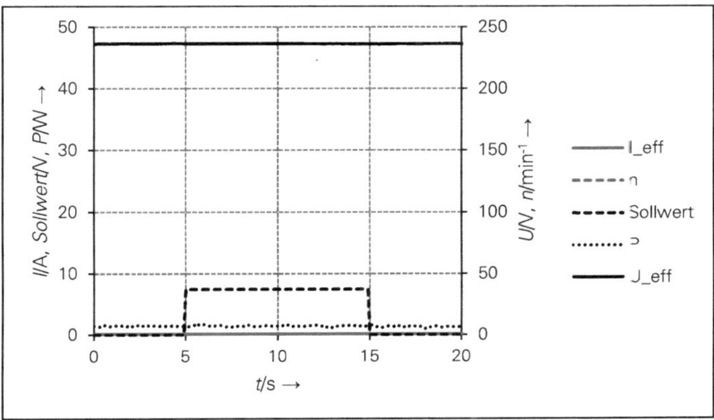

Abbildung 5-7: Charakteristik AC-Lüfter, Ausfall Element

5.1.3.3 DC-Subsystem – Beleuchtung

Die LED-Beleuchtung, die in Schienenfahrzeugen des Personenverkehrs zum Beispiel den Fahrgastraum und die Einstiegsbereiche erhellt, hat im ***störungsfreien Betrieb*** die in Abbildung 5-8 und Abbildung 5-9 dargestellte Charakteristik. Das Beleuchtungsmodul bezieht einen Strom von 0,1 A (Leistung: 0,24 W).

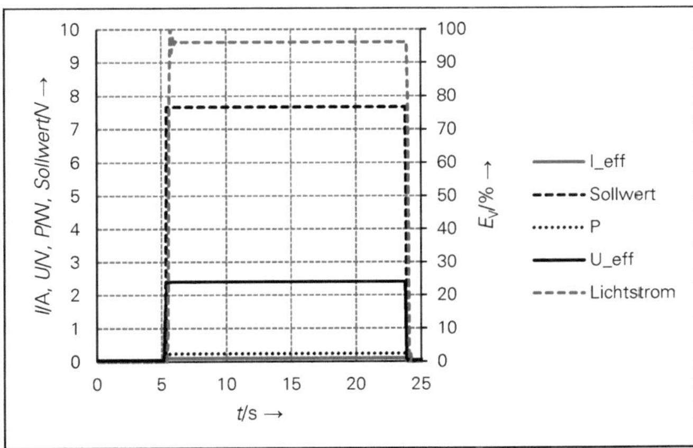

Abbildung 5-8: Charakteristik DC-Beleuchtung, störungsfrei

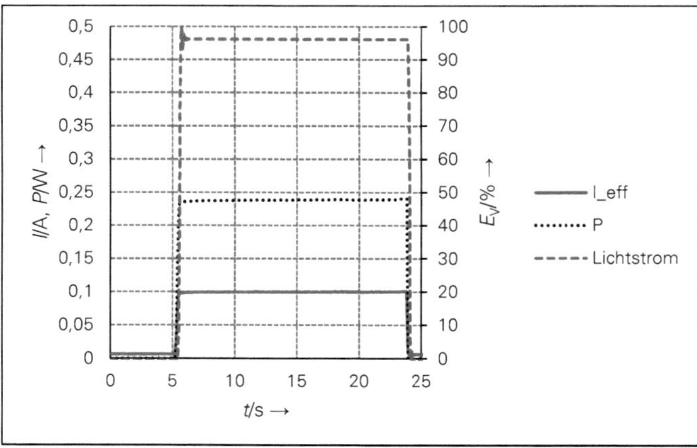

Abbildung 5-9: Charakteristik DC-Beleuchtung, störungsfrei, $I/P/E_v$

Die Störungsart ***dauernd aktiv*** lässt sich nur durch das fehlende Sollwertsignal vom *störungsfreien Betrieb* unterscheiden (vgl. Abbildung 5-10).

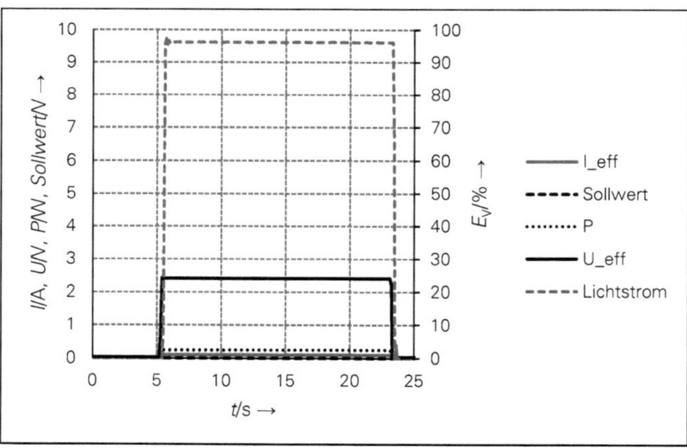

Abbildung 5-10: Charakteristik DC-Beleuchtung, dauernd aktiv

Bei der Störungsart ***Ausfall Energie*** bezieht das Beleuchtungsmodul aufgrund der fehlenden Versorgungsspannung keine Leistung, was aus Abbildung 5-11 ersichtlich wird. Dementsprechend wird keine Beleuchtungsstärke detektiert.

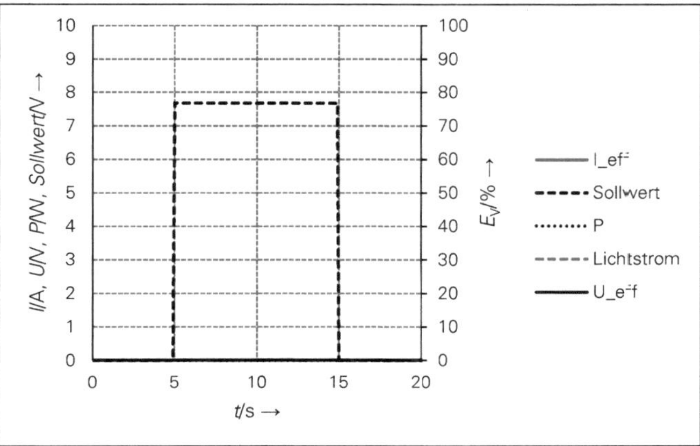

Abbildung 5-11: Charakteristik DC-Beleuchtung, Ausfall Energie

Die Störungsart ***Ausfall Element*** ist beim Beleuchtungsmodul, wie in Abbildung 5-12 dargestellt, durch den fehlenden Stromfluss beziehungsweise Leistungsbezug trotz des anliegenden Sollwertsignals und der Versorgungsspannung erkennbar.

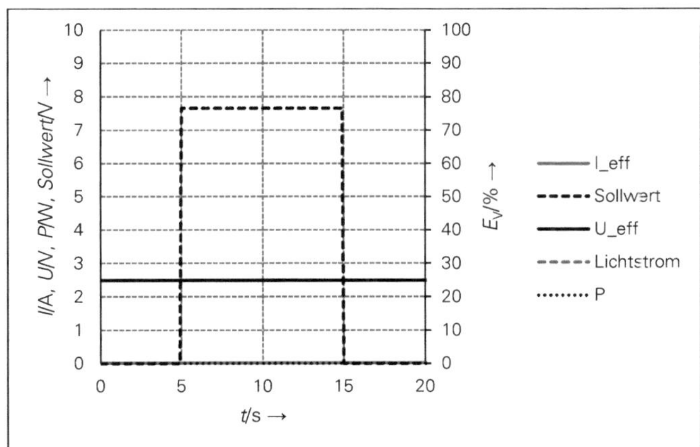

Abbildung 5-12: Charakteristik DC-Beleuchtung, Ausfall Element

5.1.3.4 DC-Subsysteme – Motor

Der DC-Motor, der auf Schienenfahrzeugen des Personenverkehrs beispielsweise für den Türantrieb verwendet wird, hat im ***störungsfreien Betrieb*** die in

Abbildung 5-13 gezeigte Charakteristik. Der DC-Motor hat eine ausgeprägte Einschaltspitze mit einer Dauer von 3,5 s. Der Strom steigt dabei bis auf 2,3 A an (Leistung: 18,4 W). Im eigeschwungenen Zustand bezieht der DC-Motor eine Leistung von 6 W bei 0,75 A. Die Einschaltspitze kann mit den in Kapitel 5.1.3.2 genannten Maßnahmen erkannt werden. Die Drehzahl beträgt im *störungsfreien Betrieb* 950 min^{-1}.

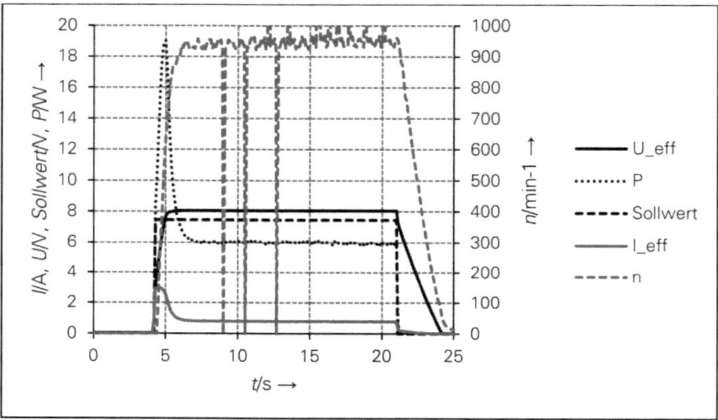

Abbildung 5-13: Charakteristik DC-Motor, störungsfrei

Die Störungsart ***dauernd aktiv*** unterscheidet sich vom *störungsfreien Betrieb* durch das fehlende Sollwertsignal (vgl. Abbildung 5-14).

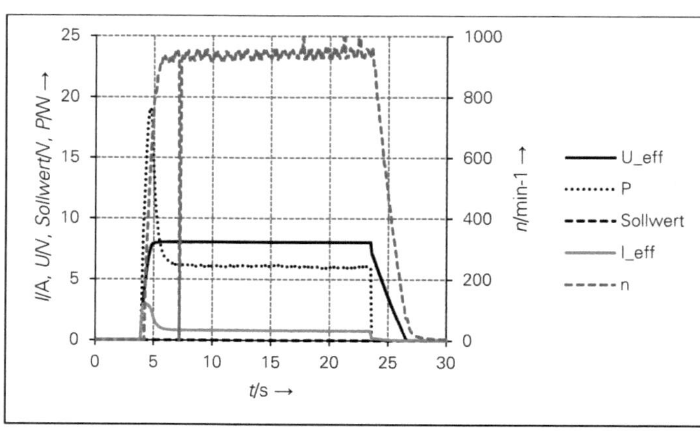

Abbildung 5-14: Charakteristik DC-Motor, dauernd aktiv

Bei der Störungsart ***blockiert*** bricht die Versorgungsspannung beim Zuschalten des DC-Motors, wie in Abbildung 5-15 gezeigt, von 8 V auf 2,1 V ein, wobei ein Strom von 2,7 A fließt (Leistung: 6,2 W). Innerhalb der nächsten 12 s sinkt die Spannung weiter auf 1,8 V bei 2,3 A ab (Leistung: 4,2 W). Der Strom nimmt ab, da sich die Wicklungen mit der Zeit erwärmen und deren Widerstand daher ansteigt. Eine Drehbewegung des Motors ist nicht möglich. Die Störungsart *blockiert* ist demnach über die ausbleibende Drehzahlerhöhung erkennbar. Der Spannungseinbruch ist auf die Charakteristik des verwendeten Netzteils zurückzuführen, für das ein maximaler Strom von 1,5 A angegeben ist.

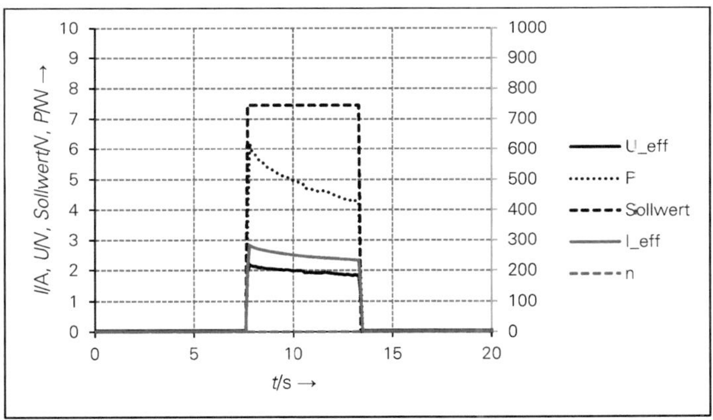

Abbildung 5-15: Charakteristik DC-Motor, blockiert

Die Störungsart ***Ausfall Energie*** ist an der fehlenden Versorgungsspannung trotz Sollwertsignal erkennbar, wodurch der DC-Motor keine Leistung bezieht und keine Drehbewegung möglich ist (vgl. Abbildung 5-16).

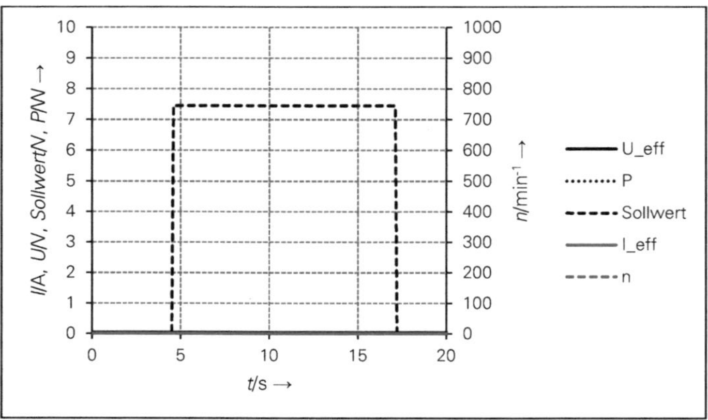

Abbildung 5-16: Charakteristik DC-Motor, Ausfall Energie

Die Störungsart ***Ausfall Element*** hat die in Abbildung 5-17 gezeigte Charakteristik und kann durch den fehlenden Stromfluss und Leistungsbezug sowie die fehlende Drehbewegung bei anliegendem Sollwertsignals und vorhandener Versorgungsspannung detektiert werden.

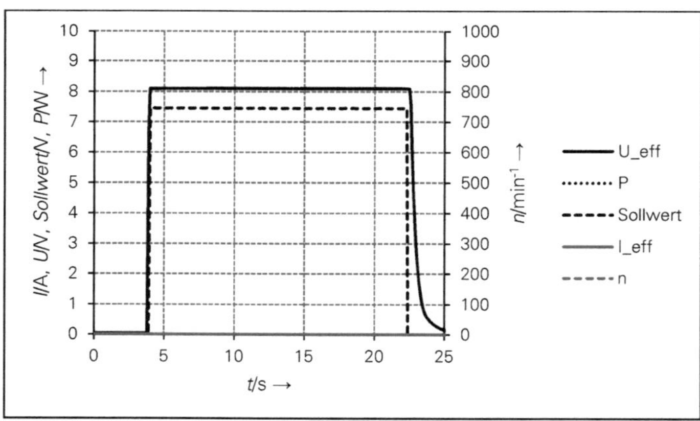

Abbildung 5-17: Charakteristik DC-Motor, Ausfall Element

Die in Abbildung 5-18 dargestellte Charakteristik zeigt die Störungsart ***Unterspannung***, die durch die zu geringe Versorgungsspannung (4,1 V) sowie durch den geringen Leistungsbezug (2,4 W) und Stromfluss (0,7 A) erkennbar ist. Die Drehzahl beträgt bei *Unterspannung* 460 min^{-1}.

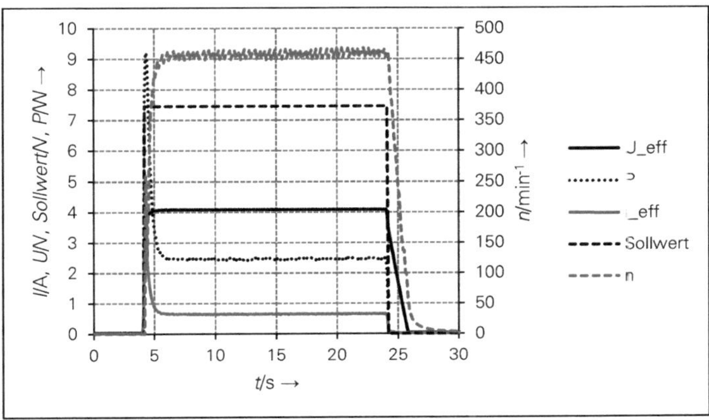

Abbildung 5-18: Charakteristik DC, Unterspannung

5.1.3.5 Diskussion

Die beispielhaft diskutierten Störungsarten der Modell-Subsysteme können anhand von Grenzwerten oder der Kurvenform erkannt werden. Aufgrund der Eigenschaften der verwendeten Sensoren beziehungsweise Wandler (vgl. Tabelle 5-2) und des Aufbaus weisen die in Kapitel 5.1.2 vorgestellten Sensormodule einige Unzulänglichkeiten auf, die im Folgenden diskutiert werden.

Insbesondere die Stromwandler des SSM AC und des SSM DC sind so ausgelegt, dass auch leistungsfähige Verbraucher vermessen werden können (vgl. Tabelle 5-2). Die maximale Leistung beträgt bei Wechselspannung 3,68 kVA (1 AC 230 V, 16 A) und im Gleichspannungsbereich 250 W (DC 50 V, 5 A). Daher treten beim Lüfter (vgl. Kapitel 5.1.3.2) und beim LED-Modul (vgl. Kapitel 5.1.3.3) Messunsicherheiten aufgrund der geringen Ströme auf, die sich auch in der berechneten Leistung widerspiegeln. Eine Aufteilung in jeweils ein Gleich- und Wechselspannungssensor-Modul für kleine und große Leistungen ist eine Alternative, um vor allem im Bereich der kleinen Leistungen genauere Messergebnisse zu erhalten.

Aufgrund des Aufbaus des SSM AC besteht momentan nicht die Möglichkeit, die Störungsart *Ausfall Energie* am Modell-Subsystem messtechnisch zu erfassen, da die Wandler und das Modell-Subsystem mit derselben Spannungsquelle versorgt werden. Allerdings sind bei Wechselspannungs-Subsystemen in Bezug auf die Störung *Ausfall Energie* ähnliche Messergebnisse zu erwarten wie bei den Gleichspannungs-Subsystemen (vgl. Kapitel 5.1.3.3 und 5.1.3.4).

Das USM besteht nur aus einem Fototransistor und einer hellen LED-Lichtquelle, wodurch dieses Sensormodul nicht gegen äußere Einflüsse wie Umgebungslicht geschützt ist. Hierauf sind die vor allem in Abbildung 5-13 und Abbildung 5-14 erkennbaren, schwankenden Drehzahlwerte zurückzuführen.

Die Sensorwerte der Störungsarten *Ausfall Element* und *Ausfall Energie* können ebenfalls durch eine Unterbrechung der jeweiligen Zuleitung hervorgerufen werden. Um dies detektieren zu können, wäre eine Widerstands- beziehungsweise Leitwertmessung für die Zuleitungen erforderlich, die Aufgrund des damit verbundenen Aufwands nicht praktikabel ist.

5.2 DIAGNOSESIMULATION

5.2.1 Einführung

Die Simulationsmodelle der Subsysteme im Bordnetz von Schienenfahrzeugen dienen dazu, die Erkennbarkeit der in Kapitel 4.2.3.1 definierten Störungsarten durch ein Diagnosesystem zu verdeutlichen. Zu diesem Zweck wurde in *The MathWorks MATLAB®* eine Simulationsumgebung erstellt, in der die Zustandsmodelle der Subsysteme (vgl. Kapitel 4.2.3.2) hinterlegt sind und die Möglichkeit besteht, Störungen einzuprägen. Diese sollen von der vereinfachten und in die Simulation integrierten Diagnosefunktion erkannt werden.

5.2.2 Simulationsumgebung

Die erstellte Simulationsumgebung besteht im Wesentlichen aus den Funktionen

- Hauptmenü,
- Simulationsdauer,
- Subsysteme,
- Simulation und
- Auswertung,

deren Programmablaufpläne im Anhang A.10 dargestellt sind. Die Funktion ***Hauptmenü*** dient ausschließlich zum Steuern der anderen Funktionen, während in ***Simulationsdauer*** die Diagnosesimulation zeitlich begrenzt wird. Die Funktion ***Subsysteme*** dient zum Einrichten eines Subsystem innerhalb der Simulationsumgebung, wobei die folgenden als Simulationsmodelle umgesetzt wurden:

- Konvektionsheizung,
- Warmluftheizung,
- Lüfter und
- Beleuchtungsmodul.

Von den oben genannten Subsystemen können jeweils mehrere mit unterschiedlichen Sollwertvorgaben in eine Zustandssimulation eingebunden werden.

Darüber hinaus besteht die Möglichkeit, den einzelnen Subsystemen verschiedene Störungen einzuprägen.

Mit dem Starten der Funktion ***Simulation*** werden die Nennwerte der Subsysteme aus den vorbereiteten *Microsoft EXCEL®*-Arbeitsmappen eingelesen und ein Simulationsdurchlauf entsprechend den Sollwertvorgaben, den eingeprägten Störungen und der eingestellten Simulationsdauer gestartet. Im Gegensatz zu einer echten Diagnoseroutine werden innerhalb der Diagnosesimulation alle Ereignisse protokolliert. Dies beinhaltet die Detektion einer Störung ebenso wie einen Zustandswechsel. Nach dem Ende der Simulation werden durch die Funktion ***Auswertung*** die Protokolle der simulierten Modelle der Subsysteme eingelesen und angezeigt.

5.2.3 Beispielsimulationen

5.2.3.1 Randbedingungen

Den Simulationsmodellen liegen Zustandsmodelle zugrunde, wie sie in Kapitel 4.2.3.2 beschrieben wurden und im Folgenden dargestellt sind. Transitionen sind in den Modellen vorhanden, da sie den Ablauf der einzelnen Zustände festlegen, wurden aber nicht für die Diagnose berücksichtigt.

Das Zustandsmodell des Lüfters wurde mit zwei Lüfterstufen modelliert und besteht aus den statischen Zuständen *aus*, halbe Drehzahl (*halb*) und volle Drehzahl (*voll*) sowie aus dem transienten Zustand *austrudeln* (vgl. Abbildung 5-19). Auf das Nachbilden eines transienten Zustands *anlaufen* wurde für die Simulation verzichtet, da dieser beim Lüfter im Verglich zur Heizung (vgl. Abbildung 5-20 und Abbildung 5-21) von sehr kurzer Dauer ist, was durch die im Kapitel 5.1.3.2 beschriebenen Messungen bestätigt wird. In einem realen Diagnosesystem sollte er berücksichtigt werden.

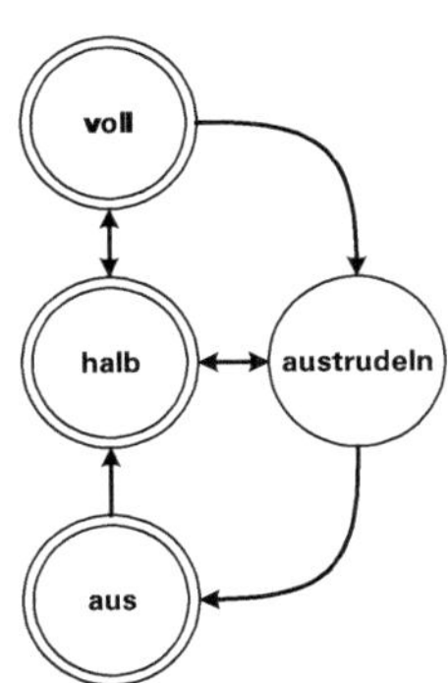

Abbildung 5-19: Zustandsmodell Lüfter
Quelle: eigene Darstellung

Für das Zustandsmodell des Lüfters wurden die in Tabelle 5-4 angegebenen Beharrungsbedingungen definiert. Dem Strom des Lüfters liegt kein Absolutwert zugrunde, es wird nur zwischen ein ($I = 1$) und aus ($I = 0$) unterschieden. Als Sensoren wurden

- ein Sollwertsignal (halbe Drehzahl),
- ein Sollwertsignal (volle Drehzahl),
- ein Spannungssensor,
- ein Stromsensor,
- ein Frequenzsensor und
- ein Drehzahlsensor

modelliert (vgl. Tabelle 4-5).

Tabelle 5-4: Beharrungsbedingungen Lüfter

Zustand	Bedingungen
aus	*Sollwert halb* aus, *Sollwert voll* aus $U = 440$ V, $I = 0$, $f = 0$ Hz, $n = 0$ min^{-1}
halb	*Sollwert halb* ein, *Sollwert voll* aus $U = 440$ V, $I = 0$, $f = 25$ Hz, $n = 375$ min^{-1}
voll	*Sollwert halb* aus, *Sollwert voll ein* $U = 440$ V, $I = 0$, $f = 50$ Hz, $n = 750$ min^{-1}
austrudeln	*Sollwert halb* aus, *Sollwert voll* aus $U = 0$ V, $I = 0$, $f = 0$ Hz, $n > 0$ min^{-1}

Das Zustandsmodell der Konvektionsheizung besteht aus dem statischen Zustand *aus* und den transienten Zuständen *vorheizen*, *heizen*, *ruhen* und *abkühlen* (vgl. Abbildung 5-20). Dabei bilden die transienten Zustände *heizen* und *ruhen* den theoretisch statischen Zustand *Temperatur haltend*, in welchem der Temperatursollwert innerhalb eines Toleranzbands gehalten wird.

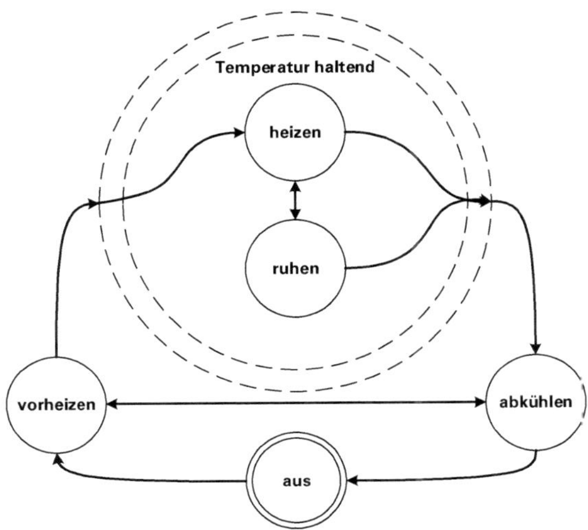

Abbildung 5-20: Zustandsmodell Konvektionsheizung
Quelle: eigene Darstellung

Das Zustandsmodell der Konvektionsheizung beinhaltet die in Tabelle 5-5 angegebenen Beharrungsbedingungen. Als Sensoren wurden

- ein Soll-Temperatursignal,
- ein Ist-Temperatursensor,
- ein Spannungssensor und
- ein Stromsensor

modelliert (vgl. Tabelle 4-5).

Tabelle 5-5: Beharrungsbedingungen Konvektionsheizung

Zustand	Bedingungen
aus	*Soll-Temperatur* aus, $\vartheta_{ist} = \vartheta_{Umgebung}$, $U_{Heiz} = 0$ V, $I_{Heiz} = 0$ A
vorheizen	*Soll-Temperatur* ein, $\vartheta_{ist} < \vartheta_{min}$, $U_{Heiz} = 1000$ V, $I_{Heiz} = 7$ A
heizen	*Soll-Temperatur* ein, $\vartheta_{min} < \vartheta_{ist} < \vartheta_{max}$, $U_{Heiz} = 1000$ V, $I_{Heiz} = 7$ A
ruhen	*Soll-Temperatur* ein, $\vartheta_{min} < \vartheta_{ist} < \vartheta_{max}$, $U_{Heiz} = 0$ V, $I_{Heiz} = 0$ A
abkühlen	*Soll-Temperatur* aus, $\vartheta_{ist} > \vartheta_{Umgebung}$, $U_{Heiz} = 0$ V, $I_{Heiz} = 0$ A

Das Zustandsmodell der Warmluftheizung wird aus den Zustandsmodellen des Lüfters und der Konvektionsheizung gebildet. Es setzt sich aus dem statischen Zustand *aus* sowie aus den transienten Zuständen *vorheizen*, *heizen*, ruhen, *abkühlen/austrudeln* und *abkühlen/stehend* zusammen (vgl. Abbildung 5-21).

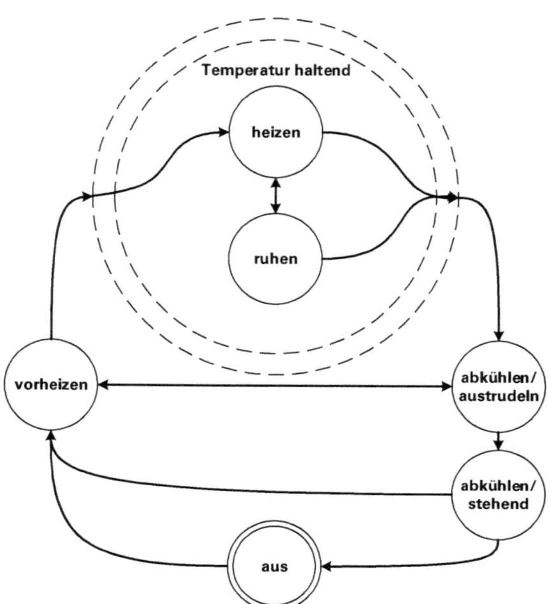

Abbildung 5-21: Zustandsmodell Warmluftheizung
Quelle: eigene Darstellung

Für das Zustandsmodell der Warmluftheizung wurden die in Tabelle 5-6 angegebenen Beharrungsbedingungen definiert. Als Sensoren wurden

- ein Soll-Temperatursignal,
- ein Ist-Temperatursensor,
- ein Spannungssensor (Heizregister),
- ein Spannungssensor (Lüfter),
- ein Stromsensor (Heizregister),
- ein Stromsensor (Lüfter),
- ein Frequenzsensor (Lüfter) und
- ein Drehzahlsensor (Lüfter)

modelliert (vgl. Tabelle 4-5).

Tabelle 5-6: Beharrungsbedingungen Warmluftheizung

Zustand	Bedingungen
aus	*Soll-Temperatur* aus, $\vartheta_{ist} = \vartheta_{Umgebung}$, $U_{Heiz} = 0$ V, $U_{Lüfter} = 0$ V, $I_{Heiz} = 0$ A, $I_{Lüfter} = 0$, $f = 0$ Hz, $n = 0$ min^{-1}
vorheizen	*Soll-Temperatur* ein, $\vartheta_{ist} < \vartheta_{min}$, $U_{Heiz} = 1000$ V, $U_{Lüfter} = 440$ V, $I_{Heiz} = 7$ A, $I_{Lüfter} = 1$, $f = 50$ Hz, $n = 750$ min^{-1}
heizen	*Soll-Temperatur* ein, $\vartheta_{min} < \vartheta_{ist} < \vartheta_{max}$, $U_{Heiz} = 1000$ V, $U_{Lüfter} = 440$ V, $I_{Heiz} = 7$ A, $I_{Lüfter} = 1$, $f = 50$ Hz, $n = 750$ min^{-1}
ruhen	*Soll-Temperatur* ein, $\vartheta_{min} < \vartheta_{ist} < \vartheta_{max}$, $U_{Heiz} = 0$ V, $U_{Lüfter} = 440$ V, $I_{Heiz} = 0$ A, $I_{Lüfter} = 1$, $f = 50$ Hz, $n = 750$ min^{-1}
abkühlen/ austrudeln	*Soll-Temperatur* aus, $\vartheta_{ist} > \vartheta_{Umgebung}$, $U_{Heiz} = 0$ V, $U_{Lüfter} = 0$ V, $I_{Heiz} = 0$ A, $I_{Lüfter} = 0$, $f = 0$ Hz, $n > 0$ min^{-1}
abkühlen/ stehend	*Soll-Temperatur* aus, $\vartheta_{ist} > \vartheta_{Umgebung}$, $U_{Heiz} = 0$ V, $U_{Lüfter} = 0$ V, $I_{Heiz} = 0$ A, $I_{Lüfter} = 0$, $f = 0$ Hz, $n = 0$ min^{-1}

Das Zustandsmodell des Beleuchtungsmoduls besteht, wie bereits in Kapitel 4.3.1.6 erwähnt, aus den beiden statischen Zuständen *ein* und *aus* (vgl. Abbildung 5-22). Die Nachbildung von transienten Zuständen ist aufgrund der sehr kurzen Übergangszeiten zwischen den beiden statischen Zuständen nicht notwendig.

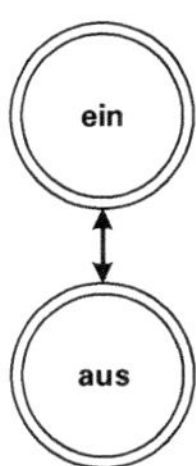

Abbildung 5-22: Zustandsmodell Beleuchtungsmodul
Quelle: eigene Darstellung

Dem Zustandsmodell des Beleuchtungsmoduls liegen die in Tabelle 5-7 angegebenen Beharrungsbedingungen zugrunde. Für die Beleuchtungsstärke E_V wird kein Absolutwert vorgegeben, es wird nur zwischen ein ($E_V = 1$) und aus ($E_V = 0$) unterschieden. Als Sensoren wurden

- ein Sollwertsignal,
- ein Spannungssensor,
- ein Stromsensor und
- ein Beleuchtungsstärkesensor

modelliert (vgl. Tabelle 4-5).

Tabelle 5-7: Beharrungsbedingungen Beleuchtungsmodul

Zustand	Bedingungen
aus	*Sollwert* aus, $U = 0$ V, $I = 0$ A, $E_V = 0$
ein	*Sollwert* ein, $U = 20$ V, $I = 0{,}02$ A, $E_V = 1$

Als Beispiel wurde eine Simulation von 3600 Sekunden Dauer durchgeführt, bei der die in Tabelle 5-8 angegebenen Sollwertvorgaben genutzt wurden.

Tabelle 5-8: Sollwertvorgaben der durgeführten Diagnosesimulation

Zeitindex	Konvektions-heizung	Warmluftheizung	Lüfter	Beleuchtung
t/s	*T*/°C	*T*/°C	Sollwert	Sollwert
1	22	22		0
70			voll	
150				
300	23			
350				1
800			Kurzschluss	
1250	21			
1500		23		
1520				0
1960		Ausfall Element Lüfter		
2240				
2300		Ausfall Element Heizregister		
2460				dauernd aktiv
2780	25			
2900	Ausfall Energie			

Die Störungen werden jeweils über entsprechende Sensorwerte eingeprägt, die durch die Diagnosefunktion zu detektieren sind.

5.2.3.2 Ergebnisse

Lüfter

Das Diagnoseprotokoll des Lüfters zeigt Tabelle 5-9. Neben dem Zustandsübergang wird die Störung *Kurzschluss* detektiert. Die Diagnosemeldung zu dieser Störung lautet: Aus ***volle Drehzahl*** wurde ***Beharrung*** nicht erreicht, weil ***Lüfter Kurzschluss***.

Tabelle 5-9: Protokoll der Diagnosesimulation – Lüfter

Zeitindex	Ereignis	Transition/Störung
70	'Änderung Regelzustand'	'aus-->voll'
800	'Störung'	'Kurzschluss'

Abbildung 5-23 zeigt die Sensorwerte des Lüfters. Die Störung *Kurzschluss* wird bei $t = 800$ s detektiert, da der Lüfter stehen bleibt und der Strom unzulässig hoch ansteigt.

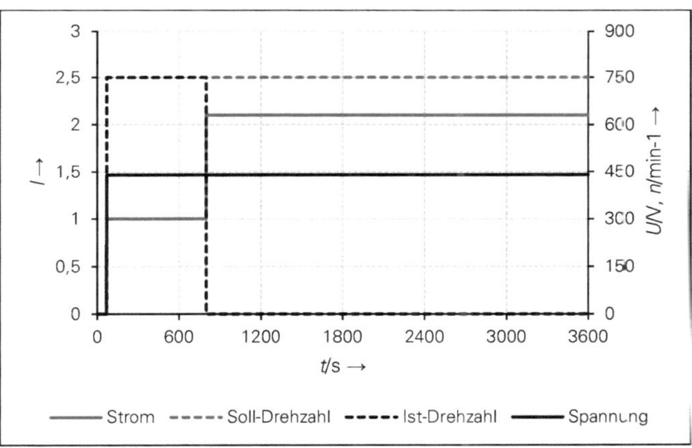

Abbildung 5-23: Simulationsverlauf Lüfter

Konvektionsheizung

Tabelle 5-10 beinhaltet das Diagnoseprotokoll der Konvektionsheizung. Neben den Zustandsübergängen wird die Störung *Ausfall Energie* detektiert. Die Diagnosemeldung zu dieser Störung lautet: Aus ***ruhen*** wurde ***heizen*** nicht erreicht, weil ***Konvektionsheizung Ausfall Energie***.

Tabelle 5-10: Protokoll der Diagnosesimulation – Konvektionsheizung

Zeitindex	Ereignis	Transition/Störung
170	'Änderung Regelzustand'	'vorheizen-->heizen'
231	'Änderung Regelzustand'	'heizen-->ruhen'
300	'Änderung Regelzustand'	'ruhen-->heizen'
⋮	⋮	⋮
2871	'Änderung Regelzustand'	'heizen-->ruhen'
2991	'Störung'	'Ausfall Energie'

Die im Modell der Warmluftheizung vereinfacht als linear angenommenen Verläufe von Erwärmung und Abkühlung folgen in der Realität Exponentialfunktionen.

Die Sensorwerte der Konvektionsheizung sind in Abbildung 5-24 dargestellt. Die Störung *Ausfall Energie* wird bei t = 2991 s detektiert. Trotz der Sollwertvorgabe für die Temperatur bleibt die Heizung aus, da die Energieversorgung (U = 0 V, I = 0 A) ausgefallen ist. Dementsprechend sinkt die Ist-Temperatur für den Rest der Simulationszeit ab.

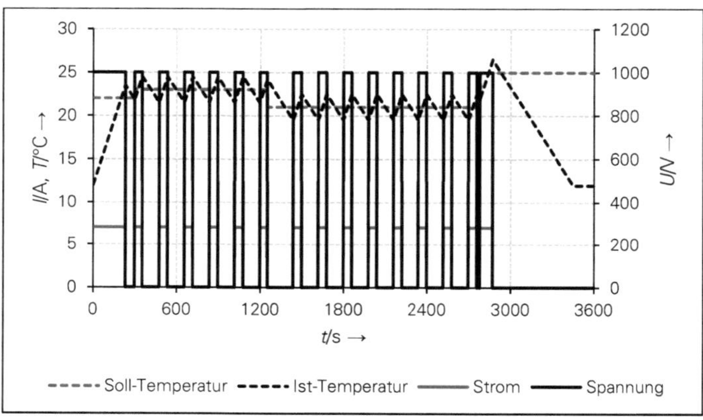

Abbildung 5-24: Simulationsverlauf Konvektionsheizung

Warmluftheizung

In Tabelle 5-11 ist das Diagnoseprotokoll der Warmluftheizung wiedergegeben. Neben den Zustandsänderungen werden die Störungen *Zuluftgebläse Ausfall Element* und *Heizregister Ausfall Element* erkannt. Die Diagnosemeldungen zu dieser Störung lautet: Aus ***heizen*** wurde ***Beharrung*** nicht erreicht, weil ***Zuluftgebläse Ausfall Element*** und aus ***heizen*** wurde ***Beharrung*** nicht erreicht, weil ***Heizregister Ausfall Element***.

Die im Modell der Warmluftheizung vereinfacht als linear angenommenen Verläufe von Erwärmung und Abkühlung folgen in der Realität Exponentialfunktionen.

Tabelle 5-11: Protokoll der Diagnosesimulation – Warmluftheizung

Zeitindex	Ereignis	Transition/Störung
105	'Änderung Regelzustand'	'vorheizen-->heizen'
136	'Änderung Regelzustand'	'heizen-->ruhen'
⋮	⋮	⋮
1937	'Änderung Regelzustand'	'ruhen-->heizen'
1960	'Störung'	'Zuluftgebläse Ausfall Element'
2300	'Störung'	'Heizregister Ausfall Element'

Abbildung 5-25 zeigt die Sensorwerte der Warmluftheizung. Die beiden Störungen werden bei t = 1960 s (*Zuluftgebläse Ausfall Element*) und t = 2300 s (*Heizregister Ausfall Element*) identifiziert. Die Störung *Zuluftgebläse Ausfall Element* ist am vorhandenen Sollwert für die Drehzahl und der ebenfalls vorhandenen Versorgungsspannung bei gleichzeitigem Drehzahlrückgang und fehlendem Stromfluss erkennbar. Die Störung *Heizregister Ausfall Element* wird anhand des fehlenden Stromflusses bei vorhandener Sollwertvorgabe für die Temperatur und ebenfalls vorhandener Versorgungsspannung detektiert, wodurch für den Rest der Simulationsdauer die Ist-Temperatur absinkt.

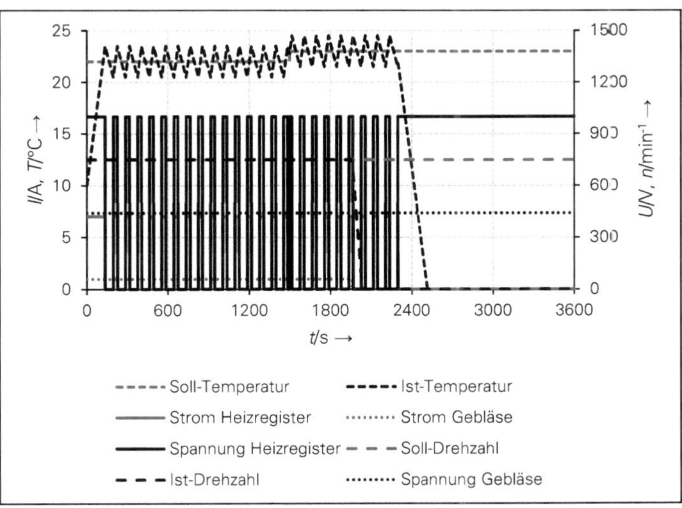

Abbildung 5-25: Simulationsverlauf Warmluftheizung

Abbildung 5-26 zeigt den zeitlichen Bereich des Ausfalls des Heizregisters in vergrößerter Form.

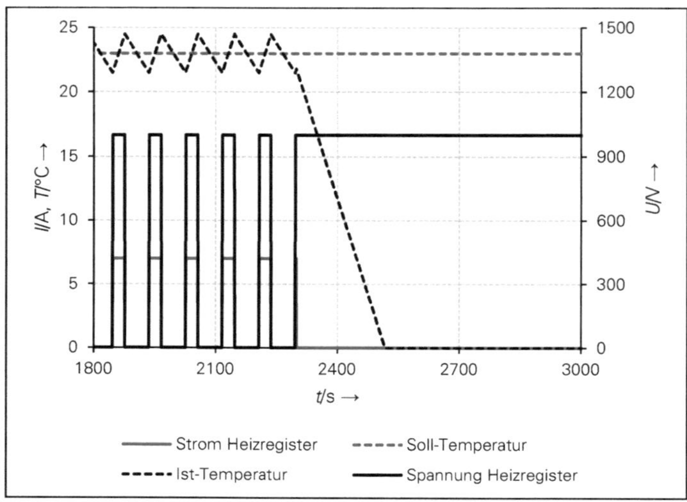

Abbildung 5-26: Simulationsverlauf Warmluftheizung – Ausschnitt

Beleuchtungsmodul

Das Diagnoseprotokoll des Beleuchtungsmoduls wird in Tabelle 5-12 wiedergegeben. Neben den Zustandsübergängen ist eine Störung *dauernd aktiv* protokolliert. Die Diagnosemeldung zu dieser Störung lautet: Aus ***aus*** wurde ***Beharrung*** nicht erreicht, weil ***Beleuchtungsmodul dauernd aktiv***.

Tabelle 5-12: Protokoll der Diagnosesimulation – Beleuchtungsmodul

Zeitindex	Ereignis	Transition/Störung
350	'Änderung Regelzustand'	'aus-->ein'
1520	'Änderung Regelzustand'	'ein-->aus'
2460	'Störung'	'dauernd aktiv'

Abbildung 5-27 zeigt die Sensorwerte des Beleuchtungsmoduls. Die Störung *dauernd aktiv*, die bei t = 2460 s eintritt, ist durch die Spannung, den Strom und die Beleuchtungsstärke bei nicht vorhandenem Sollwert erkennbar.

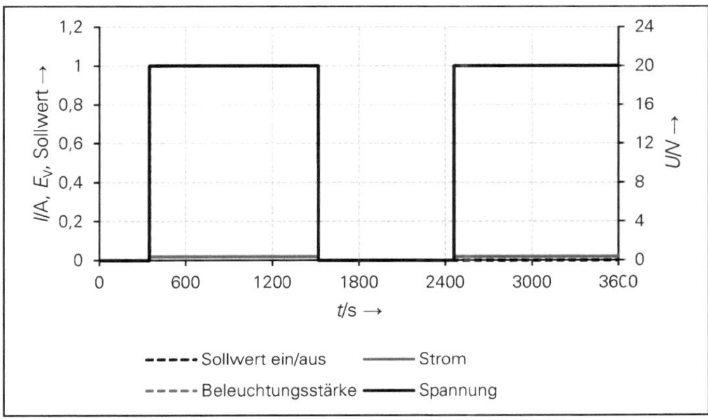

Abbildung 5-27: Simulationsverlauf Beleuchtungsmodul

5.3 SYNTHESE VON LABORMESSUNGEN UND SIMULATIONSMODELLEN

5.3.1 Einführung

Um die Labormessungen und die Simulationsmodelle zu vergleichen, wurden die Messungen aus Kapitel 5.1 mit der Diagnosefunktion aus Kapitel 5.2 nachsimuliert. Hierfür wurden die aufgezeichneten Sensordaten aufbereitet, damit diese durch die Diagnosefunktion einlesbar waren. Aufgrund der bei den Messungen eingestellten Abtastrate von 10 Hz entspricht in der Nachsimulation ein Zeitschritt einer Dauer von 0,1 s.

5.3.2 AC-Lüfter

Für den Lüfter wurden die in Tabelle 5-13 angegebenen Nennwerte verwendet.

Tabelle 5-13: Nennwerte AC-Lüfter

Parameter	Nennwert
Spannung	236 V
Strom	0,2 A
Drehzahl	2710 min^{-1}
Frequenz	50 Hz

Beim Nachsimulieren der in Abbildung 5-2 gezeigten Charakteristik des ***störungsfreien Betriebs*** wurden von der Diagnosefunktion keine Störungen erkannt, da der Stromanstieg beim Einschalten unterhalb der Detektionsschwelle für eine Überlast bleibt (vgl. Tabelle 5-14).

Tabelle 5-14: Protokoll der Nachsimulation – AC-Lüfter, störungsfrei

Zeitindex	Ereignis	Transition/Störung
47	'Änderung Regelzustand'	'aus-->ein'
239	'Änderung Regelzustand'	'ein-->austrudeln'

Bei der in Abbildung 5-4 dargestellten Charakteristik der Störungsart ***blockiert*** wurde beim Nachsimulieren nach t = 5,6 s die richtige Störungsart durch die Diagnosefunktion erkannt (vgl. Tabelle 5-15).

Tabelle 5-15: Protokoll der Nachsimulation – AC-Lüfter, dauernd aktiv

Zeitindex	Ereignis	Transition/Störung
56	'Störung'	'dauernd aktiv'

Bei der in Abbildung 5-7 abgebildeten Charakteristik der Störungsart ***Ausfall Element*** hat die Diagnosefunktion beim Nachsimulieren bei t = 0,2 s die entsprechende Störungsart detektiert.

Tabelle 5-16: Protokoll der Nachsimulation – AC-Lüfter, Ausfall Element

Zeitindex	Ereignis	Transition/Störung
1	'Störung'	'Ausfall Element'

5.3.3 DC-Beleuchtungsmodul

Für das Beleuchtungsmodul wurden die in Tabelle 5-17 angegebenen Nennwerte verwendet.

Tabelle 5-17: Nennwerte DC-Beleuchtung

Parameter	Nennwert
Spannung	2,4 V
Strom	0,1 A

Beim Nachsimulieren der in Abbildung 5-8 gezeigten Charakteristik des ***störungsfreien Betriebs*** wurden von der Diagnosefunktion keine Störungen erkannt (vgl. Tabelle 5-18).

Tabelle 5-18: Protokoll der Nachsimulation – DC-Beleuchtung, störungsfrei

Zeitindex	Ereignis	Transition/Störung
60	'Änderung Regelzustand'	'aus-->ein'
244	'Änderung Regelzustand'	'ein-->aus'

Das in Tabelle 5-19 gezeigte Protokoll der Störungsart ***dauernd aktiv*** (vgl. Abbildung 5-10) lässt zum einen erkennen, dass die Diagnosefunktion bei t = 5,9 s die richtige Störung detektiert. Andererseits zeigt es eine Unzulänglichkeit der Diagnosefunktion, da bei t = 23,6 das Ereignis *Änderung Regelzustand* erkannt wird, obwohl das Beleuchtungsmodul von einem gestörten Zustand in einen ungestörten Zustand übergeht.

Tabelle 5-19: Protokoll der Nachsimulation – DC-Beleucht., dauernd aktiv

Zeitindex	Ereignis	Transition/Störung
59	'Störung'	'dauernd aktiv'
236	'Änderung Regelzustand'	'dauernd aktiv-->aus'

Bei der in Abbildung 5-12 gezeigten Charakteristik der Störungsart ***Ausfall Element*** erkennt die Diagnosefunktion zu Beginn der Nachsimulation die korrekte Störungsart (vgl. Tabelle 5-20).

Tabelle 5-20: Protokoll der Nachsimulation – DC-Beleucht., Ausfall Element

Zeitindex	Ereignis	Transition/Störung
1	'Störung'	'Ausfall Element'

Bei der in Abbildung 5-11 dargestellten Charakteristik der Störungsart ***Ausfall Energie*** detektiert die Diagnosefunktion zu Beginn der Nachsimulation die korrekte Störungsart (vgl. Tabelle 5-21).

Tabelle 5-21: Protokoll der Nachsimulation – DC-Beleucht., Ausfall Energie

Zeitindex	Ereignis	Transition/Störung
1	'Störung'	'Ausfall Energie'

5.3.4 Zusammenfassung

Die Zustandsmodelle sowie die auf ihnen basierenden Simulationsmodelle sind in ihrer bisherigen Form geeignet, um die grundsätzlichen Funktionen eines Diagnosesystems zu simulieren. Die erstellten Diagnosefunktionen können anschließend mithilfe von gespeicherten Parameterverläufen getestet und an die Eigenschaften realer Subsysteme oder deren Modelle angepasst werden.

6 DISKUSSION

6.1 BEANTWORTEN DER FORSCHUNGSFRAGEN

6.1.1 Einführung

Das Ziel dieser Arbeit, die Entwicklung einer ganzheitlichen Diagnosearchitektur zur Anwendung in der Schienenfahrzeugtechnik, wurde durch das Beantworten der in Kapitel 1.2 formulierten Forschungsfragen erreicht. Die Argumente für die innerhalb der Forschungsfragen ausgearbeiteten Hypothesen sind im Folgenden zusammengefasst.

6.1.2 Frage 1 – Anforderungsdefinition Diagnosearchitektur

Welche Anforderungen werden an eine ganzheitliche Diagnosearchitektur gestellt?

Hypothese 1.1:

Die Anforderungen an eine ganzheitliche Diagnosearchitektur sind insbesondere in den aktuellen Normen- und Regelwerken sowie in den bisher zum Thema Diagnose durchgeführten Untersuchungen formuliert und lassen sich in verschiedene Anforderungsklassen einteilen.

In Kapitel 3.1 wird gezeigt, dass sich die Anforderungen an eine ganzheitliche Diagnosearchitektur in die Klassen

- grundlegende Anforderungen an eine Diagnosearchitektur,
- Anforderungen an die Performance eines Diagnosesystems,
- Anforderungen an das Speichern und die Ausgabe der Diagnoseergebnisse,
- Anforderungen an das Übermitteln der Diagnoseergebnisse sowie
- Anforderungen an das Weiterverarbeiten der Diagnoseergebnisse

einteilen lassen.

Die grundlegenden Anforderungen werden durch die in Kapitel 4.1 beschriebene Struktur der ganzheitlichen Diagnosearchitektur erfüllt. Die Anforderungen an die Performance werden im Wesentlichen durch den Aufbau der Diagnosemeldungen (vgl. Kapitel 4.4.2) und das Klassifizieren der Diagnosemeldungen (vgl. Kapitel 4.4.3) eingehalten. Automatische Reaktionen (vgl. Kapitel 4.3.1.5) sind ebenfalls vorgesehen. Die Möglichkeit von Updates ist grundsätzlich gewährleistet, da unabhängig von der Anzahl der verwendeten Sensoren oder der definierten Störungsarten die Funktionalität erhalten bleibt und nur der Diagnoseraum angepasst wird.

Die Robustheit gegenüber Unsicherheiten und Signalrauschen wird durch die verwendeten Diagnosemethoden bestimmt und durch die Diagnosearchitektur selbst nicht beeinflusst. Die Detektion von Mehrfachstörungen ist grundsätzlich möglich und kann beim Berechnen des Diagnoseraumes berücksichtigt werden. Allerdings ist die Performance in diesem Fall von der Art und der Anzahl der zur Verfügung stehenden Sensoren abhängig (vgl. Kapitel 4.3.1.7), da die sich überlagernden Sensorbilder verschiedener Störungen das Detektieren von Mehrfachstörungen erschweren.

Die Anforderungen an das Speichern und Anzeigen werden durch die Speicherstrategien (vgl. Kapitel 4.4.6), das Kodieren der Diagnosemeldungen (vgl. Kapitel 4.4.5) und das Anzeigen der Diagnosemeldungen (vgl. Kapitel 4.4.4) erfüllt. Die Anforderungen an das Übermitteln werden durch die Migrations- und Übermittlungsstrategien verwirklicht (vgl. Kapitel 4.3.2 und 4.5.1). Die Anforderungen an das Weiterverarbeiten der Diagnosemeldungen werden durch das Bewerten der Diagnosemeldungen (vgl. Kapitel 4.5.2), das Berücksichtigen der Daten aus der Instandhaltung (vgl. Kapitel 4.5.3) und durch das Klassifizieren (vgl. Kapitel 4.4.3) erreicht.

6.1.3 Frage 2 – Anforderungsdefinition Subsysteme

Welche Anforderungen werden an die Subsysteme im Bordnetz von Schienenfahrzeugen gestellt und wie müssen sie formuliert werden, damit mit möglichst wenigen Anforderungen möglichst viele Systeme beschrieben werden können?

Hypothese 2.1:

Die Anforderungen an die Subsysteme von Schienenfahrzeugen können modularisiert werden, indem sie den Teilfunktionen des Subsystems entsprechend systematisiert werden.

In Kapitel 3.2 wird gezeigt, dass die Anforderungen an die Subsysteme im Bordnetz von Schienenfahrzeugen systematisch analysiert und aufbereitet werden können. Dazu lassen sich die Subsysteme in einen Steuer-, Versorgungs-, Antriebs- und Arbeitsteil untergliedern. An die jeweiligen Komponenten werden häufig ähnliche Anforderungen gestellt, unabhängig davon, zu welchem Subsystem sie gehören. Komplexe Subsysteme können in Teilsysteme zerlegt werden, deren Anforderungen sich leichter beschreiben lassen.

Um die Anforderungsdefinition effizient zu gestalten, wurde eine Datenbank erstellt, in welche die Anforderungen an die einzelnen Subsysteme geordnet eingepflegt werden können.

6.1.4 Frage 3 – Entwicklungsansatz

Ist es möglich, ein Diagnosesystem für Schienenfahrzeuge mitsamt eines dazugehörigen Projektierungsprozesses zu entwickeln, das neben den Anforderungen an die Diagnose auch die besonderen Anforderungen an Schienenfahrzeuge und deren Betrieb berücksichtigt?

Hypothese 3.1:

Es ist möglich, eine ganzheitliche Diagnosearchitektur zu entwickeln, wenn die Anforderungen an

- *Diagnosesysteme,*
- *die Subsysteme im Bordnetz,*
- *die Integration des Diagnosesystems in ein Schienenfahrzeug,*
- *das Durchführen der Diagnose,*
- *das Übertragen der Informationen im Fahrzeug und zwischen Fahrzeug und Zentrale sowie*
- *das Verarbeiten der Informationen*

systematisch analysiert werden.

Die Anforderungen an Diagnosesysteme und eine ganzheitliche Diagnosearchitektur wurden in Kapitel 3.1 klassifiziert und beschrieben. Die in Kapitel 4.1 beschriebene modularisierte Struktur der Diagnosearchitektur dient dazu, diesen Anforderungen zu genügen. Dementsprechend werden die bereits in Kapitel 3.2 klassifizierten Anforderungen zunächst zusammengetragen (vgl. Kapitel 4.2.1) und darauf aufbauend die notwendigen Sensoren und Elemente definiert (vgl. Kapitel 4.2.2).

Die sich daran anschließende Aufbereitung der Daten wird aufgrund der Komplexität in einer separaten Forschungsfrage behandelt (vgl. Frage 4 – Datenaufbereitung).

Die Integration wird mitsamt der notwendigen Maßnahmen und den je nach Fahrzeugtyp möglichen Varianten in den Kapiteln 4.3.1 und 4.3.2 beschrieben. Daran anschließend werden in den Kapiteln 4.4.1 bis 4.4.6 die für das Durchführen der Diagnose erforderlichen Schritte von der Störungsdetektion über das Klassifizieren der Störung, das Anzeigen und Kodieren der Diagnosemeldung bis hin zum Speichern der Diagnosemeldung erläutert. Zum Abschluss werden in den Kapiteln 4.5.1 bis 4.5.3 die Möglichkeiten des Übermittelns, Auswertens und Nutzens der Diagnosedaten für die Instandhaltung und das Flottenmanagement aufgezeigt.

In ihrer Gesamtheit bilden die vorgestellten Arbeitsschritte die ganzheitliche Diagnosearchitektur ab.

6.1.5 Frage 4 – Datenaufbereitung

Wie müssen die Anforderungen an die Subsysteme im Bordnetz von Schienenfahrzeugen aufbereitet werden, damit diese mit einer ganzheitlichen Diagnosearchitektur verarbeitet werden können?

Hypothese 4.1:

Um die Anforderungen an Diagnosesysteme zu erfüllen, müssen die Modelle in übersichtliche Basistabellen überführt werden, auf deren Grundlage eine Berechnung der erkennbaren Störungen möglich ist.

Wie in Kapitel 4.2.3 erläutert, werden für das Beschreiben der möglichen Störungen einheitliche Störungsarten verwendet. Diese Transparenz hilft beim Erstellen des Diagnosesystems und bei der Auswertung der Diagnosedaten. Für die verschiedenen Subsysteme im Bordnetz von Schienenfahrzeugen werden jeweils angepasste Zustandsmodelle generiert, welche die zulässigen Zustände und Transitionen definieren. Darauf aufbauend werden die in Kapitel 4.2.4 beschriebenen Basistabellen teilautomatisiert erzeugt. Das Berechnen des Diagnoseraums erfolgt anschließend automatisch mithilfe des entwickelten Algorithmus.

Hypothese 4.2:

Neben dem Berechnen der erkennbaren Störungen ist es ebenfalls möglich, die notwendigen Sensoren zu bestimmen, um theoretisch alle Störungen erkennen zu können.

Aufgrund der Struktur der Datenaufbereitung und der Definition einheitlicher Störungsarten kann berechnet werden, welche Sensoren notwendig sind, damit ein Diagnosesystem alle möglichen Störungen eines Subsystems im Bordnetz von Schienenfahrzeugen detektieren kann.

Diese theoretische Betrachtung dient vor allem dazu, die mit den vorhandenen Sensoren nicht erkennbaren Störungen zu ermitteln und diese Informationen im Rahmen einer Differentialdiagnostik in der Instandhaltung zur Verfügung zu stellen (vgl. Kapitel 4.3.1.6).

Hypothese 4.3:

Das Verknüpfen der bereits vorhandenen Informationen über ein Subsystem sowie der Zustandsinformationen der einzelnen Subsysteme führt gegenüber der bisherigen Praxis zu einem deutlichen Mehrwert.

Subsysteme im Bordnetz von Schienenfahrzeugen verfügen bereits heute über zahlreiche Sensoren, die vor allem der Regelung dienen. Die Informationen, die diese Sensoren erzeugen, können in die Diagnose einbezogenen werden, um detailliertere Diagnoseinformationen generieren zu können.

Darüber hinaus haben Schienenfahrzeuge eine große Anzahl von Subsystemen (vgl. Kapitel 2.2), die sich in ihrer Funktion zum Teil gegenseitig beeinflussen. Diese Zusammenhänge können mithilfe von Zustandssensoren für andere Subsysteme während der Diagnose berücksichtigt werden.

6.1.6 Frage 5 – Variabilität

Wie muss ein Projektierungsprozess für ein Diagnosesystem auf Schienenfahrzeugen strukturiert sein, damit der Projektierungsprozess und das Diagnosesystem für verschiedene Subsysteme im Bordnetz angewandt werden können?

Hypothese 5.1:

Eine ganzheitliche Diagnosearchitektur kann für verschiedene Subsysteme angewandt werden, wenn sie entsprechend den Hypothesen 1.1, 2.1 und 3.1 entworfen wird.

Eine ganzheitliche Diagnosearchitektur kann für verschiedene Subsysteme im Bordnetz von Schienenfahrzeugen angewandt werden, wenn die Anforderungen an diese Subsysteme, wie in Kapitel 3.2 erläutert, eingeteilt, einheitliche Störungsarten definiert und die Zustandsmodelle nach den in Kapitel 4.2.3 dargelegten Prinzipien erstellt werden. Der entwickelte Berechnungsalgorithmus kann die Daten verarbeiten, wenn sie, wie in Kapitel 4.2.4 beschrieben, aufbereitet werden.

Ein Ergänzen der möglichen Störungsarten um weitere Möglichkeiten ist ebenso vorgesehen wie das Definieren neuer Charakteristika und Sensortypen, falls dies notwendig sein sollte.

6.1.7 Frage 6 – Funktionsnachweis

Kann die Funktionsfähigkeit der ganzheitlichen Diagnosearchitektur nachgewiesen werden?

Hypothese 6.1:

Die Funktionsfähigkeit des entwickelten Diagnosesystems kann durch Versuchsaufbauten und Simulationen nachgewiesen werden.

In Kapitel 5.1 wird gezeigt, welche charakteristischen Verläufe die Sensorwerte der Modelle ausgewählter Subsysteme im störungsfreien Betrieb und im Falle von Störungen aufweisen. Anhand dieser Parameterverläufe können die vorgestellten Störungsarten eindeutig erkannt werden.

Mithilfe der in Kapitel 5.2 erläuterten Diagnosesimulation konnte nachgewiesen werden, dass das Beschreiben der Subsysteme anhand von Zustandsmodellen eine für das Projektieren von Diagnosesystemen mögliche Variante ist und dass die in den Ablauf der Zustandsmodelle eingeprägten Störungen durch die erstellte Diagnosefunktion erkannt werden.

Anhand der in Kapitel 5.3 gezeigten Synthese der Messungen und der Diagnosesimulation wurde verdeutlicht, dass die Diagnosefunktion die während der Messungen im Labor in die Modelle der Subsysteme eingeprägten Störungen erkennt und dass die in den Kapiteln 4.2.3.2 und 5.2.3.1 vorgestellten Zustandsmodelle dazu geeignet sind, die Subsysteme im Bordnetz von Schienenfahrzeugen im Rahmen des Projektierens von Diagnosesystemen zu beschreiben.

Hypothese 6.2:

Die Gesamtfunktionalität der ganzheitlichen Diagnosearchitektur kann nur durch eine prototypische Umsetzung auf einem Schienenfahrzeug nachgewiesen werden.

Mit den in Kapitel 5 durchgeführten Messungen und Simulationen konnte gezeigt werden, dass mit der in Kapitel 4 vorgestellten ganzheitlichen Diagnosearchitektur Störungen von einzelnen Subsystemen im Bordnetz von Schienenfahrzeugen zuverlässig erkannt werden können. Um die Gesamtfunktionalität, das heißt

- die Definition von Anforderungen an verschiedene Subsysteme,
- das Erstellen von vollständigen Zustandsmodellen der unterschiedlichen Subsysteme,
- die Integration des Diagnosesystems in die Leittechnikstruktur eines Fahrzeugs,
- das Detektieren von Störungen in sich gegenseitig beeinflussenden Subsystemen,
- das Übertragen der Diagnoseinformationen vom Fahrzeug in eine Zentrale und
- das Auswerten der ortsbezogenen Diagnoseinformationen

nachweisen zu können, ist eine Umsetzung auf einem Fahrzeug notwendig, da die oben genannten Teilfunktionalitäten in ihrer Gesamtheit nicht durch Modelle oder Simulationen nachgebildet werden können.

6.1.8 Frage 7 – Aufwandsabschätzung

Ist der Aufwand für die Anwendung einer ganzheitlichen Diagnosearchitektur abschätzbar?

Hypothese 7.1:

Im Rahmen einer Erstentwicklung eines ganzheitlichen Diagnosesystems für ein Subsystem ist mit einem Mehraufwand gegenüber der jetzigen Projektierungspraxis zu rechnen.

Da die Anforderungen an die einzelnen Subsysteme im Bordnetz von Schienenfahrzeugen, für die ein Diagnosesystem entsprechend der ganzheitlichen Diagnosearchitektur entwickelt werden soll, von Grund auf analysiert werden müssen, ist bei der Erstanwendung der ganzheitlichen Diagnosearchitektur mit einem erheblichen Mehraufwand gegenüber den jetzigen Entwicklungsverfahren zu rechnen. Dieser kann jedoch, wie in Kapitel 3.2 dargestellt, reduziert werden, wenn mehrere Subsysteme betrachtet werden.

Im Laufe der weiteren Anwendung der ganzheitlichen Diagnosearchitektur verringert sich der Aufwand, da neue Anforderungen, neue Sensoren und neue Subsysteme einfach in den Projektierungsprozess zu integrieren sind.

Hypothese 7.2:

Neben der Entwicklung des Diagnosesystems kann auch die Entwicklung der Subsysteme im Bordnetz von Schienenfahrzeugen vereinfacht werden, da ein einmal systematisch ausgelegtes System an veränderte Bedingungen, das heißt ein anderes Fahrzeug oder eine andere Einsatzumgebung, anpassbar ist.

Eine ausführliche Analyse der Anforderungen an die Subsysteme im Bordnetz von Schienenfahrzeugen, wie sie in Kapitel 3.2 durchgeführt wurde, vereinfacht neben der Entwicklung von Diagnosesystemen auch die Entwicklung der Subsysteme selbst, da die einzelnen Anforderungen bereits systematisch geordnet zur Verfügung stehen und durch die hinterlegte Datenbankstruktur um neue, veränderte oder zusätzliche Anforderungen ergänzt werden können. Darüber hinaus erhöht diese Art der Datenaufbereitung das Verständnis für die Subsysteme beim Systemintegrator, wenn dieser entsprechend qualifiziertes Personal hat. Dies führt schlussendlich zu einem effizienteren Entwurfsprozess für die Subsysteme selbst sowie für deren Diagnosesysteme.

6.2 KRITIK

Neben den im vorherigen Kapitel gegebenen Antworten auf die Forschungsfragen bleiben einige Aspekte offen, die nachfolgend diskutiert werden sollen.

In genaueren Simulationen, spätestens jedoch bei einer prototypischen Umsetzung, müssen die in Kapitel 5.2 während der Simulationen nicht betrachteten Transitionen berücksichtigt werden, da sich während dieser Zustandsübergänge viele Störungen offenbaren.

Das Erkennen von Mehrfachstörungen, was durch das Überlagern von Sensorbildern grundsätzlich möglich ist (vgl. 4.3.1.7), muss weitergehend untersucht werden, da bisher nur Zweifachstörungen des gleichen Elements betrachtet wurden. Darüber hinaus sind Zweifachstörungen mit verschiedenen Elementen eines Subsystems sowie Störungen mit mehr als zwei Elementen oder Störungsarten zu analysieren.

Um die Anwendbarkeit zu verbessern, sind für das Berechnen des Diagnoseraums (vgl. Kapitel 4.2.4) und die Diagnosesimulation (vgl. Kapitel 5.2) grafische Benutzeroberflächen (GUIs) zu erstellen. Dies ermöglicht einen effizienten Einsatz der Programme in der Projektierung von Diagnosesystemen. Gleiches gilt für die in den Kapiteln 3.2 (Anforderungen an die Subsysteme) und 4.5.3 (Instandhaltung und Flottenmonitoring) vorgestellten Datenbanken.

Die zuvor genannten Maßnahmen sind die wesentlichen Schritte, die noch notwendig sind, um die ganzheitliche Diagnosearchitektur in die Praxis zu überführen und damit die Funktionsfähigkeit vollständig nachzuweisen.

6.3 USE CASES

Für einen Systemintegrator, der die ganzheitliche Diagnosearchitektur in der Schienenfahrzeugtechnik anwendet, ergeben sich die Use Cases

- Diagnose als Service,
- Diagnose zum Optimieren der Instandhaltung,
- Diagnose zum Unterstützen der Inbetriebsetzung und
- Diagnose zum Nachweis der Zuverlässigkeit,

die jeweils einen Mehrwert für den Schienenfahrzeughersteller generieren.

Wird die ***Diagnose als Service*** angeboten, übernimmt ein Schienenfahrzeughersteller die Rolle eines Diagnosespezialisten, was bei kleinen Flottenbetreibern notwendig sein kann, die selbst kein oder wenig technisches Personal zum Betreuen der Fahrzeuge haben.

Diagnose zum Optimieren der Instandhaltung schließt sich direkt an *Diagnose als Service* an, wobei der Schienenfahrzeughersteller in diesem Fall auch die Instandhaltung der Fahrzeuge durchführt. Diese Variante findet momentan immer häufiger Anwendung, vor allem wenn Fahrzeugflotten im Rahmen von Verkehrsverträgen vom Aufgabenträger beschafft werden. Der Schienenfahrzeughersteller bietet daher ***Instandhaltung als Service*** an, wobei die ganzheitliche Diagnosearchitektur einen effizienten und damit kostengünstigen Instandhaltungsprozess garantiert.

Wird die ***Diagnose zum Unterstützen der Inbetriebsetzung*** verwendet, liest der Schienenfahrzeughersteller nicht nur die Störungsmeldungen, sondern auch die betrieblichen Meldungen aus. Dies unterstützt ihn beim Nachweis der geforderten Funktionalität der Subsysteme sowie des Gesamtfahrzeugs.

In den zuvor genannten Fällen kann der Schienenfahrzeughersteller die ***Diagnose zum Nachweis der Zuverlässigkeit*** der Subsysteme und des Gesamtfahrzeugs verwenden, wofür die ganzheitliche Diagnosearchitektur aufgrund der Transparenz der Datenverarbeitung geeignet ist. Mit *Diagnose als Service* und *Instandhaltung als Service* kann dieser Nachweis langfristig erbracht werden. Für langfristige Analysen sind hierfür neben einem effizienten Diagnosesystem leistungsfähige Anwendungen zur Felddatenanalyse notwendig, um die Laufleistungs- und Betriebsstundendaten sowohl auf Fahrzeugebene als auch auf Komponentenebene zu erfassen (MUCHA 2009).

7 AD FINITUM

7.1 ZUSAMMENFASSUNG

In der vorliegenden Arbeit wurde eine ganzheitliche Diagnosearchitektur für die Anwendung in der Schienenfahrzeugtechnik entwickelt, die zum Verbessern des Entwicklungsprozesses von Diagnosesystemen und damit auch zum Verbessern der Qualität der Diagnose in der Schienenfahrzeugtechnik, zum Verkürzen der Standzeiten in der Instandhaltung sowie zum Erhöhen der Verfügbarkeit der Schienenfahrzeuge beiträgt.

Die ganzheitliche Diagnosearchitektur ist in Module aufgeteilt, die von den Anforderungen an die Subsysteme über das Durchführen der Diagnose bis hin zum Auswerten der Diagnoseinformationen alle notwendigen Arbeitsschritte beinhalten, um ein Diagnosesystem für Schienenfahrzeuge oder deren Subsysteme neu zu entwickeln oder die vorhandenen Subsysteme dem aktuellen Stand von Wissenschaft und Technik anzugleichen.

Das der ganzheitlichen Diagnosearchitektur zugrunde liegende Diagnoseverfahren ist in der Gruppe der wissensbasierten Diagnoseverfahren den heuristischen Methoden zuzuordnen und basiert auf der Kontrolle direkt messbarer Größen in Form von Grenzwertüberwachung und Trendkontrolle. Als Suchstrategie wird die symptomatische Suche mit Look-up-Tabellen verwendet. Die Wissensverarbeitung erfolgt regelbasiert. Andere Diagnoseverfahren können in die ganzheitliche Diagnosearchitektur eingebunden werden.

Der Fokus der Arbeit liegt auf dem Berechnen des Diagnoseraums sowie dem Betriebs- und Störungsverhalten der Subsysteme im Bordnetz von Schienenfahrzeugen. Für die Diagnosemethoden, das Übermitteln der Diagnosemeldungen sowie das Speichern und Auswerten der Diagnosedaten existieren bereits Verfahren, die ihrerseits zum Beispiel durch eine Bewertung in der ganzheitlichen Diagnosearchitektur berücksichtigt wurden.

Die praktischen Ergebnisse der vorliegenden Arbeit sind

- die ganzheitliche Diagnosearchitektur inklusive des Berechnungsalgorithmus für den Diagnoseraum sowie der Datenbanken für die Anforderungen an die Subsysteme und den Instandhaltungsaufwand,
- ein modulares Messkonzept einschließlich der Sensormodule zum Bestimmen charakteristischer Parameterverläufe der Subsysteme und

- eine Simulationsumgebung für Diagnosefunktionen, mit der auch die gemessenen Parameterverläufe nachsimuliert werden können.

7.2 AUSBLICK

Bei der Arbeit an und mit der ganzheitlichen Diagnosearchitektur sowie beim Schreiben dieser Dissertation zeigten sich einige Erweiterungs- und Verbesserungsmöglichkeiten, die die Anwendbarkeit der ganzheitlichen Diagnosearchitektur in der Praxis sowie der Simulationsmodelle und des Versuchsstandes in der Forschung und in der Ausbildung verbessern können.

Das Erstellen der Zustandsmodelle und damit das Berechnen des Diagnoseraums kann durch ein automatisiertes Überführen der Anforderungen aus der in Kapitel 3.2 vorgestellten Datenbank vereinfacht werden. Dies erfordert entsprechende Zustands- und Transitionsbibliotheken, anhand derer die Zustandsmodelle zusammengesetzt werden.

Das Vermessen und Simulieren realer Subsysteme wird dazu beitragen, die Subsysteme sowie die Anforderungen an ein Diagnosesystem besser beschreiben zu können. In diesem Zusammenhang ist es notwendig, physikalische Modelle der Subsysteme mit einer realen Reglerstruktur in der Simulation nachzubilden.

Insbesondere für die Lehre ist es erstrebenswert, Messung und Simulation in einem Echtzeit-Diagnoseversuchsstand zu koppeln, um die Diagnose in all ihren Aspekten demonstrieren zu können. Um ein Gesamtfahrzeug, beispielsweise einen Triebzug, möglichst vollständig abbilden zu können, ist die Simulation mit mehreren Instanzen und einer Zugbus-ähnlichen Dateninfrastruktur denkbar.

Die zuvor genannten Maßnahmen dienen mittelfristig dazu, die Akzeptanz der ganzheitlichen Diagnosearchitektur in der Schienenfahrzeugtechnik zu erhöhen.

QUELLENVERZEICHNIS

Abel et al. (2009) Abel D, Wendler E, Dellmann T, Henning K, Siegmann J, Mitusch K, König R, Schnieder E & Clausen U: *FlexCargoRail - Definitionsphase - Teil II: Sachbericht.* 2009 - Forschungsbericht. URL: http://www. rt.rwth-aachen.de/uploads/media/BMWI_FKZ_19G7013A.pdf

Ackermann (2013) Ackermann H : *Instandhaltungs-Management-Systeme DB AG - mehr als nur technische Herausforderung.* In: IFS-Seminar an der RWTH Aachen. 2013, Aachen - http://www.ifs.rwth-aachen.de/files/RWTH_IFS-Seminar_2013_4_Ackermann.pdf;

Ahmels (2006) Ahmels H: *Modellbasierte Diagnose am Beispiel des Transrapid.* 2006 - Vortrag im Rahmen des Kolloquiums Automatisierungstechnik im WS 2006/2007 an der Ruhr Uni Bochum.

Airbus (2006) *A320 Maintenance System.* 2006. - Produktinformation

--**(1998)** *A319/A320/A321 Flightdeck and systems briefing for pilots.* 1998. - Produktinformation

Arnold (1980) Arnold H (Hrsg.): *Eisenbahnsicherungstechnik.* 3. Aufl. Berlin : transpress, 1980

bahnstatistik.de (2015) Webseite URL: http://www.bahnstatistik.de/AbkIS.htm - Bahninterne Instandhaltungsstufen - abgerufen am: 24.02.2015

Bai (2010) Bai H: *A Generic Detection and Diagnosis Approach for Pneumatic and Electric Driven Railway Assets.* Birmingham : The University of Birmingham, School of Engineering, Diss. 2010

Bäker et al. (2002) Bäker B, Heinzelmann A, Luka J & Rehfus B: *Systemdiagnoseverfahren und Vorrichtung zur Durchführung eines Systemdiagnoseverfahrens.* Offenlegungsschrift DE10051781A1, 25.04.2002

Bäker & Unger (2008) Bäker B & Unger A: *Neue Diagnosestrategien für verteilte Funktionen im vernetzten Automobil.* In: Bäker B und Unger A (Hrsg.): *Diagnose in mechatronischen Fahrzeugsysteme - Neue Verfahren für Tests, Prüfung und Diagnose von E/E-Systemen im Kfz.* 1. Aufl. Renningen : expert, 2008, S. 97-111 - ISBN 978-3-8169-2821-8

BECKER (2014) BECKER KG (HRSG.): *Handbuch Schienengüterverkehr.* 1. Aufl. Hamburg : Eurailpress, 2014 - ISBN 978-3-7771-0458-4

BEIKIRCH ET AL. (2002) BEIKIRCH H, VOSS H, KIRCHNER M & SCHULTZE H : *CAN power-line application for rolling stock.* In: 8th IEEE International Conference on Communications. 19.-23 Mai 2002, Beijing - S. 05/02-05/07, URL: http://www.can-cia.org/fileadmin/cia/files/icc/8/beikirch.pdf

BUNZECK & KLEINSCHMIDT (1999) BUNZECK P & KLEINSCHMIDT H: *Energieversorgungsanlage des Nahverkehrswagens PumA.* In: Elektrische Bahnen 97 (1999), Nr. 8, S. 266-270 - ISSN 0013-5437

CHEN ET AL. (2010) Chen Z, Lu M, Xu X, Yu F & Jin H: *Design of Distributed Monitoring and Diagnosis System for Locomotive Diesel Based on GPRS-Internet.* In: International Conference on Electrical and Control Engineering. 25.-27. Juni 2010, Wuhan - S. 2737-2740, ISBN: 978-1-4244-6880-5

DASSAULT (2007) *ATA 45 - Airplane Diagnostic and Maintenance System (ADMS).* 2007. - Produktinformation

DEARDEN & ERNITS (2013) DEARDEN R & ERNITS J: *Automated Fault Diagnosis for an Automated Underwater Vehicle.* In: IEEE Journal of Oceanic Engineering 38 (2013), Nr. 3, S. 484-499 - ISSN 0364-9059

DENUCCI ET AL. (2005) DENUCCI T, COX R, LEEB SB, ET AL.: *Diagnostic Indicators for Shipboard Systems using Non-Intrusive Load Monitoring.* In: IEEE Electric Ship Technologies Symposium. 25.-27. Juni 2005, S. 413-420, ISBN: 978-0-7803-9259-0

DESTATIS (2015) Webseite URL: https://www.destatis.de/DE/ZahlenFakten/Wirtschaftsbereiche/TransportVerkehr/TransportVerkehr.html;jsessionid=12BF817C096540D6A7EEF10B57837F23.cae3 - Statistisches Bundesamt - Zahlen und Fakten - Wirtschaftsbereiche - Transport & Verkehr - 2015 - abgerufen am: 17.05.2015

DIN 25454-1 Norm DIN 25454-1 September 1981. *Fehlerbaumanalyse - Methoden und Bildzeichen*

DIN 31051 Norm DIN 31051 Juni 2003. *Grundlagen der Instandhaltung*

DIN 43530 Normenreihe DIN 43530 *Akkumulatoren; Elektrolyt und Nachfüllwasser*

DIN 43534 Norm DIN 43534 November 1983. *Blei-Akkumulatoren; Wartungsfreie verschlossene Akkumulatoren mit Gitterplatten und festgelegtem Elektrolyt; Kapazitäten, Spannungen, konstruktive Merkmale, Anforderungen*

DIN 43539-5 Norm DIN 43539-5 August 1984. *Akkumulatoren; Prüfungen; Wartungsfreie verschlossene Blei-Akkumulatoren mit Gitterplatten und festgelegtem Elektrolyt*

DIN 50311 Norm DIN 50311 Januar 2004. *Bahnanwendungen - Bahnfahrzeuge - Gleichstromversorgte elektronische Vorschaltgeräte für Leuchtstofflampen*

DIN EN 50325-1 Norm DIN EN 50325-1 Juli 2003. *Industrielles Kommunikationssubsystem basierend auf ISO 11898 (CAN) - Teil 1: Allgemeine Anforderungen*

DIN EN 50325-4 Norm DIN EN 50325-4 Juli 2003. *Industrielles Kommunikationssubsystem basierend auf ISO 11898 (CAN) - Teil 4: CANopen*

DIN 54837 Norm DIN 54837 Dezember 2007. *Prüfung von Werkstoffen, Kleinteilen und Bauteilabschnitten für Schienenfahrzeuge – Bestimmung des Brennverhaltens mit einem Gasbrenner*

DIN 5510 Normenreihe DIN 5510 *Vorbeugender Brandschutz in Schienenfahrzeugen*

DIN 5566 Normenreihe DIN 5566 *Schienenfahrzeuge – Führerräume*

DIN CLC/TS 50534 Technische Spezifikation DIN CLC/TS 50534 April 2010. *Bahnanwendungen - Generische Systemarchitekturen für elektrische Bordnetze zur Hilfsbetriebeversorgung*

DIN CLC/TS 50537-2 Technische Spezifikation DIN CLC/TS 50537-2 April 2011. *Bahnanwendungen – Anbauteile des Haupttransformators und Kühlsystems – Teil 2: Pumpe für Isolierflüssigkeiten für Haupttransformatoren und Drosselspulen*

DIN CLC/TS 50537-3 Technische Spezifikation DIN CLC/TS 50537-3 April 2011. *Bahnanwendungen – Anbauteile des Haupttransformators und Kühlsystems – Teil 3: Wasserpumpe für Traktionsumrichter*

DIN EN 1012-1 Norm DIN EN 1012-1 Februar 2011. *Kompressore und Vakuumpumpen - Sicherheitsanforderungen - Teil 1: Kompressoren*

DIN EN 13129-1 Norm DIN EN 13129-1 Januar 2003. *Bahnanwendungen – Luftbehandlung in Schienenfahrzeugen des Fernverkehrs – Teil 1: Behaglichkeitsparameter*

DIN EN 13129-2 Norm DIN EN 13129-2 Oktober 2004. *Bahnanwendungen – Luftbehandlung in Schienenfahrzeugen des Fernverkehrs – Teil 2: Typprüfung*

DIN EN 13272 Norm DIN EN 13272 Mai 2012. *Bahnanwendungen - Elektrische Beleuchtung in Schienenfahrzeugen des öffentlichen Verkehrs*

DIN EN 13306 Norm DIN EN 13306 Dezember 2010. *Instandhaltung - Begriffe der Instandhaltung*

DIN EN 14750-1 Norm DIN EN 14750-1 August 2006. *Bahnanwendungen – Luftbehandlung in Schienenfahrzeugen des innerstädtischen und regionalen Verkehrs – Teil 1: Behaglichkeitsparameter*

DIN EN 14750-2 Norm DIN EN 14750-2 August 2006. *Bahnanwendungen – Luftbehandlung in Schienenfahrzeugen des innerstädtischen und regionalen Verkehrs – Teil 2: Typprüfung*

DIN EN 14752 Norm DIN EN 14752 Mai 2015. *Bahnanwendungen - Seiteneinstiegssysteme für Schienenfahrzeuge*

DIN EN 14813-1 Norm DIN EN 14813-1 Januar 2011. *Bahnanwendungen – Luftbehandlung in Führerräumen – Teil 1: Behaglichkeitsparameter*

DIN EN 14813-2 Norm DIN EN 14813-2 Januar 2011. *Bahnanwendungen – Luftbehandlung in Führerräumen – Teil 2: Typprüfung*

DIN EN 15153-1 Norm DIN EN 15153-1 April 2013. *Bahnanwendungen – Optische und akustische Warneinrichtungen für Schienenfahrzeuge – Teil 1: Fernlichter, Spitzensignale und Zugschlusssignale*

DIN EN 15153-2 Norm DIN EN 15153-2 April 2013. *Bahnanwendungen – Optische und akustische Warneinrichtungen für Schienenfahrzeuge – Teil 2: Signalhörner*

DIN EN 15380-1 Norm DIN EN 15380-1 Juni 2006. *Bahnanwendungen - Kennzeichnungssystematik für Schienenfahrzeuge - Teil 1: Grundlagen*

DIN EN 15380-2 Norm DIN EN 15380-2 Juni 2006. *Bahnanwendungen - Kennzeichnungssystematik für Schienenfahrzeuge - Teil 2: Produktgruppen*

DIN EN 15380-4 Norm DIN EN 15380-4 Mai 2013. *Bahnanwendungen - Kennzeichnungssystematik für Schienenfahrzeuge - Teil 4: Funktionsgruppen*

DIN EN 15595 Norm DIN EN 15595 Juli 2007. *Bahnanwendungen – Bremse – Gleitschutz*

DIN EN 16186 Normenreihe DIN EN 16186 *Bahnanwendungen - Führerraum*

DIN EN 16334 Norm DIN EN 16334 Dezember 2014. *Bahnanwendungen - Fahrgastalarmsystem - Systemanforderungen*

DIN EN 16683 Norm DIN EN 16683 Dezember 2013. *Bahnanwendungen - Hilferufvorrichtung und Kommunikationseinrichtungen für Fahrgäste - Anforderungen*

DIN 27203 Normenreihe DIN 27203 *Zustand der Eisenbahnfahrzeuge - Fahrgastraum*

DIN EN 45545 Normenreihe DIN EN 45545 *Bahnanwendungen - Brandschutz in Schienenfahrzeugen*

DIN EN 50121 Normenreihe DIN EN 50121 *Bahnanwendungen - Elektromagnetische Verträglichkeit*

DIN EN 50125-1 Norm DIN EN 50125-1 Juli 2009. *Bahnanwendungen - Umweltbedingungen für Betriebsmittel - Teil 1: Betriebsmittel auf Bahnfahrzeugen*

DIN EN 50126 Norm DIN EN 50126 März 2003. *Bahnanwendungen - Spezifikation und Nachweis der Zuverlässigkeit, Verfügbarkeit, Instandhaltbarkeit, Sicherheit (RAMS)*

DIN EN 50153 Norm DIN EN 50153 Juni 2002. *Bahnanwendungen - Fahrzeuge - Schutzmaßnahmen in Bezug auf elektrische Gefahren*

DIN EN 50155 Norm DIN EN 50155 März 2008. *Bahnanwendungen – Elektronische Einrichtungen auf Bahnfahrzeugen*

DIN EN 50272 Normenreihe DIN EN 50272 *Sicherheitsanforderungen an Batterien und Batterieanlagen*

DIN EN 50533 Norm DIN EN 50533 April 2012. *Bahnanwendungen - Eigenschaften der dreiphasigen (Drehstrom-) Bordnetz-Spannung*

DIN EN 50547 Norm DIN EN 50547 August 2013. *Bahnanwendungen - Batterien für Bordnetzversorgungssysteme*

DIN EN 60077 Normenreihe DIN EN 60077 *Bahnanwendungen - Elektrische Betriebsmittel auf Bahnfahrzeugen*

DIN EN 60077-1 Norm DIN EN 60077-1 April 2003. *Bahnanwendungen - Elektrische Betriebsmittel auf Bahnfahrzeugen - Teil 1: Allgemeine Betriebsbedingungen und allgemeine Regeln*

DIN EN 60254-1 Norm DIN EN 60254-1 Januar 2006. *Blei-Antriebsbatterien - Teil 1: Allgemeine Anforderungen und Prüfungen*

DIN EN 60300-3-3 Norm DIN EN 60300-3-3 März 2005. *Zuverlässigkeitsmanagement - Teil 3-3: Anwendungsleitfaden - Lebenszykluskosten*

DIN EN 60529 Norm DIN EN 60529 September 2000. *Schutzarten durch Gehäuse (IP-Code)*

DIN EN 60622 Norm DIN EN 60622 Mai 2005. *Akkumulatoren und Batterien mit alkalischen oder anderen nichtsäurehaltigen Elektrolyten - Gasdichte, wieder aufladbare, prismatische Nickel-Cadmium-Einzelzellen*

DIN EN 60706-2 Norm DIN EN 60706-2 Dezember 2006. *Leitfaden zur Instandhaltbarkeit von Geräten - Teil 2: Instandhaltbarkeitsanforderungen und Studien in der Entwicklungsphase*

DIN EN 60706-5 Norm DIN EN 60706-5 März 2008. *Leitfaden zur Instandhaltbarkeit von Geräten - Teil 5: Prüfbarkeit und diagnostisches Prüfen*

DIN EN 60993 Norm DIN EN 60993 April 2003. *Elektrolyt für geschlossene wiederaufladbare Nickel-Cadmium-Zellen*

DIN EN 61158-1 Norm DIN EN 61158-1 Februar 2015. *Industrielle Kommunikationsnetze - Feldbusse - Teil 1: Überblick und Leitfaden zu den Normen der Reihe IEC 61158 und 61784*

DIN EN 61373 Norm DIN EN 61373 April 2011. *Bahnanwendungen - Betriebsmittel von Bahnfahrzeugen - Prüfungen für Schwingen und Schocken*

DIN EN 61375-1 Norm DIN EN 61375-1 Februar 2015. *Elektronische Betriebsmittel für Bahnen - Zug-Kommunikations-Netzwerk (TCN) - Teil 1: Allgemeiner Aufbau*

DIN EN 61375-2-1 Norm Entwurf DIN EN 61375-2-1 September 2009. *Elektronische Betriebsmittel für Bahnen - Zug-Kommunikations-Netzwerk - Teil 2-1: WTB - Wire Train Bus Konformitätsprüfung*

DIN EN 61375-2-5 Norm Entwurf DIN EN 61375-2-5 Dezember 2012. *Elektronische Betriebsmittel für Bahnen - Zug-Kommunikations-Netzwerk - Teil 2-5: ETB - Ethernet Train Backbone*

DIN EN 61375-3-1 Norm Entwurf DIN EN 61375-3-1 September 2009. *Elektronische Betriebsmittel für Bahnen - Zug-Kommunikations-Netzwerk - Teil 3-1: MVB - Multipurpose Vehicle Bus*

DIN EN 61375-3-3 Norm Entwurf DIN EN 61375-3-3 September 2009. *Elektronische Betriebsmittel für Bahnen - Zug-Kommunikations-Netzwerk - Teil 3-3: CCN - CANopen Consist Network Bus*

DIN EN 61375-3-4 Norm Entwurf DIN EN 61375-3-4 September 2009. *Elektronische Betriebsmittel für Bahnen - Zug-Kommunikations-Netzwerk - Teil 3-4: ECN - Ethernet-Zugverband-Netzwerk*

DIN EN 61784-1 Norm DIN EN 61784-1 Februar 2015. *Industrielle Kommunikationsnetze - Profile - Teil 1: Feldbusprofile*

DIN EN 61881-3 Norm DIN EN 61881-3 September 2014. *Bahnanwendungen – Betriebsmittel auf Bahnfahrzeugen – Kondensatoren für Leistungselektronik – Teil 3: Doppelschichtkondensatoren*

DIN EN 62453-303-2 Norm DIN EN 62453-303-2 Februar 2010. *Field Device Tool (FDT)-Schnittstellenspezifikation - Teil 303-2: Integration von Kommunikationsprofilen - Kommunikationsprofile (CP) 3/4, 3/5 und 3/6 nach IEC 61784*

DIN EN 62580-1 Norm DIN EN 62580-1 Juni 2013. *Elektronische Betriebsmittel für Bahnen – Bordinterne Multimedia- und Telematik-Untersysteme für Bahnanwendungen – Teil 1: Allgemeine Architektur*

DIN EN 62580-2 Norm DIN EN 62580-2 Januar 2012. *Bahnanwendungen – Bordinterne Multimediasysteme für Bahnanwendungen – Teil 2: Videoüberwachung/CCTV*

DIN EN 81346-2 Norm DIN EN 81346-2 Mai 2010. *Industrielle Systeme, Anlagen und Ausrüstungen und Industrieprodukte - Strukturierungsprinzipien und Referenzkennzeichnung - Teil 2: Klassifizierung von Objekten und Kennbuchstaben von Klassen*

DIN ISO 11898-1 Normengruppe DIN ISO 11898-1 Dezember 2003. *Road vehicles - Controller area network (CAN) - Part 1: Data link layer and physical signalling*

DIN VDE 0119-206-1 Norm DIN VDE 0119-206-1 Juni 2004. *Zustand der Eisenbahnfahrzeuge – Elektro- und Traktionsanlagen, Zugelektrik – Teil 206-1: Stromabnehmer*

DIN VDE 0119-206-4 Norm DIN VDE 0119-206-4 Juni 2004. *Zustand der Eisenbahnfahrzeuge – Elektro- und Traktionsanlagen, Zugelektrik – Teil 206-4: Batterien*

DIN VDE 0119-206-5 Norm DIN VDE 0119-206-5 Juni 2004. *Zustand der Eisenbahnfahrzeuge – Elektro- und Traktionsanlagen, Zugelektrik – Teil 206-5: Zugsammelschiene*

DIN VDE 0119-206-6 Norm DIN VDE 0119-206-6 Juni 2004. *Zustand der Eisenbahnfahrzeuge – Elektro- und Traktionsanlagen, Zugelektrik – Teil 206-6: Notbeleuchtung*

Doody (2011) Doody D: *Basics of Space Flight*. 1. Aufl. n/a : NASA, 2011 - ISBN 978-0615476018

EBO Verordnung EBO Mai 1967. *Eisenbahnbau- und Betriebsordnung vom 8. Mai 1967 (BGBl. 1967 II S. 1563), die zuletzt durch die Verordnung vom 19. März 2008 (BGBl. I S. 467) geändert worden ist*

ELEKTROLOK.DE (2015) Webseite URL: http://www.elektrolok.de/historie/instandsetzung.php - Alles über E-Loks - 2015 - abgerufen am: 24.02.2015

FAUST ET AL. (2012) FAUST O, ACHARYA UR & TAMURA T: *Formal Design Methods for Reliable Computer-Aided Diagnosis: A Review.* In: IEEE Reviews in Biomedical Engineering 5 (2012), S. 15-28 - ISSN 1937-3333

FINK (2014) FINK O: *Failure and Degradation Prediction by Artificial Neural Networks: Application to Railway Systems.* 1. Aufl. Zürich : ETH Zürich - IVT, 2014 - ISBN 978-3-905826-29-6

FISCHER & MAIER (1991) FISCHER H & MAIER M: *Der neue dieselelektrische Triebzug der Baureihe VT 610 der Deutschen Bundesbahn mit gleisbogenabhängiger Wagenkastensteuerung.* In: Elektrische Bahnen 115 (1991), Nr. 7/8, S. 205-212 - ISSN 0373-322X

GENSLER (2001) GENSLER C: *Antriebssteuerung und -regelung im dieselelektrischen Triebzug Baureihe 605.* In: Elektrische Bahnen 99 (2001), Nr. 10, S. 422-429 - ISSN 0013-5437

GIEBEL & FRENZKE (2014) GIEBEL S & FRENZKE T : *Strategien zur intelligenten Steuerung der Bordnetzverbraucher elektrischer Schienenfahrzeuge am Beispiel der Rückspeisung.* In: 24. Verkehrswissenschaftliche Tage. 20.-21. März 2014, Dresden

GUTSCHE (2009) GUTSCHE K: *Integrierte Bewertung von Investitions- und Instandhaltungsstrategien für die Bahnsicherungstechnik.* Braunschweig : Technische Universität Carolo-Wilhelmina zu Braunschweig, Fakultät Maschinenbau, Diss. 2009

HACKNER ET AL. (2011) HACKNER M, WALTER A & WILLIMOWSKI M: *Koexistenz und Interaktion von OBD und Werkstattdiagnose am Beispiel des Luftsystems.* In: Bäker B und Unger A (Hrsg.): *Diagnose in mechatronischen Fahrzeugsysteme IV - Neue Verfahren für Tests, Prüfung und Diagnose von E/E-Systemen im Kfz.* 1. Aufl. Renningen : expert, 2011, S. 21-33 - ISBN 978-3-8169-3068-6

HARMS (2007) HARMS M: *Diagnose elektronischer Fahrzeugsysteme durch Strukturanalyse.* Braunschweig : Technische Universität Carolo-Wilhelmina zu Braunschweig, Fakultät Maschinenbau, Diss. 2007

HECHT ET AL. (1999) HECHT M, JANIK M, RIEKENBERG T & SALZ D: *Diagnose- und Telematikkonzepte für den Schienengüterverkehr.* Berichtsnummer: 07/99.

Technische Universität Berlin, Fachbereich 10 - Verkehrswesen und angewandte Mechanik. 1999 - Forschungsbericht. URL: https://www.schienenfzg.tu-berlin.de/fileadmin/fg62/pdf/Telematik.pdf

HECHT ET AL. (2008) HECHT M, JÄNSCH E, LANG HP, LÜBKE D, MAYER J, MITTMANN W, PACHL J, SIEGMANN J & WEIGAND W (HRSG.): *Das System Bahn - Handbuch.* 1. Aufl. Hamburg : DVV, 2008 - ISBN 978-3-7771-0374-7

HECHT ET AL. (2014) HECHT M, POLACH O & KLEEMANN U: *Schienenfahrzeuge.* In: GROTE K und FELDHUSEN J (HRSG.): *Dubbel - Taschenbuch für den Maschinenbau.* 24. Aufl. Berlin : Springer, 2014, S. Q 37-Q 68 - ISBN 978-3-642-38890-3

HEINZELMANN (1999) HEINZELMANN A: *Produktintegrierte Diagnose komplexer mobiler Systeme. Fortschritt-Berichte VDI - Reihe 12, Nr. 391.* 1. Aufl. Düsseldorf : VDI, 1999 - ISBN 3-18-339112-0

HEINZELMANN et al. (1998) HEINZELMANN A, BURKHARDT R & REHFUS B: *Diagnosemodul zum Erstellen einer Diagnose für elektrisch ansteuerbare Systeme und Diagnoseeinrichtung zum Erstellen einer Gesamtsystemdiagnose.* Patentschrift DE19742448C1, 17.12.1998

HOWARD & MARK (2013) HOWARD M & MARK J: *Vorrichtung und Verfahren zur Aggregation von Zustandsverwaltungsinformationen.* Offenlegungsschrift DE102012110731A1, 16.05.2013

IEEE 802.3 (2015) Standard URL: http://standards.ieee.org/about/get/802/802.3.html - IEEE 802.3 - 2015 - abgerufen am: 09.02.2015

ISERMANN & BALLÉ (1997) ISERMANN R & BALLÉ P: *Trends in the Application of Model-Based Fault Detection and Diagnosis of Technical Processes.* In: Control Engineering Practice 5 (1997), Nr. 5, S. 709-719 - ISSN 0967-0661

JANICKI ET AL. (2013) JANICKI J, REINHARD H & RÜFFER M: *Schienenfahrzeugtechnik.* 3. Aufl. Berlin : Bahnfachverlag, 2013 - ISBN 978-3-943214-07-9

JOCH (2014) JOCH M, ORNIG C, DOMANICKY F & MORAVCIK M: *Zeitgemäßes Monitoring von Güterwagen.* In: 42. Tagung Moderne Schienenfahrzeuge. 08.-10. September 2014, Graz

JOPPICH (1994) JOPPICH M, HEIDE P, SCHUBERT R & MÁGORI V: *Radar-Sensoren für Geschwindigkeit und Weg über Grund, sowie zur Erfassung der Länge von Zügen.* In: SENSOREN - Technologie und Anwendung. n/a, Bad Nauheim

KAMPIK & GREHN (2008) KAMPIK A & GREHN F (HRSG.): *Augenärztliche Differenzialdiagnose.* 2. Aufl. Stuttgart : Thieme, 2008 - ISBN 978-3131186225

KIRRMANN & ZUBER (2001) KIRRMANN H & ZUBER PA: *The IEC/IEEE Train Communication Network.* In: Micro 21 (2001), Nr. 3/4, S. 81-92 - ISSN 0272-1732

KÖNIG & HECHT (2012) KÖNIG R & HECHT M (HRSG.): *Weissbuch Innovativer Eisenbahngüterwagen 2030 - Die Zukunftsinitiative "5 L" als Grundlage für Wachstum im Schienengüterverkehr.* 1. Aufl. Dresden : Technischer Innovationskreis Schienengüterverkehr, 2012 - ISBN 978-3-00-039376-1

LAUTENBACH & ZIRCHER (2013) LAUTENBACH J & ZIRCHER A: *Anforderungsmanagement in der Diagnoseentwicklung.* In: BÄKER B und UNGER A (HRSG.): *Diagnose in mechatronischen Fahrzeugsysteme VI - Neue Verfahren für Tests, Prüfung und Diagnose von E/E-Systemen im Kfz.* 1. Aufl. Renningen : expert, 2013, S. 102-120 - ISBN 978-3-8169-3221-5

LEHRASAB ET AL. (2002) LEHRASAB N, DASSANAYAKE HPB, ROBERTS C, FARAROOY S & GOODMAN CJ: *Industrial fault diagnosis: Pneumatic train door case study.* In: Proceedings of the Institution of Mechanical Engineers, Part F: Journal of Rail and Rapid Transit 216 (2002), S. 175-183

LIU & HAN (2012) LIU H & HAN M: *Research of Prognostics and Health management for EMU.* In: Prognostics & System Health Management Conference (PHM). 23.-25. Mai 2012, Beijing - S. 1-6, ISBN: 978-1-4577-1910-3

LIU ET AL. (2010) LIU Z, LIU T & ZHONG W: *Application of Model Based Diagnosis for Diagnosing Faults in the High-speed Maglev's Traction Power Supply System.* In: Cognitive Computation 2 (2010), Nr. 4, S. 312-315 - ISSN 1866-9964

MARTINSEN & RAHN (1997) MARTINSEN WO & RAHN T (HRSG.): *ICE - Zug der Zukunft.* 3. Aufl. Darmstadt : Hestra, 1997 - ISBN 978-3-7771-0272-5

MASCHEK (2013) MASCHEK U: *Sicherung des Schienenverkehrs - Grundlagen und Planung der Leit- und Sicherungstechnik.* 2. Aufl. Wiesbaden : Springer Vieweg, 2013 - ISBN 978-3-8348-2654-1

MAURYA ET AL. (2007) MAURYA MR, RENGASWAMY R & VENKATASUBRAMANIAN V: *Fault diagnosis using dynamic trend analysis: A review and recent developments.* In: Engineering Applications of Artificial Intelligence 20 (2007), Nr. 2, S. 133-146 - ISSN 0952-1976

MEIXNER & HAAS (2002) MEIXNER O & HAAS R: *Computergestützte Entscheidungsfindung - Expert Choice und AHP - innovative Werzeuge zur Lösung komplexer Probleme.* 1. Aufl. Frankfurt : Redline Wirtschaft bei Ueberreuter, 2002 - ISBN 3-8323-0909-8

MIGUELÁNEZ (2008) MIGUELÁNEZ E, BROWN KE, LEWIS R, ROBERTS C & LANE DM: *Fault Diagnosis of a Train Door System Based on Semantic Knowledge Representation.* In: 4th International Conference on Railway Condition Monitoring. 18.-20. Juni 2008, Derby - S. 1-6, ISSN: 0537-9989

MORGAN (2011) MORGAN PS: *Cassini Spacecraft Post-Launch Malfunction Correction Succes.* In: IEEE Aerospace and Electronic Systems Magazine 26 (2011), Nr. 8, S. 4-16 - ISSN 0885-8985

MUCHA (2009) MUCHA M: *Entwicklung einer Felddatenauswertung zur Erkennung und Steuerung von Zuverlässigkeits- und Verfügbarkeitsproblemen bei Fahrzeugsystemen.* Dresden : Technische Universität Dresden, Fakultät Verkehrswissenschaften, Institut für Bahnfahrzeuge und Bahntechnik, Professur Elektrische Bahnen, Diplomarb. 2009

NAWRATIL ET AL. (2009) NAWRATIL P, BALZER H & KOHLWEYER M: *Frühzeitige Entwicklung und Verifikation der Diagnosefunktionalität im E/E-System.* In: Bäker B und Unger A (Hrsg.): *Diagnose in mechatronischen Fahrzeugsysteme II - Neue Verfahren für Tests, Prüfung und Diagnose von E/E-Systemen im Kfz.* 1. Aufl. Renningen : expert, 2009, S. 63-75 - ISBN 978-3-8169-2929-1

NOTHHAFT (2003) NOTHHAFT J: *Transrapid Shanghai - Energieversorgung und Antriebssystem für Anwendungsstrecken.* In: 3. Dresdner Fachtagung Transrapid. 7. Oktober 2003, Dresden

OPENCELLID (2015) Webseite URL: http://opencellid.org/#action=locations.cell&mcc=262&mnc=01&lac=35221&cellid=1087844 - OpenCellID - cell location - 2015 - abgerufen am: 04.03.2015

OSM (2015) Internet-Kartendienst URL: http://www.openstreetmap.org - OpenStreetMap - 2015 - abgerufen am: 10.02.2015

PABST & GOEDDAEUS (2001) PABST W & GOEDDAEUS A: *Energieversorgungs- und Klimaanlage des Innovationszuges der DB Regio.* In: Elektrische Bahnen 99 (2001), Nr. 5, S. 231-236 - ISSN 0013-5437

PALLY (2009) PALLY JP: *Konzeption einer intelligenten Türdiagnose für Triebzüge.* Dresden : Technische Universität Dresden, Fakultät Verkehrswissenschaften, Institut für Bahnfahrzeuge und Bahntechnik, Professur Elektrische Bahnen, Diplomarb. 2009

PC/104 (2015) Webseite URL: http://www.pc104.org/pc104_specs.php - PC/104 Consortium - 2014 - abgerufen am: 09.02.2015

POLSTER ET AL. (2007) POLSTER H, LEHR G & WERNER-WIELAND P: *Hamburger U-Bahn-Fahrzeuge mit neuer Leit- und Antriebstechnik.* In: Elektrische Bahnen 105 (2007), Nr. 3, S. 138-147 - ISSN 0013-5437

Rieger (2013) Rieger J: *Ansatz für die Diagnose zukünftiger hochvernetzter Assistenzsysteme.* In: Bäker B und Unger A (Hrsg.): *Diagnose in mechatronischen Fahrzeugsysteme VI - Neue Verfahren für Tests, Prüfung und Diagnose von E/E-Systemen im Kfz.* 1. Aufl. Renningen : expert, 2013, S. 1-9 - ISBN 978-3-8169-3221-5

Riekenberg (2004) Riekenberg T: *Telematik im Schienengüterverkehr.* Berlin : Technische Universität Berlin, Fakultät V - Verkehrs- und Maschinensysteme, Diss. 2004

Rose (1992) Rose H: *Lexikon der Lokomotive - Geschichte und Technik.* 1. Aufl. Berlin : transpress, 1992 - ISBN 978-3344707361

Rosin et al. (2006) Rosin A, Lehtla T & Möller T: *Reliability and Operation Diagnostics of Light Rail Electric Transport in Estonia.* In: 12th International Power Electronics and Motion Control Conference. 30. August - 1. September 2006, Portoroz - S. 1751-1756, ISBN: 978-1-4244-0121-6

Saaty (1987) Saaty RW: *The Analytic Hierarchy Process - What It Is And How It Is Used.* In: Mathematical Modelling 9 (1987), Nr. 3-5, S. 161-176 - ISSN 0270-0255

Sauter (2013) Sauter M: *Grundkurs Mobile Kommunikationstechnik - UMTS, HSPA und LTE, GSM GPRS und Wirelss, LAN und Bluetooth.* 5. Aufl. Wiesbaden : Springer, 2013 - ISBN 978-3-658-01460-5

Schindler (2014) Schindler C (Hrsg.): *Handbuch Schienenfahrzeuge - Entwicklung, Produktion, Instandhaltung.* 1. Aufl. Hamburg : Eurailpress, 2014 - ISBN 978-3-7771-0427-0

Schranil (2013) Schranil S: *Prognose der Dauer von Störungen des Bahnbetriebs.* 1. Aufl. Zürich : ETH Zürich - IVT, 2013 - ISBN 978-3-905826-28-9

Schüttler (2014) Schüttler T: *Satellitennavigation - Wie sie funktioniert und wie sie unseren Alltag beeinflusst.* 1. Aufl. Berlin : Springer Vieweg, 2014 - ISBN 978-3-642-53887-2

Schwarz et al. (2013) Schwarz J, Sauerzapf S & Seiler C: *Von der On-board-Diagnose zum On-board Data-Mining und neuen Anwendungen der cloudbasierten Fahrzeugdiagnose.* In: Bäker B und Unger A (Hrsg.): *Diagnose in mechatronischen Fahrzeugsysteme VI - Neue Verfahren für Tests, Prüfung und Diagnose von E/E-Systemen im Kfz.* 1. Aufl. Renningen : expert, 2013, S. 90-101 - ISBN 978-3-8169-3221-5

Selectron (2005) *Applikationen/Beispiele.* 2005. - Firmenschrift

Siegenthaler (2005) Siegenthaler W (Hrsg.): *Siegenthalers Differenzialdiagnose - Innere Krankheiten - vom Symptom zur Diagnose.* 19. Aufl. Stuttgart : Georg Thieme, 2005 - ISBN 3-13-344819-6

Silmon (2009) Silmon JA: *Operational Industrial Fault Detection and Diagnosis: Railway Actuator Case Studies.* Birmingham: University of Birmingham, Department of Electronic, Electrical and Computer Engineering, Diss. 2009

Steimel (2014) Steimel A: *Elektrische Triebfahrzeuge und ihre Energieversorgung - Grundlagen der Praxis.* 3. Aufl. München : Deutscher Industrieverlag, 2014 - ISBN 978-3-8356-7134-8

Still & Hammer (1996) Still L & Hammer W: *Auslegung und elektrischer Leistungsteil der Lokomotive Baureihe 101 der Deutschen Bahn.* In: Elektrische Bahnen 94 (1996), Nr. 8/9, S. 235-247 - ISSN 0013-5437

Strauß (2002) Strauß P: *Der Hochgeschwindigkeitszug ICE 2 im Spiegel einer LifeCycleCost-Analyse.* In: Eisenbahningenieur 53 (2002), Nr. 10, S. 96-99 - ISSN 0013-2810

Stuut (2013) Stuut W: *And what if equipment fails? - Monitoring systems in rolling stock from a maintenance point of view.* In: ETG-Tagung Elektrische Fahrzeugarchitekturen für Schienenfahrzeuge. 24.-25. September 2013, Kassel

Tietz & von Ah (2002) Tietz C & von Ah C: *Mehrspannungslokomotiven Baureihe ALP 46 für den amerikanischen Markt.* In: Elektrische Bahnen 100 (2002), Nr. 4, S. 131-140 - ISSN 0013-5437

Tooley & Wyatt (2009) Tooley M & Wyatt D: *Aircraft Electrical and Electronic Systems - Principles, Maintenance and Operation.* 1. Aufl. Oxford : Butterworth-Heinemann, 2009 - ISBN 978-0-7506-8695-2

TSI TAF Technische Vorschrift TSI TAF Dezember 2014. *VERORDNUNG (EU) Nr. 1305/2014 DER KOMMISSION vom 11. Dezember 2014 über die technische Spezifikation für die Interoperabilität zum Teilsystem „Telematikanwendungen für den Güterverkehr" des Eisenbahnsystems in der Europäischen Union und zur Aufhebung der Verordnung (EG) Nr. 62/2006 der Kommission*

TSI TAP Technische Vorschrift TSI TAP Mai 2011. *VERORDNUNG (EU) Nr. 454/2011 DER KOMMISSION vom 5. Mai 2011 über die Technische Spezifikation für die Interoperabilität (TSI) zum Teilsystem „Telematikanwendungen für den Personenverkehr" des transeuropäischen Eisenbahnsystems*

UIC 438-1 UIC-Kodex UIC 438-1 April 2004. *Kennzeichnungen der Reisezugwagen*

UIC 438-2 UIC-Kodex UIC 438-2 Mai 2004. *Kennzeichnungen der Güterwagen*

UIC 438-3 UIC-Kodex UIC 438-3 Juni 1984. *Kennzeichnung der Triebfahrzeuge*

UIC 550 UIC-Kodex UIC 550 April 2005. *Elektrische Energieversorgungseinrichtungen für Wagen der Reisezugwagenbauart*

UIC 553-1 UIC-Kodex UIC 553-1 Oktober 2005. *Lüftung, Heizung und Klimatisierung der Reisezugwagen – Typenprüfung*

UIC 555 UIC-Kodex UIC 555 Januar 1978. *Elektrische Beleuchtung in Reisezugwagen*

UIC 556 UIC-Kodex UIC 556 November 2004. *Informationsübertragung im Zug (Zugbus)*

UIC 557 UIC-Kodex UIC 557 Januar 1998. *Diagnosetechnik in Reisezugwagen*

UIC 558 UIC-Kodex UIC 558 Januar 1996. *Fernsteuer- und Informationsleitungen - Technische Einheitsmerkmale für die Ausrüstung der RIC-Reisezugwagen*

UIC 560 UIC-Kodex UIC 560 Januar 2002. *Türen, Einstiege, Fenster, Tritte und Griffe an Personen- und Gepäckwagen*

UIC 564-2 UIC-Kodex UIC 564-2 Januar 1991. *Vorschriften über Brandverhütung und Feuerbekämpfung für die im internationalen Verkehr eingesetzten Schienenfahrzeuge, in denen Reisende befördert oder die der Reisezugwagenbauart zugeordnet werden*

UIC 612-03 UIC-Kodex UIC 612-03 Januar 2012. *Display System des Triebfahrzeugführers (DDS) - Technik- und Diagnose-Display (TDD)*

UIC 626 UIC-Kodex UIC 626 Januar 1991. *Elektrische Energieversorgung auf Dieseltriebfahrzeugen für die Versorgung von Wagen über die Zugsammelschiene*

UIC 651 UIC-Kodex UIC 651 Juli 2002. *Gestaltung der Führerräume von Lokomotiven, Triebwagen, Triebzügen und Steuerwagen*

UIC 912 UIC-Kodex UIC 912 Juli 1998. *Grundsätze für die Einheitsmeldungen für den Informationsaustausch auf internationaler Ebene*

VAN HOUTEN ET AL. (2005) VAN HOUTEN FJAM, MANTEL RJ, STREPPEL AH & DAAMEN MWC: *Effective use of a diagnosis system for trainsets - Practical recommendations for a more effective use of the diagnosis system in VIRM.* Universiteit Twente. 2005 - Forschungsbericht. URL: http://www.infrasite.nl/images/railpedia/attachments/80282134/80446964.pdf

VDI 2888 Richtlinie VDI 2888 Dezember 1999. *Zustandsorientierte Instandhaltung*

VDI 2889 Richtlinie VDI 2889 April 1998. *Einsatz wissensbasierter Diagnosemethoden und -systeme in der Instandhaltung*

VDV 111 Technische Vorschrift VDV 111 November 2006. *Anforderungen an den Einklemm- und Verletzungsschutz an Türen und kraftbetätigten Tritten von Nahverkehrs-Schienenfahrzeugen*

VDV 164 Technische Vorschrift VDV 164 April 1995. *System zur Fehlererfassung, -registrierung und -meldung (FERM) auf schienengebundenen Fahrzeugen des ÖPNV*

VDV 166/2 Technische Vorschrift VDV 166/2 April 2005. *Anforderungen an die Fahrzeugsteuerung von Stadt- und U-Bahn-Fahrzeugen - Teil 2: Diagnosesystem*

VDV 880 Technische Vorschrift VDV 880 August 2011. *Rahmenlastenheft zur IT-unterstützten Fahrzeuginstandhaltung*

VENKATASUBRAMANIAN ET AL. (2003c) VENKATASUBRAMANIAN V, RENGASWAMY R, YIN K & KAVURI SN: *A review of process fault detection and diagnosis - Part III: Process history based methods.* In: Computers and Chemical Engineering 27 (2003c), Nr. 3, S. 327-346 - ISSN 0098-1354

--(2003b) *–A review of process fault detection and diagnosis - Part II: Qualitative models and search strategies.* In: Computers and Chemical Engineering 27 (2003b), Nr. 3, S. 313-326 - ISSN 0098-1354

--(2003a) *–A review of process fault detection and diagnosis - Part I: Quantitative model-based methods.* In: Computers and Chemical Engineering 27 (2003a), Nr. 3, S. 293-311 - ISSN 0098-1354

VOIT-NITSCHMANN & KEILIG (2014) VOIT-NITSCHMANN R & KEILIG T: *Luftfahrzeuge.* In: Grote K und Feldhusen J (Hrsg.): *Dubbel - Taschenbuch für den Maschinenbau.* 24. Aufl. Berlin : Springer, 2014, S. Q 69-Q 103 - ISBN 978-3-642-38890-3

WALESCHKOWSKI & GIERA (2013) WALESCHKOWSKI N & GIERA R: *Was sollte ein gutes Diagnosesystem leisten?* In: Bäker B und Unger A (Hrsg.): *Diagnose in mechatronischen Fahrzeugsysteme VI - Neue Verfahren für Tests, Prüfung und Diagnose von E/E-Systemen im Kfz.* 1. Aufl. Renningen : expert, 2013, S. 10-26 - ISBN 978-3-8169-3221-5

WEIDAUER (2008) WEIDAUER J: *Elektrische Antriebstechnik - Grundlagen, Auslegung, Anwendungen, Lösungen.* 1. Aufl. Erlangen : Publicis Corporate Publishing, 2008 - ISBN 3-89578-308-1

ZSCHARNACK ET AL. (2010) ZSCHARNACK H, MENZEL G, UNGER A & BÄKER B: *Betrachtung der Anwendbarkeit ausgewählter Diagnosemethoden - Herausforderungen und Potentiale.* In: BÄKER B und UNGER A (HRSG.): *Diagnose in mechatronischen Fahrzeugsysteme III - Neue Verfahren für Tests, Prüfung und Diagnose von E/E-Systemen im Kfz.* 1. Aufl. Renningen : expert, 2010, S. 152-164 - ISBN 978-3-8169-2994-9

ZSCHARNACK ET AL. (2012) ZSCHARNACK H, MENZEL G, UNGER A, BÄKER B & TRAPPE R: *Integration neuer Diagnosesysteme in die Offboarddiagnose durch symptombildbasierte Auswahl.* In: BÄKER B und UNGER A (HRSG.): *Diagnose in mechatronischen Fahrzeugsysteme V - Neue Verfahren für Tests, Prüfung und Diagnose von E/E-Systemen im Kfz.* 1. Aufl. Renningen : expert, 2012, S. 151-161 - ISBN 978-3-8169-3149-2

ZUR BONSEN ET AL. (2009) zur BONSEN GA, SCHNEIDER T, ZIMMER T & KOCH F: *Zweikraft-Lokomotiven für Nordamerika.* In: Elektrische Bahnen 107 (2009), Nr. 11, S. 471-477 - ISSN 0013-5437

A ANHANG

A.1 DIAGNOSESYSTEME IN DER VERKEHRSTECHNIK

A.1.1 Bahntechnik

A.1.1.1 Funktionales Design

In SILMON (2009) wird der Ansatz eines funktionalen Designs verfolgt, um die Datenbasis für ein Diagnosesystem zu generieren. Funktionales Design ist ein Prozess, bei dem die Methoden zum Lösen des Problems solange präzisiert werden, bis eine Lösung alle Anforderungen erfüllt. Dabei wird aufbauend auf den Zielfunktionen

- Erstellen allgemeiner Regeln zur Systemperformance,
- Anpassen der Regeln an den zu überwachenden Aktuator,
- Überwachen der Prozessdaten auf das Auftreten von Fehlern und
- Überwachen der Prozessdatentrends und Ausgabe von Alarmen

die Datenbasis für das Diagnosesystem generiert.

Der Schwerpunkt liegt in dieser Arbeit auf mechanischen Betriebsmitteln, die zwei definierte Zustände haben und zwischen diesen wechseln können (STME – single-throw mechanical equipment). Die Zustandswechsel beziehungsweise die während der Zustandswechsel zulässigen Werte der überwachten Größen sind nicht exakt definierbar, sondern transient (SILMON 2009).

Die Funktionen werden in der Arbeit weiter differenziert und Vorschläge für deren Umsetzung erarbeitet. Die Regeln für die Systemperformance werden auf Basis historischer Prozessdaten generiert. Die aufgezeichneten Kurvenverläufe werden qualitativ analysiert und in charakteristische Abschnitte unterteilt, die bestimmten vordefinierten Verlaufsklassen zugeordnet werden (siehe auch MAURYA ET AL. 2007). Dieses Vorgehen entspricht einer qualitativen Trendanalyse. Aus den Ergebnissen der qualitativen Trendanalyse werden Fuzzy-Regeln erstellt, mit denen die eigentliche Diagnose durchgeführt wird, indem die Regeln auf die momentanen Verläufe der zu bewertenden Größen angewandt werden.

Das System wird anhand eines druckluftbetätigten Türaktuators und eines elektrischen Weichenantriebs getestet. Dabei zeigt sich, dass der Ansatz, auch wenn er detaillierter ist als der bisherige, nicht so zuverlässig funktioniert, als dass er zufriedenstellende Ergebnisse liefern könnte. Vor allem, wenn die Systemeigenschaften stark voneinander abweichen können, wie es bei Weichenantrieben aufgrund der unterschiedlichen Weichentypen der Fall ist, versagt die qualitative Trendanalyse in Kombination mit Fuzzy-Regeln.

In Bai (2010) wurden hierzu weitere Untersuchungen durchgeführt. Dabei wurden neben dem pneumatischen Tür- und Weichenantrieb auch eine pneumatisch betätigte Zugbeeinflussungsanlage, ein elektrischer Weichenantrieb und ein elektro-hydraulischer Schrankenantrieb berücksichtigt. Auffällig ist die jeweils geringe Anzahl von Parametern, die in den Diagnoseprozess einbezogen werden. Für den Türantrieb sind dies beispielsweise nur die lineare Türbewegung und der Luftdurchsatz sowie der Luftdruck im pneumatischen System. Weiterhin können die Beschleunigung und die Geschwindigkeit beim Verfahren des Türblattes bestimmt werden.

Die Anzahl der auffindbaren Fehler beschränkt sich damit auf die folgenden:

- Reibung,
    - Eine erhöhte Reibung hat eine verlängerte Verzögerung bis zum Bewegungsbeginn und Bewegungszeit zur Folge.
- Blockierung,
    - Das Türblatt kann nicht in die gewünschte Endlage verfahren werden.
- mechanische Fehler,
    - schlecht abgedichteter Zylinderkolben oder gebrochene Verbindung zwischen Kolben und Last.
- unkritische Leckage,
    - Eine kleine Leckage in der Luftleitung oder im Zylinder, die die Funktionsfähigkeit der Tür nicht beeinträchtigt.
- kritische Leckage,
    - Eine große Leckage in der Luftleitung oder im Zylinder, die die Funktionsfähigkeit der Tür beeinträchtigt.
- unkritischer Fehler in der Druckluftversorgung
    - Der Luftdruck ist innerhalb der Toleranz von 2 bar – 5 bar, aber nicht beim Solldruck von 3,5 bar.
- kritischer Fehler in der Druckluftversorgung
    - Der Luftdruck ist außerhalb der Toleranz von 2 bar – 5 bar.
- Drucksensorfehler,
    - Das Sensorsignal ist unterbrochen oder der Sensor defekt.
- Bewegungssensorfehler,
    - Das Sensorsignal ist unterbrochen oder der Sensor defekt.
- Luftdurchsatzsensorfehler,
    - Das Sensorsignal ist unterbrochen oder der Sensor defekt.

Für die verschiedenen überwachten Parameter wurden teils unterschiedliche Modelle gewählt. Die Verzögerung bis zum Bewegungsbeginn und die Bewegungszeit wurden mit einem exponentiellen Modell nachgebildet. Dem Wegfortschritt beim Verfahren des Türblattes liegt ein Polynom zugrunde. Die Beschleunigung und die Geschwindigkeit wurden mit einem State-Space-Modell (Space-Parität, vgl. Abbildung 2-22) nachgebildet. Der Luftdurchsatz wird schließlich mit künstlichen neuronalen Netzen modelliert.

Die Kombination der verschiedenen Modelle ergibt bei einem Konfidenzintervall von 99 % eine Detektionsrate von 96,9 % und eine Fehleralarmrate von 0,8 %, wenn als Fehler nur gewertet wird, was von mehreren Modellen als solcher detektiert wird. Die einzelnen Modelle haben eine wesentlich schlechtere Diagnoseperformance.

A.1.1.2 Einsatz künstlicher neuronaler Netze für Diagnosezwecke

In Fink (2014) werden Untersuchungen zum Einsatz verschiedener Varianten der künstlichen neuronalen Netze (KNN) für Diagnosezwecke in Bahnsystemen durchgeführt. Die betrachteten Komponenten sind fahrzeugseitig

- Seiteneinstiegssysteme,
- Neigetechnik und
- Bremsen

und streckenseitig

- Weichen.

Die angewandten Varianten der KNN sind

- Echo state networks (ESN),
- Extreme learning machines (ELM),
- Multilayer feed forward networks based on multi-valued neurons,
- Conditional restricted Boltzman machines,
- Deep belief networks und
- Growing neural gas.

Der als Framework bezeichnete Entwicklungsprozess für die Auswertealgorithmen ist in Abbildung A-1 dargestellt.

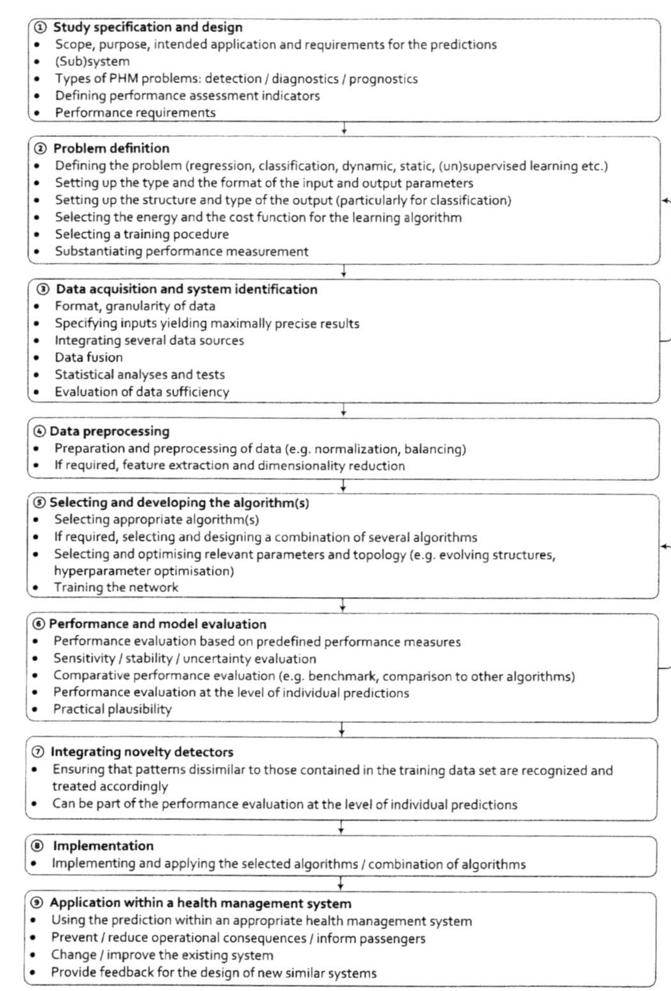

Abbildung A-1: Framework zum Erstellen der Auswertealgorithmen
Quelle: FINK (2014)

Zum Anlernen der KNN sind stets Betriebs- und Störungsdaten notwendig, da sie eine prozesshistorienbasierte Methode sind. Diese Daten müssen während Systemtests oder durch Untersuchung ähnlicher, bereits in Betrieb befindlicher Systeme in ausreichender Menge und Qualität gewonnen werden.

A.1.1.3 Diagnosesystem des Triebzugs VIRM

In der Studie VAN HOUTEN ET AL. (2005) von der Universität Twente, welche die Niederländische Staatsbahn (NS) initiierte, wurde untersucht, inwieweit das in den Doppelstocktriebzügen des Typs VIRM verbaute Diagnosesystem für die NS von Nutzen sein kann, da im Vorfeld der Inbetriebnahme der Fahrzeuge ab 2005 folgende Fragen auftraten:

(1) Wie wurde das Diagnosesystem für den VIRM entwickelt?
(2) Wie nützlich ist das Diagnosesystem?
(3) Wie ist das Kosten-Nutzen-Verhältnis des Diagnosesystems?
(4) Sollte ein solches Diagnosesystem auch in anderen Triebzugtypen der NS eingesetzt werden?
(5) Arbeitet das Diagnosesystem überhaupt effektiv?
(6) Muss das Diagnosesystem weiterentwickelt werden?

Das Diagnosesystem des VIRM wurde aus dem des Vorgängermodells IRM entwickelt (Frage 1). Bei dessen Einführung Anfang der 1990er Jahre traten Schwierigkeiten auf, die in

- einem schlecht arbeitenden Diagnosesystem zum Zeitpunkt der Betriebsaufnahme,
- der Unvertrautheit in der Arbeit mit Diagnosesystemen im Allgemeinen,
- einer geringen Anzahl ausgebbarer Fehlermeldungen und
- einer Diskrepanz zwischen der Funktionalität des Diagnosesystems und den Abläufen in der Instandhaltung

begründet waren. Zudem konnte der Triebfahrzeugführer auf das Diagnosesystem nicht zugreifen, da der Diagnosebildschirm in einem Schaltschrank im Einstiegsbereich untergebracht war. Mit der Einführung eines verbesserten und erweiterten Diagnosesystems sollten

- die Pünktlichkeit gesteigert,
- die Verfügbarkeit der Flotte erhöht und
- die Sicherheit verbessert

werden. Um diese Aufgaben zu erfüllen, wurden für das Diagnosesystem die folgenden Funktionen definiert:

- Fehlerdiagnose,
- Überwachung,
- Funktionstest,
- Fehlerspeicherung,
- Fehlerbehebung.

Als Zielgruppen für die Anwendung des Diagnosesystems werden explizit die Triebfahrzeugführer, das Zugbegleitpersonal und das Instandhaltungspersonal benannt. Jeder Zielgruppe sollen die für sie notwendigen Informationen bereitgestellt werden.

Der Nutzen (Frage 2) eines Diagnosesystems in Schienenfahrzeugen wird aufgrund der vielen elektronischen und modularisierten Komponenten sowie der sich daraus ergebenen Anforderungen und Möglichkeiten der Instandhaltung als hoch eingeschätzt. Eine quantitative Einschätzung wird aufgrund der Natur der Diagnose, die nicht bezifferbare Folgekosten durch frühzeitiges Detektieren von Fehlern verhindert, als nicht möglich betrachtet (Frage 3).

Um vor allem der Frage nach dem Nutzen eines Diagnosesystems (Frage 2) vertiefend nachzugehen, wurden die Vorgehensweisen verschiedener Institutionen, unter anderem der Deutschen Bahn (DB), evaluiert. Als eine wesentliche Herausforderung wurde in diesem Zusammenhang die Notwendigkeit von Software-Updates für das Diagnosesystem sowie deren Umsetzung benannt. Zusammenfassend konnten folgende Anforderungen an ein Diagnosesystem ermittelt werden:

- ***Aufgaben eines Diagnosesystems***
  - Ein Diagnosesystem muss die Zuverlässigkeit und Verfügbarkeit von Schienenfahrzeugen steigern und deren Instandhaltungskosten senken.
  - Ein Diagnosesystem muss zur Optimierung der bestehenden Instandhaltungsabläufe beitragen.
- ***Hard- und Software eines Diagnosesystems***
  - Ein Diagnosesystem muss zuverlässige und quantitativ bewertete Informationen über die Zustände von Schienenfahrzeugkomponenten bereitstellen.
  - Ein Diagnosesystem darf keine Fehlerberichte ausgeben, die durch korrektes Kuppeln/Abkuppeln provoziert werden.
  - Ein Diagnosesystem muss weiterhin
    - Fehler entsprechend ihrer Relevanz priorisieren,
    - einfach und nachvollziehbar aufgebaut sein und
    - Software-Updates ermöglichen, die insbesondere Feedbacks von Triebfahrzeugführern sowie des Zugbegleit- und Instandhaltungspersonals enthalten.
- ***Abläufe [in der Instandhaltung, Anm. d. Verf.]***
  - Die Instandhaltung muss von periodischer präventiver Instandhaltung auf zustandsbasierte Instandhaltung mit flexiblen Intervallen und Inhalten umgestellt werden.

  - Der Einsatz von Diagnosesystemen muss in einer Verringerung der Anzahl der optischen Inspektionen resultieren.
  - Es soll möglich sein, mehr Instandhaltungsarbeiten während der nächtlichen Betriebspausen in den normalen Abstellanlagen durchzuführen, also außerhalb der Instandhaltungswerke.
  - Die Diagnoseinformationen sollen von Spezialisten analysiert und interpretiert werden.
  - Es sollen Zusammenhänge zwischen Anforderungen und Kosten für die Instandhaltungsmaßnahmen ermittelt werden, anhand derer dann entscheidbar ist, welche Maßnahmen ergriffen werden sollen, wenn das Diagnosesystem einen Fehler detektiert.
  - Fehlerhafte Module/Komponenten sollen umgehend ausgetauscht und im Labor getestet werden.
  - Es sollen Trendanalysen genutzt werden, die eine Beziehung zwischen den Diagnoseinformationen und Ort sowie Zeitpunkt des Fehlerauftretens korrelieren, um gehäuftes Auftreten von Fehlern zu lokalisieren und zu korrigieren.
- ***praktische Umsetzung***
  - Kommunikation und Informationsübertragung
    - Die Kommunikation soll durch Einführung von standardisierten Fehlercodes und Abhilfetexten vereinheitlicht werden.
    - Das Diagnosesystem soll nur die für die entsprechende Zielgruppe notwendigen Informationen bereitstellen.
    - Den Zielgruppen sollen nur Informationen bereitgestellt werden, wenn sie zum Reagieren auf diese Informationen autorisiert sind sowie Zeit und Mittel hierfür haben.
    - Es soll eine kabellose Datenverbindung für die Übertragung von Diagnosedaten eingerichtet werden, um diese Informationen den Servicestationen und Instandhaltungswerken frühzeitig zur Verfügung zu stellen.
  - Triebfahrzeugführer, Zugbegleit- und Instandhaltungspersonal
    - Triebfahrzeugführer sowie das Zugbegleit- und Instandhaltungspersonal sollen im Umgang mit dem Diagnosesystem und den Diagnoseinformationen geschult werden.
    - Die Feedbacks von Triebfahrzeugführern sowie des Zugbegleit- und Instandhaltungspersonals sollen genutzt werden, um das Diagnosesystem, die Abläufe und den Informationsfluss zu verbessern.

Bei bestehenden Fahrzeugen (Frage 4) ist die Sinnhaftigkeit eines Diagnosesystems im Gegensatz zu Neufahrzeugen von der Art der Fahrzeugausrüstung abhängig, da sich die Nachrüstung eines solchen Systems nur bei Fahrzeugausrüstung lohnt, die bereits über die notwendigen Sensoren und Datenschnittstellen für ein Diagnosesystem verfügt.

Gespiegelt an den oben genannten Anforderungen, wurde die Effektivität (Frage 5) des Diagnosesystems, wie es in den Triebzügen des Typs VIRM eingesetzt wird, wie folgt bewertet:

- ***Stärken***
  - Jeder Fehler wird entsprechend seiner Relevanz klassifiziert.
  - Informationen werden übersichtlich auf dem Diagnosedisplay wiedergegeben, was durch dessen Größe und Anordnung unterstützt wird.
  - Diagnosedaten werden hinsichtlich des gehäuften Auftretens von Fehlern analysiert.
  - Die Fehlercodes sind standardisiert.
  - Die Informationen werden für die verschiedenen Zielgruppen differenziert bereitgestellt.
- ***Schwächen***
  - Es ist schwer zu überprüfen, ob das Diagnosesystem seine Aufgaben (siehe oben) vollständig erfüllt.
  - Die zur Verfügung gestellten Informationen sind nicht immer verlässlich.
  - Die bereitgestellten Informationen stehen zum Teil im Widerspruch zu Informationen aus anderen Quellen.
  - Eine kabellose Übertragung von Diagnosedaten ist nicht möglich.
  - Die Analyse und Interpretation der Diagnosedaten durch Spezialisten erfolgt nur alle drei Monate.
  - Da die Verantwortung für die Teilaspekte der fehlerfreien Funktion der Triebzüge vom Typ VIRM bei verschiedenen Personengruppen liegt, ist niemand übergeordnet für die fehlerfreie Funktion des gesamten Triebzuges zuständig.
  - Die Betriebspausen werden hauptsächlich für Kontrollen, nicht jedoch für Reparaturen genutzt.
  - Die Triebfahrzeugführer können die Bremsprobe nicht immer ordnungsgemäß ausführen.
  - Triebfahrzeugführer und Zugbegleiter melden nicht alle Fehler.
  - Das Instandhaltungspersonal schaut sich nicht immer die Datenbank für die Fehlerentstehung an.

Da ein Großteil der oben genannten Anforderungen noch nicht erfüllt werden konnte, wurden Empfehlungen für die Weiterentwicklung des in den Triebzügen vom Typ VIRM eingesetzten Diagnosesystems formuliert (Frage 6). Diese betreffen im Einzelnen folgende Aspekte:

- Eine Studie zum Überprüfen der Aufgabenerfüllung des Diagnosesystems ist nicht notwendig.
- Die Zuverlässigkeit des Diagnosesystems muss soweit verbessert werden bis alle häufig auftretenden Fehlalarme verschwunden sind.
- Die weiterhin auftretenden Fehlalarme sollten analysiert werden, wobei der Aufwand nicht unnötig gesteigert werden sollte.
- Gründe für widersprüchliche Diagnoseinformationen müssen gefunden und behoben werden.
- Die in der Studie entwickelten Abläufe für das Melden von und den Umgang mit Fehlern müssen umgesetzt werden.
- Die Diagnosedaten müssen häufiger und tiefgreifender durch Spezialisten analysiert werden.
- Die Verantwortung für die fehlerfreie Funktion der Triebzüge sollte einem Diagnosespezialisten übergeben werden.
- Das Personal an der Schnittstelle zwischen NedTrain (Fahrzeuginstandhalter) und Nederlandse Spoorwegen Reizigers (Fahrzeugbetreiber) muss zu Diagnosespezialisten ausgebildet werden.
- Fehler müssen zeitnah korrigiert werden, bevor sich kritische Zustände einstellen.
- Die Betriebspausen müssen für Reparaturen genutzt werden.
- Bestimmte Standorte von NedTrain müssen zu Zentren entwickelt werden, die schnell auf Reparaturanfragen reagieren können.
- Den Triebfahrzeugführern sowie dem Zugbegleit- und Instandhaltungspersonal muss für ihre Fehlermeldungen ein Feedback gegeben werden.
- Zur Information des Managements über die Performance des Personals und der Ausrüstung müssen entsprechende Indikatoren eingeführt werden.
- Eine kabellose Übertragung der Diagnosedaten muss realisiert werden.
- Die Triebfahrzeugführer müssen im Umgang mit dem Diagnosesystem geschult werden.
- Der Erfahrungsaustausch zwischen dem Instandhaltungspersonal verschiedener NedTrain-Standorte muss verbessert werden.
- Die verschiedenen Zielgruppen müssen über die Software-Version des Diagnosesystems unterrichtet sein.
- Die verschiedenen Zielgruppen müssen für die Wichtigkeit des Meldens von Störungen im Diagnosesystem sensibilisiert werden.

NedTrain hat wesentliche Aspekte bereits umgesetzt (STUUT 2013). Neben der Errichtung spezieller Servicestationen, die eine Behebung einfach zu beseitigender Fehler erlaubt, wurden spezielle Depots für die laufende Instandhaltung eingerichtet, an die sich eine Logistikkette mit dedizierten Werkstätten für die Instandsetzung von Schlüsselkomponenten anschließt. Zum Optimieren dieser Instandhaltungskette wurden bereits Erprobungsträger mit GPS und einer Datenschnittstelle ausgerüstet, über die Diagnosedaten jederzeit drahtlos abgerufen werden können.

Diese Diagnosedaten stammen aus der Echtzeitüberwachung von 15 Fahrzeugsystemen und werden von Diagnosespezialisten analysiert. In diesem Zusammenhang wurden Verfahren entwickelt, wie mit auftretenden Fehlern umzugehen ist.

Aufgrund dieser Maßnahmen konnten bereits positive Effekte erzielt werden. Die Standzeit bei ungeplanten Werkstattaufenthalten der Erprobungsträger konnte um 12 % reduziert werden. Ebenso verringerte sich die Standzeit für die Behebung von Fehlern in den Klimatisierungs- und Türsystemen um 35 %.

A.1.1.4 Diagnosesysteme für pneumatisch betätigte Türen

Laut LEHRASAB ET AL. (2002) und MIGUELÁNEZ ET AL. (2008) müssen aufgrund der Vielzahl von eingesetzten Systemen für die Bahntechnik kostengünstige Diagnosesysteme entwickelt werden, die auch für andere Systeme verwendet werden können. Als positive Effekte werden eine verringerte Ausfallzeit, eine höhere Verfügbarkeit und Kundenzufriedenheit und damit auch eine gesteigerte Wirtschaftlichkeit genannt.

Einfache Überwachungssysteme, die beispielsweise die Öffnungs- und Schließzeit überwachen, können allein keine verwertbaren Informationen liefern, da die momentanen Einsatzbedingungen der Tür, wie der Druck in der Hauptluftleitung (pneumatischer Antrieb) oder die tatsächliche Spannung (elektrischer Antrieb), nicht berücksichtigt werden.

Um zunächst Hinweise auf Fehler zu finden, werden in den Türsteuergeräten Residuen berechnet, anhand derer entschieden wird, ob ein Fehler vorliegt. Für eine genaue Diagnose werden die durch das Türsteuergerät gesammelten Daten an einen leistungsstärkeren Rechner übertragen, der zum Beispiel einmal pro Wagen vorhanden ist. In diesem werden die Daten auf Basis künstlicher neuronaler Netze analysiert. Anhand der Ergebnisse lassen sich unter anderem die folgenden Symptome unterscheiden:

- Abweichungen in der Beschleunigung und Verzögerung der Türbewegung,
- Abweichungen in der Totzeit bis zum Einsetzen der Bewegung,

- Abweichungen im Druck des Pneumatiksystems und
- Abweichungen in der Öffnungs-/Schließzeit.

Erste Tests zeigten, dass mit dem vorgestellten Diagnosesystem 80 % der Fehler richtig erkannt wurden.

A.1.1.5 Diagnose in Straßenbahnfahrzeugen

In ROSIN ET AL. (2006) wird aufgezeigt, in welchen Systemen Störungen auftreten, die den Betrieb des Fahrzeugs beeinträchtigen können (vgl. Abbildung 2-26). Von diesen Störungen sind 57 % elektrischer, 37 % mechanischer und 6 % sonstiger Natur. Bei einer MTTR von 33 h werden 80 % der Zeit zur Fehlersuche und 20 % zur Reparatur aufgewandt.

Um eine effiziente Diagnose auf Fahrzeugen durchführen zu können, ist laut der Autoren die Einführung von modernen, standardisierten Fahrzeugbussystemen notwendig, um die Nachteile von vor allem auf älteren Fahrzeugen eingesetzten Telematiksystemen zu überwinden. Diese äußern sich insbesondere in der fehlenden Verknüpfung der Systeme untereinander und mit Informationen über den Zustand der Umwelt.

Als Anforderungen für ein neues Diagnosesystem wurden unter anderen definiert:

- Verringerung der Instandhaltungskosten,
- Modularität und Flexibilität in Bezug auf den Einsatz unterschiedlicher Hard- und Software,
- Kompatibilität mit anderen Fahrzeugen und Systemen.

Das entwickelte Diagnosesystem untergliedert sich in ein Onboard- und ein Werkstattsystem. Das Onboardsystem umfasst

- den Traktionsumrichter,
- das Batterieladegerät,
- die Fahrzeugsteuerung,
- das Fahrgastinformationssystem,
- einen GPS-Empfänger,
- Überwachungskameras und
- das Kommunikationssystem.

Die Kommunikation zwischen den Systemen erfolgt über RS485, CAN-Bus oder Ethernet. Die Kommunikation zur Landseite, also zum Depotsystem, erfolgt über GSM (für kritische Meldungen von der Strecke) und WLAN (im Werkstattbereich).

A.1.1.6 Verteiltes Überwachungs- und Diagnosesystem für Diesellokomotiven

Ein Konzept für das Diagnosesystem einer Flotte von Diesellokomotiven wird in CHEN ET AL. (2010) vorgestellt. Die Struktur des Gesamtsystems zeigt Abbildung A-2.

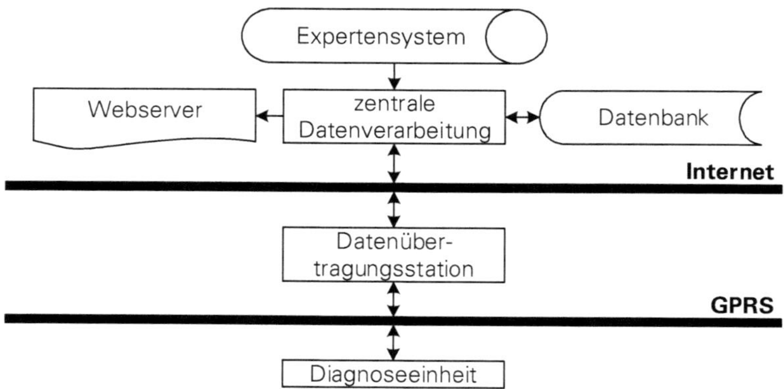

Abbildung A-2: Gesamtlayout des verteilten Diagnosesystems
Quelle: eigene Darstellung nach CHEN ET AL. (2010)

Die Daten der einzelnen Lokomotiven werden zunächst an die jeweiligen Depots übertragen. Von dort aus können diese durch das zentrale Diagnosecenter abgerufen und analysiert werden. Die Datenübertragung erfolgt über keine gesonderte Infrastruktur sondern über das öffentliche Mobilfunknetz und das Internet.

Auf den Fahrzeugen sammelt die Diagnoseeinheit die Daten von fünf dezentralen Datenmodulen, die über einen CAN-Bus mit einem PC/104-Modul verbunden sind, welches Daten sammelt und auf dem Diagnosealgorithmen für die verschiedenen überwachten Systeme laufen (vgl. Abbildung 2-27 und Kapitel 2.3.2).

Auf die Diagnosedaten kann über ein angeschlossenes MMI-Modul (Mensch-Maschine-Interface) zugegriffen werden. Darüber hinaus leitet das PC/104-Modul die Diagnosedaten an das GPRS-Modul weiter, das die Daten an die Datenübertragungsstation im Depot übermittelt.

A.1.1.7 Prognose- und Zustandsmanagement für elektrische Triebzüge

In LIU & HAN (2012) wird ein Konzept für das Prognose- und Zustandsmanagement (PHM – prognostics and health management) von elektrischen Triebzügen vorgestellt, das ursprünglich für Kampfflugzeuge entwickelt wurde.

Um den gestiegenen Anforderungen an RAMS (vgl. Kapitel 1.3.8) zu begegnen, wurde das Konzept auf elektrische Triebzüge übertragen. Es umfasst neben der

Fehlerdetektion und -isolation eine erweiterte Diagnose, eine Performanceüberwachung, eine Fehlervorhersage und ein Zustandsmanagement. Dabei ist PHM kein vollständig neues Konzept, sondern eine Erweiterung der bestehenden Diagnosesysteme.

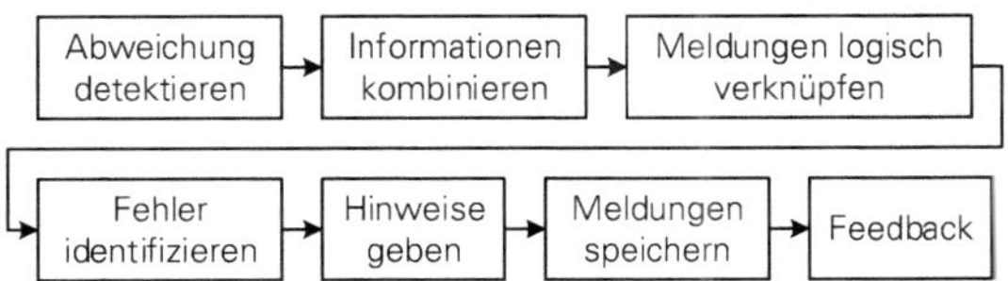

Abbildung A-3: Bisheriger Ablauf der Diagnose auf Triebzügen
Quelle: eigene Darstellung nach LIU & HAN (2012)

Im Gegensatz zum bisherigen Diagnoseablauf, der in Abbildung A-3 dargestellt ist, soll eine um PHM erweitertes Diagnosesystem vor allem die zustandsbasierte Diagnose verbessern und damit die Verfügbarkeit der Triebzüge erhöhen. Die PHM-Systemarchitektur sieht die drei Ebenen Subsystem, Fahrzeug und Zug vor.

Auf Ebene der Subsysteme wird die eigentliche Diagnose durchgeführt. Dabei wird auf die im Subsystem integrierten Sensoren und gegebenenfalls andere Signale aus dem Fahrzeugbus zurückgegriffen. Die Diagnosemeldungen werden in den Steuergeräten der Subsysteme gespeichert.

Auf der Fahrzeugebene werden die Daten verschiedener Subsysteme abgeglichen, um Inkonsistenzen zu erfassen. Ferner wird auf Fahrzeugebene eine erweiterte Diagnose in einem zentralen Diagnoserechner durchgeführt, die aufgrund der höheren Rechenleistung im Verglich zu den Steuergeräten auf komplexeren Modellen basieren kann.

Die Zugebene des PHM führt schließlich die Diagnose- und Zustandsdaten der einzelnen Fahrzeuge zusammen und kann im Fehlerfall einzelne Systeme ausgruppieren. An die Zugebene ist auch das MMI-Modul zum Darstellen der Diagnosemeldungen für den Triebfahrzeugführer und andere Zielgruppen sowie ein GSM-R-Modul zum Übertragen der Diagnose- und Zustandsmeldungen auf die Landseite angebunden.

A.1.1.8 Diagnose- und Telematikkonzepte für den Schienengüterverkehr

In HECHT ET AL. (1999), RIEKENBERG (2004), ABEL ET AL. (2009) und BECKER (2014) wurde untersucht, inwieweit sich Telematik- und Diagnoseanwendungen in Güterwagen, insbesondere Gefahrgutwagen, integrieren lassen. Als Herausforderung erweist sich hierbei die gegenüber dem Personenverkehr fehlende Homogenität der Züge. Bis auf einige Ausnahmen, wie zum Beispiel Pendelverkehre mit Container- oder Autotransportzügen, werden die Züge immer wieder neu zusammengestellt. Daher werden neben den eigentlichen Telematik- und Diagnoseanwendungen auch Möglichkeiten zu deren Energieversorgung untersucht.

Ein Hauptaugenmerk liegt auf der Integration von Modulen zur Positionsbestimmung der einzelnen Güterwagen, da sich durch die Standortdaten die Logistikprozesse optimieren lassen und der Güterwagen im Fehlerfall seinen Standort autark an eine Leitstelle übermitteln kann. An die Ortung werden folgende Anforderungen gestellt (HECHT ET AL. 1999):

- Das System muss den Wagen hinreichend genau orten, um diesen auch in einem mehrgleisigen Bahnhof identifizieren und Rettungsmannschaften an das Fahrzeug heranführen zu können.
- Die Ortung muss sowohl aus großer Entfernung heraus (Alarmierungszentrale), als auch im Nahbereich möglich sein (Identifizieren des Wagens von der Lok aus).
- Die Ortung muss auch möglich sein, wenn das Fahrzeug allein abgestellt ist. Daher sind auf dem Master/Slave-Prinzip (Zugehörigkeit eines Wagens zu einem Zug) basierende Ortungssysteme ungeeignet.
- Die Ortung muss auf allen Strecken unabhängig vom jeweiligen Streckenbetreiber möglich sein.

Für die Anwendung auf Güterwagen werden satellitengestützte Ortungssysteme in Verbindung mit einer aktiven Ortung im Gleis (Wegemessung) als beste und zuverlässigste Lösung gesehen, die auch in Tunneln, Einschnitten und Bahnhöfen gute Ergebnisse liefert (vgl. Kapitel 2.3.4). Zum Überwachen des Ladeguts sind außerdem vorgesehen:

- ***Diebstahlüberwachung***
  - Die Realisierung einer Diebstahlüberwachung erfolgt zum Beispiel durch Überwachen der Tür-/Ladelukenkontakte und Position des Fahrzeugs.
- ***Füllstandüberwachung***
  - Die Überwachung des Füllstands kann direkt mit Füllstandsensoren sowie indirekt über die Vertikalkräfte an den Radsätzen und über den Einfederweg erfolgen. Eine Füllstandüberwachung ermöglicht indirekt eine Detektion von Leckagen, was insbesondere bei Gefahrgütern von großer Bedeutung ist.
- ***Überwachung von Masse und -verteilung***
  - Die Überwachung der Fahrzeugmasse und der Masseverteilung kann mithilfe der Vertikalkräfte an den Radsätzen und des Einfederwegs erfolgen. Relevant sind diese Parameter, um eine Überladung und eine ungünstige Verteilung der Radsatzbelastung zu vermeiden.

- ***Drucküberwachung***
  - Bei Ladegütern, insbesondere Gefahrgütern, mit großem Raumausdehnungskoeffizienten ist es wichtig, den Druck zu überwachen, da sich das Volumen bei Variation der Außentemperatur schnell verändert und dies zu einem gefährlichen Zustand führen kann.
- ***Temperaturüberwachung***
  - Die Temperaturüberwachung dient parallel zur Drucküberwachung als Indikator für das Entstehen gefährlicher Zustände. Da sich mögliche Ladegüter bezüglich der Temperatur unterschiedlich verhalten, muss diese Art der Überwachung an das aktuelle Ladegut anpassbar sein.
- ***Überwachung der Transportbeanspruchung***
  - Das Überwachen vertikaler Stöße kann zum einen dazu dienen, die Verpackung der Ladegüter den tatsächlichen Belastungsverhältnissen beim Transport anzupassen. Zum anderen ermöglicht sie in Kombination mit der Ortung das Bestimmen von charakteristischen Stellen im Streckennetz, die aufgrund von Gleislagefehlern bis zu einer Aufarbeitung mit verminderter Geschwindigkeit befahren werden müssen, um die Stoßbelastungen für das Ladegut zu vermindern.
- ***Längsstoßüberwachung***
  - In Ergänzung zur Überwachung vertikaler Stöße dient die Längsstoßüberwachung ebenfalls dazu, die Stoßbelastungen auf das Ladegut zu überwachen. Diese Informationen können im Schadensfall zu dessen Regulierung herangezogen werden.

Zusätzlich zur Überwachung des Ladeguts ist vor allem eine Bremsdiagnose vorgesehen, die in den vier Migrationsstufen

- Überprüfung des Bremszylinderdrucks,
- Anwendung von Kontakten in den Bremssohlen,
- Volldiagnose der Bremsanlage und
- dauernde Überprüfung der Bremse während der Fahrt im Sinne eines Unfalldatenschreibers

umgesetzt werden soll.

Die Diagnose selbst basiert auf einer Parameterüberwachung. Die überwachten Parameter sind entweder fest eingestellt (Parameter abhängig von Wagenkonstruktion) oder werden an das Ladegut angepasst (Parameter abhängig von Eigenschaften des Ladeguts). Für die Integration des gesamten Diagnosesystems sind drei Ausbaustufen vorgesehen, die eine unterschiedliche Anzahl von Sensoren und Integrationstiefe in das Fahrzeug beziehungsweise den Zugverband erfordern:

- ***Grundversion***
    - Die Grundversion ist eine nachrüstbare Stand-alone-Lösung, in die bereits eine Heißläuferortung und eine Bremsüberwachung integriert sein sollten. Eine Ladegutüberwachung sollte ebenfalls möglich sein, wobei deren Ausführung in hohem Maße vom Ladegut abhängig ist.
- ***Erweiterungsversion***
    - In der Erweiterungsversion sollte vor allem eine Verschleißüberwachung der Bremsen implementiert sein. Weiterhin sollten eine absolute Gewichtsbestimmung der Ladung und eine Bestimmung der Ladungsverteilung sowie Beschleunigungssensoren zur Erfassung der Transportbeanspruchung der Ladung vorgesehen werden.
- ***Vollversion***
    - In der Vollversion sollten insbesondere die Entgleisungs- und eine verbesserte Bremsüberwachung verfügbar sein.

Abschließend werden verschiedene Kommunikations- und Meldewege aufgezeigt, auf denen die Diagnosenachricht an den Adressaten gelangen kann.

Im Rahmen der Arbeiten von HECHT ET AL. (1999) und RIEKENBERG (2004) wurden für Gefahrguttransportwagen Fehlermöglichkeits- und -einflussanalysen (FMEA) durchgeführt, mit denen dargelegt werden konnte, dass eine FMEA besonders überwachungsbedürftige Fahrzeugsysteme aufzeigen und den Nutzen eines Diagnosesystems nachweisen kann.

Demzufolge wurden für Aufbauten und Laufwerke von Kesselwagen FMEA entsprechend dem Stand der Technik (ohne Diagnose) sowie nach theoretisch erfolgter Einführung eines Diagnosesystems durchgeführt, was zu der Erkenntnis führte, dass mithilfe von gezielter Diagnose der Anteil der sehr bedeutsamen Fehler drastisch reduziert werden kann (vgl. Abbildung 2-28). Im Bereich der Aufbauten gäbe es dementsprechend keine sehr bedeutsamen Fehler mehr und im Bereich des Fahrwerks würde deren Anzahl halbiert.

A.1.1.9 Modellbasierte Diagnose für den Transrapid

Laut AHMELS (2006) und LIU ET AL. (2010) ist Diagnose „[...] der Rückschluss von Auswirkungen auf die Fehlerursache". Die modellbasierte Diagnose wird ausgewählt, da mit vergleichsweise geringem Projektierungsaufwand eine hohe Diagnosetiefe möglich ist (vgl. Abbildung 2-29).

Die Modellerstellung ist in die Teilaufgaben

- Identifikation der Teilsysteme, die als Modelle entworfen werden sollen,
- Festlegen der Schnittstellen, beziehungsweise Grenzen zwischen den Modellen,
- Erstellen der Modelle durch:
    - Anpassen/Übernehmen von Stücklisten,
    - Definieren von Funktionalitäten und Strukturen,
    - Identifizieren von Meldungen,
    - Erkennen von Wirkungsketten,
- Konfiguration der Modelle:
    - Festlegen der benötigten Modellinstanzen,
    - Definition der benötigten Betriebsmittelkennzeichen für jede Modellinstanz,
    - Parametrieren der Variablen für die Zuordnung der Meldungen zu den Modellinstanzen,
- Komponententest der Modelle
    - Überprüfen des erwarteten Verhaltens in der Simulationsumgebung und
    - Überprüfen der Diagnoseergebnisse im Systemtestlabor

untergliedert. Die Struktur des Projektierungs- und Diagnoseprozesses zeigt Abbildung A-4.

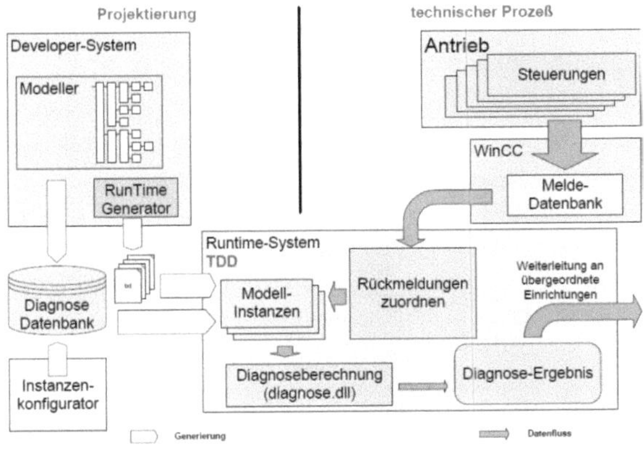

Abbildung A-4: Projektierungs- und Diagnoseprozess
Quelle: AHMELS (2006)

Eine defekte Komponente/Funktion gilt nach diesem Konzept als erfolgreich diagnostiziert, wenn sie unter den ersten 15 verdächtigen Komponenten/Funktionen aufgeführt wird. Die Diagnose wird in jedem Antriebsblock ausgeführt, wobei in einem Unterwerk mehrere Antriebsblöcke untergebracht sein können (NOTHHAFT 2003). Die Diagnoseergebnisse werden an das Maintenance Management System (MMS) übertragen.

A.1.1.10 Instandhaltungssystem nach VDV 880

In VDV 880 wird ein Instandhaltungssystem für Fahrzeuge von Verkehrsunternehmen des ÖPNV vorgestellt. Es soll Funktionen zur

- Pflege eigener Stammdaten,
- Bearbeitung des Instandhaltungsbedarfes,
- langfristigen Arbeitsplanung,
- Auftragserstellung und -bearbeitung,
- Übergabe/Übernahme von Drittdaten,
- Entscheidungsfindung mithilfe von Informationswerkzeugen,
- Arbeitssteuerung,
- Aufbereitung kaufmännischer Daten,
- Auswertung und Analyse,
- Integration betriebsbegleitender Daten (Tank-, Tacho-, Reinigungsdaten),
- Materialbewirtschaftung und
- Zeitwirtschaft

beinhalten.

Das Instandhaltungssystem ist mit den Diagnosesystemen der Fahrzeuge gekoppelt, deren Daten für die Ermittlung des Instandhaltungsbedarfs benötigt werden. Der weitere Funktionsumfang des Instandhaltungssystems ist in Abbildung A-5 dargestellt.

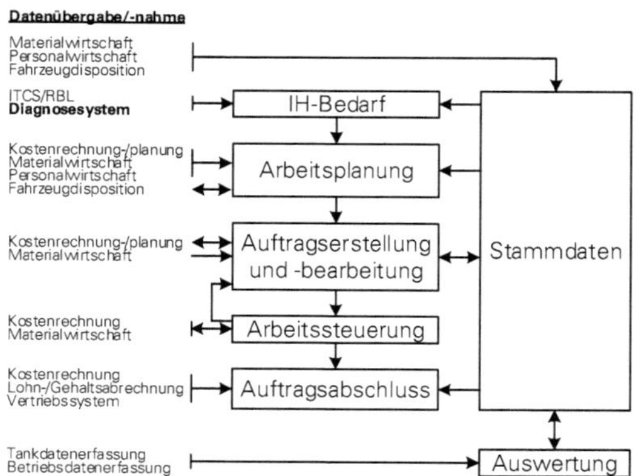

Abbildung A-5: Funktionsumfang eines Instandhaltungssystems
Quelle: eigene Darstellung nach VDV 880

Mithilfe eines Instandhaltungssystems, das mit den Diagnosesystemen der Fahrzeuge gekoppelt ist, sollen unter anderen folgende Ziele erfüllt werden:

- Reduzierung der Werkstattreserve,
- Verringerung der Ausfall- und Durchlaufzeiten,
- gleichmäßigere Nutzung der Werkstatt- und Personalkapazität,
- Gewährleistung der Einhaltung gesetzlicher Randbedingungen,
- Optimierung von Prozessen,
- genaue Kostenermittlung,
- aktueller Zugriff auf Informationen,
- aktueller Austausch von Informationen,
- Ermittlung und Auswertung von statistischen Kenngrößen,
- Bereitstellung von Daten für ein IH-Controlling,
- Abbildung einer gerichtsfesten Dokumentation der IH (Fahrzeug-Historie) und
- Hilfestellung zu Planungsprozessen.

Um im Falle einer ungeplanten Instandhaltung den Instandhaltungsbedarf bestimmen zu können, ist eine Meldung des Diagnosesystems mit beispielsweise folgenden Informationen notwendig:

- Datum/Uhrzeit,
- Meldender,
- Störfallnummer,
- Identifikation des Instandhaltungsobjektes,
- Schadenscode/Störfallcode (Priorität),
- Freitext und
- Ausfall.

Die Auswertung der gesammelten Daten ermöglicht das Erstellen einer Schadensstatistik, die folgende Informationen umfasst:

- Schadenshäufigkeit,
- Schadensintervalle,
- Schadensarten (Störfallcode),
- Schadensschwere,
- Kosten der Schäden und
- Ausfallzeiten.

In diese Statistik sind die Daten der Fahrzeugdiagnosesysteme einzubinden.

A.1.2 Automobiltechnik

A.1.2.1 Patente

DE 197 42 448 C1

In HEINZELMANN ET AL. (1998) und HEINZELMANN (1999) wird eine Diagnoseeinrichtung beschrieben, die eine Fehleraussage über ein Gesamtsystem trifft. Diese Einrichtung besteht aus einem Diagnosemodul sowie Mitteln zum Erstellen einer auf den funktionalen Zusammenhängen der einzelnen Systeme beruhenden Diagnose für das Gesamtsystem und Mitteln zum Erzeugen von Fehleraussagen über das Gesamtsystem und von Aussagen zur Nutzungsbeeinträchtigungen von Gesamtsystemfunktionen. Die dem zugrunde liegende Diagnosestruktur ist in Abbildung A-6 bis Abbildung A-8 dargestellt.

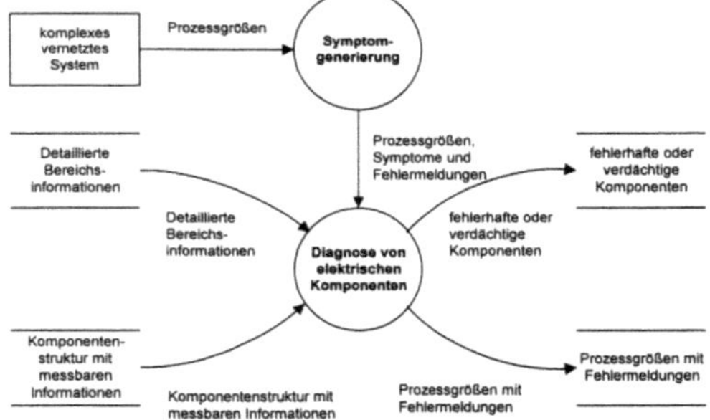

Abbildung A-6: Übersicht des Diagnoseablaufs
Quelle: HEINZELMANN (1999)

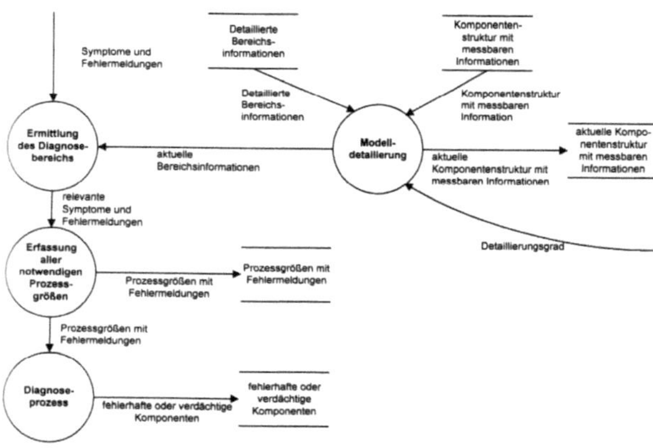

Abbildung A-7: Diagnose elektrischer Komponenten
Quelle: HEINZELMANN (1999)

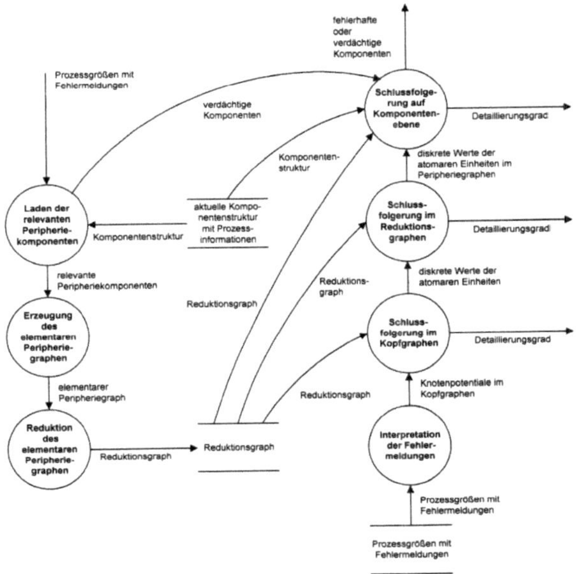

Abbildung A-8: Diagnoseprozess
Quelle: HEINZELMANN (1999)

Das Patent ist 2007 abgelaufen.

DE 100 51 781 A1

In BÄKER ET AL. (2002) wird ein zweistufiges Systemdiagnoseverfahren vorgeschlagen, das sich in Komponentendiagnose und eine Systemdiagnose unterteilt. Die Diagnose auf Komponentenebene erfolgt unabhängig von der Systemebene, weshalb ein für die jeweilige Komponente geeignetes Diagnoseverfahren zur Anwendung kommen kann. Dies ist insbesondere dann vorteilhaft, wenn eine große Anzahl von Komponenten nur optional im Fahrzeug verbaut wird. Von der Komponenten- auf die Systemebene werden lediglich die Informationen ‚fehlerhaft', ‚unbekannt' oder ‚normal' für die Zustände einer Systemgröße und ‚defekt', ‚nicht defekt' oder ‚möglicherweise defekt' für die Funktionszustände übertragen. Dynamische Vorgänge werden daher nicht von der Systemdiagnose überwacht, sondern komponentennah in der Komponentendiagnose. Durch diese dezentrale Anordnung der Diagnosemodule kann die Rechenleistung und -last im System verteilt werden.

Das Patent ist 2010 abgelaufen.

A.1.2.2 Diagnose elektronischer Fahrzeugsysteme durch Strukturanalyse

In HARMS (2007) wird als ein wesentliches Defizit der bisher eingesetzten Diagnosesysteme für elektronische Fahrzeugsysteme die fehlende Verknüpfung der Diagnoseinformationen gesehen. Daher wird vorgeschlagen, logische Abhängigkeiten von Fahrzeugsystemen in die Diagnose zu integrieren.

Laut HARMS (2007) wird Diagnose als „Prozess des Erkennens und Deutens fehlerhafter Zustände und Abläufe in Kraftfahrzeugen" verstanden. Als Ergebnis einer Diagnose sollen die den Fehler verursachenden Komponenten dem Kundendienst als Information zur Verfügung gestellt werden. Bisher im Kundendienst eingesetzte Diagnosesysteme bedienen sich der geführten Fehlersuche anhand von Fehlersuchbäumen, wobei deren Genese nicht immer nachvollziehbar ist.

Als Anforderungen an die Leistungsfähigkeit eines Diagnosesystems werden folgende Aspekte formuliert:

- Die Verarbeitungszeit der Diagnosefunktionen soll möglichst kurz sein.
- Die Nachvollziehbarkeit der Ergebnisse und Zwischenschritte der Diagnose sollen durch Begründung der Vorgehensweise und Benennung der Fehlerursache belegt werden.
- Das Diagnosesystem soll in Bezug auf die möglichen Fehler des zu überwachenden Systems einen hohen Abdeckungsgrad aufweisen.
- Neben dem eigentlichen System sollen auch die Systemgrenzen und funktionsnahe Umgebung überwacht werden.
- Notwendige Änderungen und Verbesserungen am Diagnosesystem sollten einfach vorzunehmen sein.
- Das Diagnosesystem soll nur den tatsächlichen Fehler erklären und Alternativfehler ausschließen.

Darüber hinaus soll ein Diagnosesystem nachfolgenden Anforderungen genügen:

- Das Diagnosesystem soll eine vollständige Liste von möglichen Diagnosen erstellen, die neben Einzel- auch Mehrfachfehler beinhaltet. Vollständigkeit ist der Effizienz vorzuziehen.
- Eine Skalierbarkeit des Diagnosesystems für verschiedene Anwendungen soll gegeben sein.
- Der Entwicklungsaufwand für ein Diagnosesystem soll so gering wie möglich sein und sich auf eine kleine Erweiterung des Entwicklungsprozesses der Nennfunktion beschränken.
- Die Parametrierung auf ein bestimmtes Fahrzeug soll automatisiert erfolgen.
- Das Diagnosesystem soll anwendungs- und anwenderunabhängig sein.

- Zusätzliche Sensoren oder Steuergeräte für Diagnosezwecke sind praktisch immer ausgeschlossen, weshalb das Diagnosesystem mit den vorhandenen Sensoren möglichst präzise Diagnosen liefern muss.

Als Ansatz für das Erzeugen des Diagnosewissens wird in dieser Arbeit eine Kombination aus struktureller Analyse und probabilistischen Netzwerken gewählt.

Die notwendigen Strukturinformationen werden in der Entwicklungsphase aus den Abhängigkeitsstrukturen der

- Softwaremodelle,
- Hardwarekomponenten und
- Kommunikationsbeziehungen

ermittelt. Zusammen mit der Schnittstellenbeschreibung werden diese drei Typen von Abhängigkeitsstrukturen zu einer Systemstruktur verknüpft.

A.1.3 Schiffstechnik

A.1.3.1 Non-Intrusive Load Monitoring auf Schiffen der US Küstenwache

Das NILM ist ein Verfahren zum Bestimmen des Lastverlaufs und des Zustands von elektromechanischen Systemen anhand des zeitlichen Verlaufs von Strom und Spannung. In vielen Fällen sind hierfür keine zusätzlichen Sensoren notwendig, wenn Strom und Spannung durch die Steuergeräte ohnehin erfasst werden (DeNucci et al. 2005).

A.1.3.2 Autonome Tauchroboter

Autonome Tauchroboter (AUV – Autonomous Underwater Vehicle) können mit dem Einsatz automatischer Fehlerdiagnosesysteme besser vor einem Totalverlust geschützt werden, da automatische Reaktionen ermöglicht werden, die den Fehler isolieren oder den Tauchroboter in einen sicheren Zustand überführen, so dass er geborgen werden kann. Ferner verkürzt ein Diagnosesystem die notwendige Zeit zwischen zwei Missionen, da fehlerhafte Subsysteme schneller gefunden und getauscht beziehungsweise instandgesetzt werden können.

Beim Versuch von Dearden & Ernits (2013) war es vorteilhaft, dass große Datenmengen vorlagen, um die Diagnosealgorithmen zu testen. Das eingesetzte System fungierte als Diagnosesystem auf Systemebene, das die in den Subsystemen gesammelten Daten zentral zusammenführt und bewertet. Hierfür werden alle Kommandos, die an den Roboter gesandt werden, vom Diagnosesystem abgefangen, damit der nächste gültige Zustand der Subsysteme und des Gesamtsystems berechnet werden kann. Zuvor beschriebene Diagnosesysteme konzentrierten sich nur auf einzelne Subsysteme.

Im Gegensatz zu anderen Fahrzeugen sind in automatisierten Tauchrobotern kaum redundante Systeme vorhanden, die einen Weiterbetrieb ermöglichen würden. Daher beschränken sich die Reaktionen des Diagnosesystems auf das Eingrenzen der Auswirkungen von Fehlern, um den Tauchroboter nicht zu verlieren. Neben der On-Board-Diagnose besteht auch die Möglichkeit der Off-Board-Diagnose im Trägerschiff, wobei die Datenrate aufgrund der akustischen Datenübertragung durch das Wasser stark eingeschränkt ist (80 B alle 30 s). Zudem ist dieser Übertragungsweg sehr störungsanfällig.

A.1.4 Flugzeugtechnik

A.1.4.1 Diagnosetechnik in der Airbus A320-Familie

Die Flugzeuge der A320-Familie haben zur Unterstützung der Instandhaltung ein zentrales Fehlerdisplaysystem (CFDS – Centralized Fault Display System), das es dem Instandhaltungspersonal ermöglicht, vom Cockpit aus auf System- oder Subsystemebene auf Instandhaltungsinformationen zuzugreifen und verschiedene Tests auszuführen (AIRBUS 1998). Das CFDS ist in das Instandhaltung- und Aufzeichnungsdatensystem (MRDS – Maintenance and Recording Data System) integriert und hat bis auf die zentrale Fehlerdisplayschnittstelleneinheit (CFDIU – Centralized Fault Display Interface Unit) keine eigene Hardware.

Die CFDIU sammelt, wie in Abbildung A-9 veranschaulicht, die Daten der integrierten Testeinrichtungen (BITE – Built-in Test Equipment), über die jedes Subsystem des Flugzeugs verfügt. Diese Tests werden beispielsweise beim Hochfahren der Flugzeugsysteme ausgeführt. Die Funktionalität der BITE umfasst:

- Detektieren und Anzeigen spezifischer Subsystemfehler,
- Überwachen der Subsystemperformance,
- Detektieren von Problemen,
- Speichern von Diagnosedaten und
- Isolieren fehlerhafter Sensoren/Komponenten (TOOLEY & WYATT 2009).

In der CFDIU werden die Daten der einzelnen Flugzeugsysteme durch Hinzufügen allgemeiner Parameter wie Datum/Uhrzeit, Flugnummer, Flugzeugidentifikation und Flugphase synchronisiert.

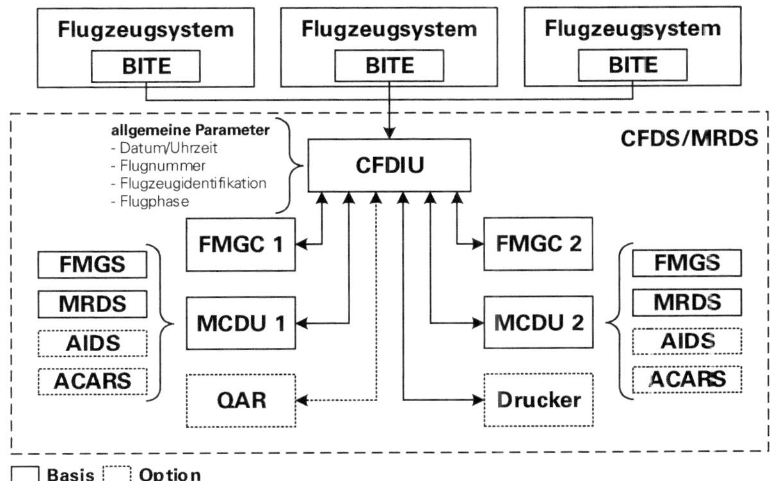

Abbildung A-9: CFDS-Architektur der A320-Familie
Quelle: eigene Darstellung nach AIRBUS (1998)

Die Zustands- und Störungsdaten können auf einer der Mehrzweckbedien- und -displayeinheiten (MCDU – Multipurpose Control and Display Unit) abgerufen werden. Die MCDUs dienen darüber hinaus zum Anzeigen und Bearbeiten der Daten des Flugmanagement- und Navigationssystems (FMGS – Flight Management and Guidance System), des MRDS sowie optional des integrierten Flugzeugdatensystems (AIDS – Aircraft Integrated Data System, heute als ACMS – Airplane Condition Monitoring System/Flugzeugzustandsüberwachungssystem bezeichnet) und des Datalink- und Kommunikationssystems (ACARS – Aircraft Communications Addressing and Reporting System). Über das ACARS werden Informationen wie

- Treibstoffdaten,
- Triebwerksdaten,
- Diagnosedaten,
- Zuladung,
- Abflug- und
- Ankunftsberichte

übertragen (TOOLEY & WYATT 2009).

Die Flugmanagement- und Navigationscomputer (FMGC – Flight Management and Guidance Computer) greifen ebenfalls direkt auf die CFDIU zu.

Das CFDS hat zwei Arbeitsmodi, die sich durch ihre Funktionalität unterscheiden:

- ***normaler/Berichtsmodus im Flug***
  - Das CFDS speichert und zeigt Störungsmeldungen an, die von den BITEs der Subsysteme erzeugt werden.
- ***interaktiver/Menümodus am Boden***
  - Das CFDS ermöglicht, dass die durch die BITEs erzeugten Instandhaltungsdaten über eine MCDU abgerufen und Testläufe gestartet werden können.

Airbus hat drei Fehlerklassen definiert, in die die auftretenden Störungen durch das CFDS eingeteilt werden (vgl. Tabelle A-1). Die Fehlerklassen unterscheiden sich folgendermaßen:

- ***Fehlerklasse 1***
  - Störungen, die der Cockpitcrew über den elektronischen zentralisierten Flugzeugmonitor (ECAM[7] – Electronic Centralized Aircraft Monitoring) oder über andere Indikatoren im Cockpit angezeigt werden. Sie müssen vor dem Abflug repariert oder in die Mindestausrüstungsliste (MEL – Minimum Equipment List) eingetragen werden.
- ***Fehlerklasse 2***
  - Störungen, die der Instandhaltungscrew über das CFDS angezeigt werden und die einen Instandhaltungsstatuseintrag im Instandhaltungsteil der ECAM-Statusseite hervorrufen. Das Flugzeug kann weiterhin eingesetzt werden. Die Störungen sind innerhalb von zehn Tagen zu beheben.
- ***Fehlerklasse 3***
  - Störungen, die der Instandhaltungscrew über das CFDS angezeigt werden, aber keinen Instandhaltungsstatus hervorrufen. Der Betreiber kann diese Störungen nach seinem Ermessen beheben.

[7]ECAM (Airbus) entspricht EICAS (Engine Indication and Crew Alerting System, Boeing)

Tabelle A-1: Klassifikation der Störungsmeldungen im Airbus

Quelle: AIRBUS (2006)

	Fehlerklasse		
	Klasse 1	**Klasse 2**	**Klasse 3**
Auswirkungen auf den Betrieb →	JA	NEIN	NEIN
Anzeige für Cockpitcrew	JA automatische Anzeige - Warnung oder Vorwarnung auf dem E/WD[8] - Hinweis im Cockpit	JA verfügbar auf der E-CAM-Statusseite	NEIN
Konsequenzen für das Aufrüsten	JA siehe MEL	NEIN kann 10 Tage unkorrigiert bleiben, außer bei Meldung AIR BLEED (Zapfluft)	entfällt
Anzeige für Instandhaltungscrew	JA automatischer Ausdruck der Störungsmeldungen auf dem CFDS Post Flight Report bei Flugende		JA verfügbar auf Anfrage über Systemreport oder Testlauf

Zum Beheben der Störungen hat Airbus zwei Instandhaltungsstufen vorgesehen:

- Instandhaltung am Gate und auf dem Vorfeld: Tausch von KTEs (LRUs),
- Instandhaltung im Hangar oder auf dem Heimatflughafen: intensive Fehlersuche bei seltenen oder bisher nicht dokumentierten Fehlern.

Als Vorteile des CFDS werden die

- geringere Dauer der Instandhaltung/-setzung,
- kürzere Trainingsdauer des Instandhaltungspersonals,
- Vereinfachung der technischen Dokumentation,
- Vereinheitlichung der Ausrüstung und
- Vereinfachung der Computer, die nicht mehr jede BITE anzeigen,

genannt (AIRBUS 1998).

Die Diagnosedaten werden entweder über Satellit oder Funk an die Bodenstation übertragen.

[8] Engine Warning Display – Triebwerks- und Warnmeldungsdisplay

A.1.4.2 Dassault Airplane Diagnostic and Maintenance System

Das Airplane Diagnostic and Maintenance System (ADMS) von Dassault Aviation ist ein Diagnose- und Instandhaltungssystem für Flugzeuge, das es der Cockpit- und Instandhaltungscrew ermöglicht,

- Störungsmeldungen der Flugzeugsysteme für eine sichere Einsatzentscheidung abzurufen,
- Instandhaltungsübersichten auszudrucken oder auszulesen,
- Navigationsdateien und Datenbanken zu laden und
- Flugzeugstörungs- und -statusinformationen abzurufen, zusätzliche Tests am Boden auszuführen und Anwendungen zur Instandhaltung und Fehlersuche laufen zu lassen (DASSAULT 2007).

Ein zentrales Element des ADMS ist die zentrale Instandhaltungscomputerfunktion (CMCF – Central Maintenance Computer Function), die auf dem zentralen Instandhaltungscomputer läuft (CMC – Central Maintenance Computer). Die CMCF kann wie folgt kontrolliert werden:

- am Boden über den zentraler Cursor (CCD – Cursor Control Device) im CMC-Hauptfenster, das auf einem (MDU – Multifunction Display Unit) dargestellt wird,
- über einen Laptop mit entsprechender Software, der per Netzwerkkabel an das Instandhaltungsterminal angeschlossen ist, wenn dieser als CMC RT (Central Maintenance Computer Remote Terminal) konfiguriert ist, wobei dies sowohl am Boden als auch in der Luft genutzt werden kann.

Die CMCF kann alle Daten anzeigen, die analog, diskret oder digital im Avioniksystem verfügbar sind. Dies umfasst

- alle Daten, die von der Avionik für das Flugmanagement empfangen werden,
- Störungen, die am Boden und in der Luft in Echtzeit von den Controllern der Subsysteme über digitale Schnittstellen übertragen werden und

Störungsberichte des Klimatisierungssystems, die am Boden automatisch abgerufen werden, da dessen Controller die Berichte nicht in Echtzeit an das CMC senden kann.

A.1.4.3 Patente

<u>DE 10 2012 110 731 A1</u>

In HOWARD & MARK (2013) werden eine Vorrichtung und ein Verfahren zum Sammeln und Auswerten von Diagnoseinformationen in Luftfahrzeugen vorgestellt. Die Erfindung richtet sich vor allem an Bestandsmaschinen, die nicht mit einem modernen Zustandsüberwachungssystem ausgerüstet sind. Daher wird vorausgesetzt, dass die Subsysteme des Luftfahrzeugs bereits über ein BITE verfügen, das seine Daten über einen Datenbus an einen zentralen Computer sendet, der die relevanten Meldungen dann im Cockpit auf einem entsprechenden Monitor anzeigen kann.

Die beschriebene Vorrichtung soll in der Lage sein, diese Daten zu erfassen und auf einem nichtflüchtigem Medium zur späteren Analyse und Übermitteln an eine Bodenstation zu speichern. Neben dem reinen Mitschreiben der Daten soll die erfindungsgemäße Vorrichtung auch in der Lage sein, die in den Subsystemen vorhandenen BITEs selbständig zeitgesteuert abzufragen.

A.1.5 Raumfahrttechnik

Die Signallaufzeiten zwischen automatisierten Raumfahrzeugen und ihren Kontrollstationen auf der Erde sind aufgrund der teilweise großen Entfernung sehr lang (Cassini im Saturnorbit: $1{,}7 \cdot 10^9$ km, Signallaufzeit: 1,5 h). Automatisierte Raumfahrzeuge erfordern daher ein gewisses Maß an künstlicher Intelligenz und Autonomie, um auf Störungen reagieren zu können. Daher sind in den Steuergeräten der Subsysteme der unbemannten Raumfahrzeuge Fehlerschutz-Algorithmen (FP – Fault Protection Algorithms) integriert. Diese müssen die Auswirkungen von Fehlern eingrenzen können und gegebenenfalls in der Lage sein, die Kommunikationsverbindung zur Kontrollstation wieder herzustellen, falls diese unterbrochen wurde. Dies beinhaltet eine Prüfung, ob der Fehler tatsächlich vorliegt oder eine transiente Erscheinung war. Die FPs prüfen hierzu bestimmte Messgrößen gegenüber vorgegebenen Normalwerten. Falls erforderlich, können die Normalwerte im Verlauf der Mission angepasst werden. Die den FPs überlagerte SFP (System Fault Protection) haben im Allgemeinen eine Prioritätshierarchie, um sicherzustellen, dass kritische Fehler zuerst behoben werden.

In der Regel laufen in den verschiedenen Subsystemen verschiedene FPs, die im Fehlerfall vom Zentralrechner (CDS – Command and Data Subsystem) eine Reaktion anfordern. Das Sichern (Safing) ist eine der Reaktionen, die FPs vom CDS angefordert werden kann. Es beinhaltet das Abschalten und Rekonfigurieren von Funktionen, um weiteren Schaden am Raumfahrzeug abzuwenden. Obwohl beim Sichern die wissenschaftliche Mission temporär unterbrochen werden kann, bietet es dennoch einen verlässlichen Schutz für das Raumfahrzeug und dessen Mission.

Ein Beispiel für einen FP ist der Command-Loss Timer (CLT), der jedes Mal, wenn das Raumfahrzeug Kommandos von der Erde empfängt, auf einen bestimmten Wert zurückgesetzt wird. Sollte dieser bis Null herunterzählen, wird angenommen, dass das Raumfahrzeug die Verbindung zur Kontrollstation verloren hat, woraufhin die Reservesysteme versuchen werden, die Verbindung wiederherzustellen (DOODY 2011 und MORGAN 2011).

A.2 DIAGNOSEMETHODEN IN DER MEDIZIN

A.2.1 Differentialdiagnostik

A.2.1.1 Ziele

Die Differentialdiagnostik ist eine Methode aus der Medizin. Zentrale Ziele sind

- ein schnelles Finden der Diagnose (Ursache des Befundes/Symptoms) für die Einleitung der notwendigen Therapie,
- der Ausschluss
    - lebensbedrohlicher Krankheiten,
    - Krankheiten anderer Fachrichtungen und
    - der Notwendigkeit von Konsiliarvorstellungen sowie
- das Vermeiden von Überdiagnostik, das heißt unnötiger
    - Prozeduren,
    - Bildgebungen und
    - Operationen.

Die Differentialdiagnostik wird daher in der Anamnese (Befragung des Patienten durch den Arzt, subjektiv) und Befunderhebung (Untersuchung des Patienten durch den Arzt, objektiv) gezielt eingesetzt. Sie folgt der Prämisse *Häufig ist häufig und selten ist selten*, die zwei Kernaussagen enthält:

(1) Zunächst sollen häufige Ursachen abgeklärt werden.
(2) Die eher selten auftretenden Ursachen dürfen nicht vernachlässigt werden.

Die Differentialdiagnostik ist in der Medizin die zentrale Methode, um neben der Verdachtsdiagnose auch Erkrankungen mit ähnlicher Symptomatik in die Diagnosestellung einzubeziehen. Eine Differentialdiagnose ist dementsprechend die Gesamtheit aller Diagnosen, die alternativ als Erklärung für die Symptomatik in Betracht zu ziehen sind. Diese Diagnosen können auch selbst wieder Differentialdiagnosen sein. Die möglichen Ursachen für die Erkrankung werden entsprechend der Wahrscheinlichkeit ihres Auftretens, ihrer Therapierbarkeit und ihrer Bedrohlichkeit überprüft. Dieser Vorgang ist beendet, wenn nur noch eine Diagnose in Frage kommt. Er wird jedoch häufig vorher abgebrochen, wenn die Ursachen

- nicht therapierbar,
- nicht therapiebedürftig oder
- alle die gleiche (symptomatische) Therapie

nahelegen.

A.2.1.2 Vorgehensweise

Im Rahmen der ärztlichen Anamnese (Befunderhebung/Befundung) werden zunächst Symptome (Beschwerden) abgefragt, da meist ein Symptom oder eine Kombination mehrerer Symptome zur Konsultation eines Arztes führen. Selten kennt der Patient vor der Anamnese den Befund (Untersuchungsergebnis, das verschiedene Ursachen haben kann). Weiterhin werden andere Symptome abgefragt, um gezielt Ursachen auszuschließen, und die auftretenden Symptome werden spezifiziert. Spezifikationen können die

- Intensität,
- Charakteristik,
- Lokalisation,
- Ausstrahlung und
- zeitliche Verteilung des Auftretens

des Symptoms sein. Die in der Anamnese erhobenen Angaben sind die rein subjektiven Empfindungen des Patienten. Dem schließt sich die Befunderhebung, das heißt im engeren Sinne die Diagnostik, an. Sie dient zum Stützen der Verdachtsdiagnose des behandelnden Arztes und zum Ausschließen anderer Differentialdiagnosen. Die Befunderhebung kann zum Beispiel mithilfe

- einer körperlichen Untersuchung,
- einer laborchemischen, histologischen oder mikrobiologischen Untersuchung sowie
- eines bildgebenden Verfahrens (Ultraschall, Röntgen/CT, MRT)

erfolgen.

Wenn die Diagnose weiterhin unklar ist, kann der Patient unter Umständen solange auf Verdacht therapiert werden, bis die Diagnose, zum Beispiel mithilfe eines Keimnachweises, gesichert ist oder der Patient auf die Therapie anspricht. In diesem Fall gilt die Diagnose zwar als wahrscheinlich, nicht aber als gesichert.

Für eine Diagnosestellung sind, soweit möglich, immer beide Aspekte, also die Symptome und die Befunde, in Betracht zu ziehen.

Die gefundene Diagnose wird anschließend mit dem Verfahren nach ICD-10-GM kodiert. Der ICD-10-GM ist die deutsche Modifikation eines international abgestimmten Kodierungsverfahrens für Krankheiten. Eine nach dem ICD-10-GM kodierte Diagnose muss nicht zwangsläufig die Genese der Erkrankung beinhalten. Da zum heutigen Zeitpunkt nicht alle Erkrankungsbilder bekannt und vollständig erforscht sind, ist es in einigen Fällen nicht möglich, die genaue Ursache bestimmter Symptome zu benennen. Für solche Fälle sieht der ICD-10-GM Platzhalter vor (sonstige, nicht näher bezeichnete Erkrankung). Das primäre Ziel in der Diagnostik ist immer, eine Therapie zu finden, die zur Besserung/Stabilisierung des Krankheitszustands führt.

A.2.1.3 Beispiel aus der Ophthalmologie

Die Vorgehensweise der medizinischen Differentialdiagnostik wird im Folgenden am Beispiel des roten Auges erläutert. Nicht nur beim Augen-, sondern auch beim Hausarzt, stellt das Symptom des roten Auges einen der häufigsten Konsultationsgründe dar. Dieses unspezifische Krankheitszeichen ist sowohl für den Patienten als auch seine Umgebung eine auffällige Veränderung; kann jedoch Folge zahlreicher Reaktionen des äußeren und inneren Auges sein. Abbildung A-10 zeigt einen Überblick über mögliche Ursachen eines roten Auges.

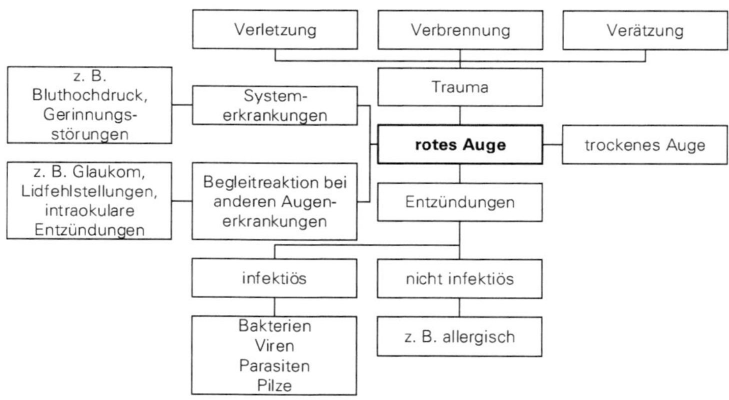

Abbildung A-10: Mögliche Ursachen eines roten Auges
Quelle: eigene Darstellung nach KAMPIK & GREHN (2008)

Ein rotes Auge entspricht meist einer vermehrten Durchblutung der erweiterten Gefäße (Hyperämie). Dieses Symptom kann harmloser Natur ohne Funktionsbedrohung sein, aber auch zum Verlust der Sehfähigkeit führen beziehungsweise lebensbedrohlich werden. Dabei entspricht der Grad der Rötung nicht zwangsweise dem Grad der Bedrohlichkeit.

Stellt sich ein Patient mit einem roten Auge vor, sind weitere Symptome zum Ausschluss ernst zu nehmender Erkrankungen, welche eine sofortige Behandlung benötigen, zu erfragen (z. B. Schmerzen, Sehverlust, Sekretion). Im Rahmen der immer notwendigen Anamneseerhebung sind bei diesem Beispiel unter anderem auch der zeitliche Verlauf (akut, chronisch oder rezidivierend), das Vorliegen eines Traumas (Verletzung/Verbrennung/Verätzung), bisherige Operationen und Therapien sowie weitere bekannte Augenerkrankungen und systemische

Begleiterkrankungen zu dokumentieren. Mit diesen Informationen ist ein erstes Einordnen des unspezifischen Krankheitszeichens in das differentialdiagnostische Spektrum des roten Auges möglich.

Die vom Patienten beschriebenen subjektiven Krankheitssymptome sollten nun objektiviert werden (z. B. Qualität und genaue Lokalisation der Rötung, Sehschärfenbestimmung, Schmerzskala). Dabei kann die objektive Befunderhebung durch den Arzt mittels apparativer, laborchemischer oder auch bildgebender und/oder invasiver Diagnostik erfolgen. Diese Maßnahmen sind je nach Notwendigkeit der weiteren Abklärung indiziert.

Nach gesicherter Diagnosestellung wird eine gezielte Therapie begonnen. In seltenen Fällen erfolgt eine probatorische oder breitgefächerte Therapie bis zur eventuell späteren Diagnosestellung.

A.2.2 Computerassistierte Diagnose

Spezielle Algorithmen auf Basis von künstlichen neuronalen Netzen oder Petrinetzen (vgl. Kapitel 2.4) können in den Bilddaten Muster erkennen, die auf Gewebeveränderungen und Flüssigkeitseinlagerungen hinweisen können. Untersuchungen konnten zeigen, dass CAD bei einer Genauigkeit von teilweise über 90 % eine Sensitivität von 100 % und eine Spezifität von mehr als 98 % erreichen kann. Dies ist jedoch von den eingesetzten Algorithmen, dem Gewebetyp und der zu findenden Veränderung abhängig (FAUST ET AL. 2012).

A.3 STÖRUNGSINDIKATOR SEITENEINSTIEGSSYSTEM

Tabelle A-2: Störungsindikator - Seiteneinstiegssystem
1 ... unkritisch, 2 ... gegebenenfalls kritisch, 3 ... kritisch

Element/Sensor	Sicherheitsindikator
Türantrieb	2
Türaufhängung	3
Türblatt	3
Türblattführung	3
Türverriegelung	3
Klingel_Warnung	3
Leuchte_grün_Taster_Öffnen	1
Leuchte_grün_Taster_PRM	1
Leuchte_grün_Taster_Schließen	1
Leuchte_rot_Taster_Öffnen	1
Leuchte_rot_Taster_PRM	1
Leuchte_rot_Taster_Schließen	1
Leuchte_Warnung_rot	1
Taster_Öffnen	1
Taster_PRM	1
Taster_Schließen	1
Sensor_Einklemmschutz	3
Sensor_geöffnet_Endlage	1
Sensor_geschlossen_Endlage_1	2
Sensor_geschlossen_Endlage_2	2
Sensor_Motorspannung	2
Sensor_Motorstrom	2
Sensor_Öffnungszeit	1
Sensor_Schließzeit	1
Sensor_Vergleich_geschlossen_Endlage	3
Sensor_verriegelt	3
Signal_Freigabe	3
Signal_Stillstand	3

Tabelle A-3: Gesamtstörungsindikator - Seiteneinstiegssystem

Element/Sensor	Ausfall Element	Ausfall Energie	Ausfall Kommunikation Bus	Ausfall Kommunikation fest	blockiert	dauernd aktiv	falsche Information	kleiner t_0	Kurzschluss	Ueberlast	Ueberspannung	Uebertemperatur	Unterspannung	verschlissen	verschmutzt
Türantrieb	6	6			4	4		4	6	6	6	6	4	2	2
Türaufhängung	9				6					9		9		3	3
Türblatt	9				6					9		9		3	3
Türblattführung	9				6					9		9		3	3
Türverriegelung	9	9			6	6		6	9	9	9	9	6	3	3
Klingel_Warnung	9	9	6	9		6	6		9	9	9	9	6		
Leuchte_grün_Taster_Öffnen	3	3	2	3		2	2		3	3	3	3	2		
Leuchte_grün_Taster_PRM	3	3	2	3		2	2		3	3	3	3	2		
Leuchte_grün_Taster_Schließen	3	3	2	3		2	2		3	3	3	3	2		
Leuchte_rot_Taster_Öffnen	3	3	2	3		2	2		3	3	3	3	2		
Leuchte_rot_Taster_PRM	3	3	2	3		2	2		3	3	3	3	2		
Leuchte_rot_Taster_Schließen	3	3	2	3		2	2		3	3	3	3	2		
Leuchte_Warnung_rot	3	3	2	3		2	2		3	3	3	3	2		
Taster_Öffnen	3	3	2	3		2	2		3	3	3	3	2		
Taster_PRM	3	3	2	3		2	2		3	3	3	3	2		
Taster_Schließen	3	3	2	3		2	2		3	3	3	3	2		
Sensor_Einklemmschutz	9	9	6	9		6	6		9	9	9	9	6		
Sensor_geöffnet_Endlage	3	3	2	3		2	2		3	3	3	3	2		
Sensor_geschlossen_Endlage_1	6	6	4	6		4	4		6	6	6	6	4		
Sensor_geschlossen_Endlage_2	6	6	4	6		4	4		6	6	6	6	4		
Sensor_Motorspannung	6	6	4	6		4	4		6	6	6	6	4		
Sensor_Motorstrom	6	6	4	6		4	4		6	6	6	6	4		
Sensor_Öffnungszeit	3	3	2	3		2	2		3	3	3	3	2		
Sensor_Schließzeit	3	3	2	3		2	2		3	3	3	3	2		
Sensor_Vergleich_geschlossen_Endlage	9	9	6	9		6	6		9	9	9	9	6		
Sensor_verriegelt	9	9	6	9		6	6		9	9	9	9	6		
Signal_Freigabe	9	9	6	9		6	6		9	9	9	9	6		
Signal_Stillstand	9	9	6	9		6	6		9	9	9	9	6		

A.4 BEWERTUNG DER KOMMUNIKATIONSVARIANTEN

Der Bewertung der Kommunikationsvarianten liegt der Analytic Hierarchy Process (AHP) zugrunde. Dieser wird in die folgenden vier Schritte unterteilt (MEIXNER & HAAS 2002):

(1) Aufstellen einer Entscheidungshierarchie, indem ein Entscheidungsproblem in Entscheidungselemente (Kriterien und Attribute) heruntergebrochen wird.

(2) Durchführen von Paarvergleichen über die Entscheidungselemente anhand von quantitativen und qualitativen Informationen.

(3) Errechnen der Prioritäten innerhalb der Entscheidungselemente unter Anwendung der Eigenwertmethode (vereinfachte oder exakte Form) und Überprüfen auf Konsistenz der Prioritäten.

(4) Aggregieren der Prioritäten der Entscheidungselemente, um zu einer Rangreihung der Entscheidungsalternativen zu gelangen.

Für das Problem der geeigneten Variante für die Datenübertragung zwischen Fahrzeug- und Landseite wurden die Kriterien entsprechend Abbildung A-11 gewählt.

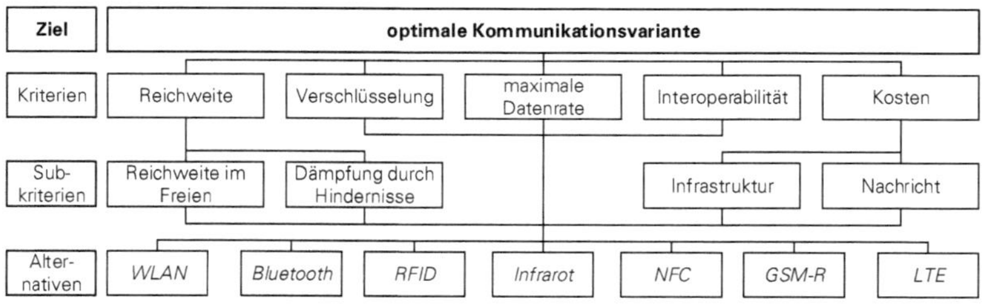

Abbildung A-11: Schematische Darstellung der Kriterien & Alternativen

Die Anzahl der durchzuführenden Paarvergleiche ergibt sich bei n Kriterien zu $\frac{1}{2} \cdot n \cdot (n - 1)$ Paarvergleichen a_{ik}. Die Gewichtung innerhalb der Paarvergleiche erfolgt auf Basis einer 9-Punkte-Skala, deren Definition in Tabelle A-4 erläutert ist. Eine differenzierte Skalierung hat sich als nicht sinnvoll erwiesen (MEIXNER & HAAS 2002).

Tabelle A-4: 9-Punkte-Bewertungsskala

Punktzahl	Definition
1	gleiche Bedeutung von a_i und a_k
3	etwas größere Bedeutung von a_i gegenüber a_k
5	erheblich größere Bedeutung von a_i gegenüber a_k
7	sehr viel größere Bedeutung von a_i gegenüber a_k
9	a_i gegenüber a_k absolut dominierend
2, 4, 6, 8	Zwischenwerte
1/2, 1/3, 1/4, 1/5, 1/6, 1/7, 1/8, 1/9	reziproke Werte der Bewertung a_i gegenüber a_k

Die Paarvergleiche werden zunächst in der Evaluationsmatrix P zusammengestellt (Gleichung A-1).

$$P = \begin{bmatrix} 1 & a_{12} & \cdots & a_{1n} \\ a_{21} & 1 & a_{ik} & a_{2n} \\ \vdots & a_{ki} & 1 & \vdots \\ a_{n1} & a_{n2} & \cdots & 1 \end{bmatrix} \text{ mit } a_{ki} = \frac{1}{a_{ik}} \tag{A-1}$$

Die Berechnung der Gewichte erfolgt anschließend mit der in Tabelle A-5 verdeutlichten Methode. Die ist bei annähernd konsistenten Paarvergle chen möglich (vgl. Tabelle A-11). Andernfalls muss die Eigenvektormethode angewandt werden (Meixner & Haas (2002)). In Tabelle A-5 sind c_i die Spaltensummen und r_i die Zeilensummen.

Tabelle A-5: Vereinfachte Gewichtsberechnung

	Evaluationsmatrix				Normalisierung					Gewicht
	a_1	a_2	$\cdots$	a_n	a_1	a_2	$\cdots$	a_n	r_i	w_i
a_1	1	a_{12}	$\cdots$	a_{1n}	a_{11}/c_1	a_{12}/c_2	$\cdots$	a_{1n}/c_n	r_1	$w_1 = r_1 / n$
a_2	a_{21}	1		a_{2n}	a_{21}/c_1	a_{22}/c_2	$\cdots$	a_{2n}/c_n	r_2	$w_2 = r_2 / n$
$\vdots$	$\vdots$	$\vdots$	$\ddots$	$\vdots$	$\vdots$	$\vdots$	$\ddots$	$\vdots$	$\vdots$	$\vdots$
a_n	a_{n1}	a_{n2}	$\cdots$	1	a_{n1}/c_1	a_{n2}/c_2	$\cdots$	a_{nn}/c_n	r_n	$w_n = r_n / n$
c_i	$c_1 = \sum_{i=1}^{n} a_{i1}$	c_2	$\cdots$	c_n	1	1	$\cdots$	1	n	1

Für die Anwendung der Kommunikationstechnik in einem interoperablen Bahnsystem wurden die Gewichte entsprechend Tabelle A-6 bis bestimmt.

Tabelle A-6: Gewichte der Kriterien für ein interoperables Netz

Kommunikationstechnik	Evaluationsmatrix					Normalisierung						
	Reichweite	Verschlüsselung	Datenrate	Interoperabilität	Kosten	Reichweite	Verschlüsselung	Datenrate	Interoperabilität	Kosten	Zeilensumme r_i	Gewicht w_i
Reichweite	**1,0**	0,1	3,0	0,2	0,3	0,05	0,07	0,12	0,03	0,03	0,3	**0,06**
Verschlüsselung	9,0	**1,0**	9,0	5,0	7,0	0,49	0,64	0,36	0,75	0,61	2,85	**0,57**
Datenrate	0,3	0,1	**1,0**	0,1	0,2	0,02	0,07	0,04	0,02	0,02	0,17	**0,03**
Interoperabilität	5,0	0,2	7,0	**1,0**	3,0	0,27	0,13	0,28	0,15	0,26	1,09	**0,22**
Kosten	3,0	0,1	5,0	0,3	**1,0**	0,16	0,09	0,2	0,05	0,09	0,59	**0,12**
Spaltensumme c_i	18,3	1,6	25,0	6,7	11,5	1	1	1	1	1	5	1

Tabelle A-7: Gewichte des Subkriteriums Reichweite

Reichweite	Evaluation		Normalis.			
	im Freien	Dämpfung	im Freien	Dämpfung	Zeilensumme r_i	Gewicht w_i
im Freien	**1,0**	0,3	0,25	0,25	0,5	**0,25**
Dämpfung	3,0	**1,0**	0,75	0,75	1,5	**0,75**
Spaltensumme c_i	4,0	1,3	1	1	2	1

Tabelle A-8: Gewichte des Subkriteriums Kosten

Kosten	Evaluation		Normalis.			
	Nachricht	Infrastruktur	Nachricht	Infrastruktur	Zeilensumme r_i	Gewicht w_i
Nachricht	**1,0**	5,0	0,83	0,83	1,67	**0,83**
Infrastruktur	0,2	**1,0**	0,17	0,17	0,33	**0,17**
Spaltensumme c_i	1,2	6,0	1	1	2	1

Die Gewichte der Subkriterien gelten sowohl für die interoperablen als auch für die lokal begrenzten Bahnnetze.

Bevor die Kommunikationsvarianten bewertet werden, wird die Gewichtung der Kriterien einer Konsistenzprüfung unterzogen. Dafür wird zunächst die Durchschnittsmatrix berechnet (vgl. Tabelle A-9). Inkonsistenzen können auftreten, wenn für drei Elemente a_i, a_k, a_m die Bedingung $a_{ik} \cdot a_{km} = a_{im}$ nicht erfüllt ist.

Tabelle A-9: Aufstellen der Durchschnittsmatrix

	a_1	a_2	⋯	a_n	r_1
a_1	$w_1 \cdot a_{11}$	$w_2 \cdot a_{12}$	⋯	$w_n \cdot a_{1n}$	r_1
a_2	$w_1 \cdot a_{21}$	$w_2 \cdot a_{12}$		$w_n \cdot a_{2n}$	r_2
⋮	⋮	⋮	⋱	⋮	⋮
a_n	$w_1 \cdot a_{n1}$	$w_2 \cdot a_{n2}$	⋯	$w_n \cdot a_{nn}$	r_n

Auf Basis der Durchschnittsmatrix wird mit Gleichung A-2 für jedes Element a_i ein Eigenwert λ_i und anschließend mit Gleichung A-3 der maximale Eigenwert λ_{max} berechnet (MEIXNER & HAAS 2002).

$$\begin{bmatrix} r_1 \\ r_2 \\ \vdots \\ r_n \end{bmatrix} \div \begin{bmatrix} w_1 \cdot a_{1n} \\ w_2 \cdot a_{22} \\ \vdots \\ w_n \cdot a_{nn} \end{bmatrix} = \begin{bmatrix} \lambda_1 \\ \lambda_2 \\ \vdots \\ \lambda_n \end{bmatrix} \tag{A-2}$$

$$\lambda_{\max} = \frac{\sum_{i=1}^{n} \lambda_i}{n} \tag{A-3}$$

Die Ergebnisse sind in Tabelle A-11 zusammengestellt. Der Konsistenzindex *CI* und das Konsistenzverhältnis *CR* werden mit den Gleichungen A-4 und A-5 berechnet.

$$CI = \frac{\lambda_{\max} - n}{n - 1} \tag{A-4}$$

$$CR = \frac{CI}{R} \tag{A-5}$$

Der durchschnittliche Konsistenzindex *R* ist Tabelle A-10 zu entnehmen.

Tabelle A-10: Zufallskonsistenz *R* bei gegebener Matrixgröße
Quelle: SAATY (1987)

n	1	2	3	4	5	6	7	8	9	10
R	0,00	0,00	0,52	0,89	1,11	1,25	1,35	1,40	1,45	1,49

Tabelle A-11: Konsistenzprüfung Bewertung interoperables Netz

	Durchschnittsmatrix								
Parameter	Reichweite	Verschlüsselung	Datenrate	Interoperabilität	Kosten	r_i	λ_i		
Reichweite	0,06	0,06	0,1	0,04	0,04	0,308	5,058	$\Sigma \lambda_i$	26,930
Verschlüsselung	0,55	0,57	0,3	1,09	0,83	3,338	5,865	λ_{max}	5,386
Datenrate	0,02	0,06	0,03	0,03	0,02	0,172	5,120	CI	0,097
Interoperabilität	0,3	0,11	0,24	0,22	0,35	1,226	5,623	R	1,110
Kosten	0,18	0,08	0,17	0,07	0,12	0,623	5,265	CR	0,087
								CR_{max}	0,100

Die Bewertung ist nicht vollständig konsistent, da $\lambda_{max} > n$, aber ausreichend konsistent, da $CR < CR_{max}$. Die Subkriterien müssen wegen $n < 3$ und $R = 0$ nicht auf Konsistenz geprüft werden.

In Tabelle A-12 sind die Gesamtgewichte w_{rel} der Kriterien angegeben, die sich durch Multiplikation der Einzelgewichte ergeben.

Tabelle A-12: Gesamtgewichte der Kriterien für ein interoperables Netz

	Gewichte		
Parameter	$w_{1.Ebene}$	$w_{2.Ebene}$	w_{rel}
Reichweite	0,06		
- im Freien		0,25	0,02
- Dämpfung		0,75	0,05
Verschlüsselung	0,57		0,57
Datenrate	0,03		0,03
Interoperabilität	0,22		0,22
Kosten	0,12		
- Nachricht		0,83	0,10
- Infrastruktur		0,17	0,02
Spaltensumme c_i			1

Die Varianten werden anschließend anhand der ausgewählten Kriterien miteinander verglichen. Im Falle der Reichweite im Freien und der maximalen Datenrate erfolgt dieser Vergleich quantitativ. Für die anderen Kriterien wird ein qualitativer Vergleich durchgeführt. Das Ergebnis des Vergleichs wird normiert und gilt sowohl für die interoperablen als auch für die lokal begrenzten Bahnnetze. Die Vergleichsergebnisse sind in Tabelle A-13 dargestellt. Im Rahmen des AHPs ist es zulässig, neben qualitativen auch quantitative Bewertungen durchzuführen. Dies wurde für die Reichweite im Freien und die Datenrate berücksichtigt.

Tabelle A-13: Variantenvergleich der Kommunikationstechniken

	Varianten							
Parameter	WLAN	Bluetooth	RFID	Infrarot	NFC	GSM-R	LTE	
Reichweite im Freien in m	300	100	100	1	0,1	15000	9000	
Dämpfung durch Hindernisse	1	2	1	1	1	3	2	
Verschlüsselung	3	3	3	1	2	2	3	
Datenrate in kbit/s	600	2,1	0,6	1000	0,4	0,01	150	
Interoperabilität	1	1	1	1	1	3	2	
Kosten pro Nachricht	3	3	3	3	3	3	1	
Kosten Infrastruktur	1	1	1	1	1	3	3	
	Gewicht w_i							
Parameter	w_{WLAN}	w_{BT}	w_{RFID}	w_{IR}	w_{NFC}	w_{GSM-R}	w_{LTE}	r_i
Reichweite im Freien	0,0122	0,0041	0,0041	0,0000	0,0000	0,6122	0,3673	1
Dämpfung durch Hindernisse	0,0909	0,1818	0,0909	0,0909	0,0909	0,2727	0,1818	1
Verschlüsselung	0,1765	0,1765	0,1765	0,0588	0,1176	0,1176	0,1765	1
Datenrate	0,3422	0,0012	0,0004	0,5704	0,0002	0,0000	0,0856	1
Interoperabilität	0,1000	0,1000	0,1000	0,1000	0,1000	0,3000	0,2000	1
Kosten pro Nachricht	0,1579	0,1579	0,1579	0,1579	0,1579	0,1579	0,0526	1
Kosten Infrastruktur	0,0909	0,0909	0,0909	0,0909	0,0909	0,2727	0,2727	1

Die Gewichte w_i der Varianten wurde mit Gleichung A-6 bestimmt.

$$w_{\mathrm{i}} = \frac{Parameter(Variante)}{\sum Parameter} \qquad \text{(A-6)}$$

Abschließend werden die Gewichte der Varianten im den Gewichten der Kriterien multipliziert. Die Ergebnisse sind für ein interoperables Netz in Tabelle A-14 dargestellt.

Tabelle A-14: Gewichtung der Alternativen, interoperables Netz

		Gewicht w_i						
Parameter	w_{rel}	w_{WLAN}	w_{BT}	w_{RFID}	w_{IR}	w_{NFC}	w_{GSM-R}	w_{LTE}
Reichweite im Freien	0,02	0,0122	0,0041	0,0041	0,0000	0,0000	0,6122	0,3673
Dämpfung durch Hindernisse	0,05	0,0909	0,1818	0,0909	0,0909	0,0909	0,2727	0,1818
Verschlüsselung	0,57	0,1765	0,1765	0,1765	0,0588	0,1176	0,1176	0,1765
Datenrate	0,03	0,3422	0,0012	0,0004	0,5704	0,0002	0,0000	0,0856
Interoperabilität	0,22	0,1000	0,1000	0,1000	0,1000	0,1000	0,3000	0,2000
Kosten pro Nachricht	0,10	0,1579	0,1579	0,1579	0,1579	0,1579	0,1579	0,0526
Kosten Infrastruktur	0,02	0,0909	0,0909	0,0909	0,0909	0,0909	0,2727	0,2727

Tabelle A-14: Gewichtung der Alternativen, interoperables Netz, fortgesetzt

	Varianten						
	WLAN	Bluetooth	RFID	Infrarot	NFC	GSM-R	LTE
Reichweite im Freien	0,0002	0,0001	0,0001	0,0000	0,0000	0,0093	0,0056
Dämpfung durch Hindernisse	0,0042	0,0083	0,0042	0,0042	0,0042	0,0125	0,0083
Verschlüsselung	0,1004	0,1004	0,1004	0,0335	0,0670	0,0670	0,1004
Datenrate	0,0115	0,0000	0,0000	0,0192	0,0000	0,0000	0,0029
Interoperabilität	0,0218	0,0218	0,0218	0,0218	0,0218	0,0654	0,0436
Kosten pro Nachricht	0,0156	0,0156	0,0156	0,0156	0,0156	0,0156	0,0052
Kosten Infrastruktur	0,0018	0,0018	0,0018	0,0018	0,0018	0,0054	0,0054
Präferenzindex *w*	**0,1554**	**0,1480**	**0,1438**	**0,0960**	**0,1103**	**0,1751**	**0,1714**

Der Präferenzindex *w* kennzeichnet die Eignung der verschiedenen Varianten für die gestellte Aufgabe, die in diesem Falle die Datenübertragung zwischen Fahrzeug und Landseite in einem interoperablen Netz war. Nach demselben Verfahren werden geeignete Kommunikationstechniken für lokal begrenzte Netze gesucht. Die Subkriterien (Tabelle A-7 und Tabelle A-8) und der Variantenvergleich der Kommunikationstechniken (Tabelle A-13) bleiben dabei unverändert. Die Gewichte der Kriterien ändern sich für ein lokal begrenztes Netz entsprechend Tabelle A-15. Die Konsistenzprüfung führt zu Tabelle A-16. Die Gesamtgewichte der Kriterien zeigt Tabelle A-17.

Tabelle A-15: Gewichte der Kriterien für ein lokales Netz

	Evaluationsmatrix					Normalisierung						
Kommunikationstechnik	Reichweite	Verschlüsselung	Datenrate	Interoperabilität	Kosten	Reichweite	Verschlüsselung	Datenrate	Interoperabilität	Kosten	Zeilensumme r_i	Gewicht w_i
Reichweite	**1,0**	0,2	3,0	7,0	5,0	0,21	0,12	0,32	0,24	0,31	1,2	**0,24**
Verschlüsselung	3,0	**1,0**	5,0	9,0	7,0	0,64	0,6	0,53	0,31	0,43	2,52	**0,50**
Datenrate	0,3	0,2	**1,0**	7,0	3,0	0,07	0,12	0,11	0,24	0,19	0,73	**0,15**
Interoperabilität	0,1	0,1	0,1	**1,0**	0,1	0,03	0,07	0,02	0,03	0,01	0,15	**0,03**
Kosten	0,2	0,1	0,3	5,0	**1,0**	0,04	0,09	0,04	0,17	0,06	0,4	**0,08**
Spaltensumme c_i	4,7	1,7	9,5	29,0	16,1	1	1	1	1	1	5	1

Tabelle A-16: Konsistenzprüfung Bewertung lokales Netz

	Durchschnittsmatrix								
Parameter	Reichweite	Verschlüsselung	Datenrate	Interoperabilität	Kosten	r_i	λ_i		
Reichweite	0,24	0,1	0,44	0,22	0,4	1,391	5,782	$\Sigma\lambda_i$	26,633
Verschlüsselung	0,72	0,5	0,73	0,28	0,56	2,787	5,532	λ_{max}	5,327
Datenrate	0,08	0,1	0,15	0,22	0,24	0,781	5,385	CI	0,082
Interoperabilität	0,03	0,06	0,02	0,03	0,01	0,151	4,889	RI	1,110
Kosten	0,05	0,07	0,05	0,15	0,08	0,402	5,045	CR	0,074
								CR_{max}	0,100

Tabelle A-17: Gesamtgewichte der Kriterien für ein lokales Netz

	Gewichte		
Parameter	$w_{1.Ebene}$	$w_{2.Ebene}$	w_{rel}
Reichweite	0,24		
- im Freien		0,25	0,06
- Dämpfung		0,75	0,18
Verschlüsselung	0,50		0,50
Datenrate	0,15		0,15
Interoperabilität	0,03		0,03
Kosten	0,08		
- Nachricht		0,83	0,07
- Infrastruktur		0,17	0,01
Spaltensumme c_i			1

Abschließend werden die Gewichte der Varianten im den Gewichten der Kriterien multipliziert. Die Ergebnisse sind für ein lokal begrenztes Netz in Tabelle A-18 dargestellt.

Tabelle A-18: Gewichtung der Alternativen, lokales Netz

		Gewicht w_i						
Parameter	w_{rel}	w_{WLAN}	w_{BT}	w_{RFID}	w_{IR}	w_{NFC}	w_{GSM-R}	w_{LTE}
Reichweite im Freien	0,06	0,0122	0,0041	0,0041	0,0000	0,0000	0,6122	0,3673
Dämpfung durch Hindernisse	0,18	0,0909	0,1818	0,0909	0,0909	0,0909	0,2727	0,1818
Verschlüsselung	0,50	0,1765	0,1765	0,1765	0,0588	0,1176	0,1176	0,1765
Datenrate	0,15	0,3422	0,0012	0,0004	0,5704	0,0002	0,0000	0,0856
Interoperabilität	0,03	0,1000	0,1000	0,1000	0,1000	0,1000	0,3000	0,2000
Kosten pro Nachricht	0,07	0,1579	0,1579	0,1579	0,1579	0,1579	0,1579	0,0526
Kosten Infrastruktur	0,01	0,0909	0,0909	0,0909	0,0909	0,0909	0,2727	0,2727

Tabelle A-18: Gewichtung der Alternativen, lokales Netz, fortgesetzt

	Varianten						
	WLAN	Blue-tooth	RFID	Infra-rot	NFC	GSM-R	LTE
Reichweite im Freien	0,0007	0,0002	0,0002	0,0000	0,0000	0,0368	0,0221
Dämpfung durch Hindernisse	0,0164	0,0328	0,0164	0,0164	0,0164	0,0492	0,0328
Verschlüsselung	0,0889	0,0889	0,0889	0,0296	0,0593	0,0593	0,0889
Datenrate	0,0496	0,0002	0,0001	0,0827	0,0000	0,0000	0,0124
Interoperabilität	0,0031	0,0031	0,0031	0,0031	0,0031	0,0093	0,0062
Kosten pro Nachricht	0,0105	0,0105	0,0105	0,0105	0,0105	0,0105	0,0035
Kosten Infrastruktur	0,0012	0,0012	0,0012	0,0012	0,0012	0,0036	0,0036
Präferenzindex *w*	**0,1705**	**0,1369**	**0,1204**	**0,1436**	**0,0905**	**0,1687**	**0,1695**

A.5 INSTANDHALTUNGSSTUFEN DER BAHN

Instandhaltungsstufen DBAG

IS 010	außerplanmäßige Instandsetzung im Zugverband bei leichten Schäden
IS 020	außerplanmäßige Instandsetzung bei leichten Schäden (DB AG)
IS 030	Bedarfsreparatur (z.B. Neulackierung) [außerplanmäßige Instandsetzung bei schweren Schäden]
IS 031	mobile oder außerplanmäßige Wartung
IS 040	Behebung von Schäden durch Dritte (z.B. Graffiti, Vandalismus)
IS 043	Behebung von Schäden durch Dritte (z.B. Graffiti, Vandalismus) außerhalb Systempreis
IS 050	Unterflurdrehbank-Behandlung
IS 061	Katalogschäden (nur für Privatgüterwagen)
IS 070	DBAG-EUROP-Wagen bei Übernahme mit Schäden von nicht am Europ-Abkommen beteiligten Bahnen
IS 090	Behebung von schweren Unfallschäden (Kosten höher als 5.000 Euro)
IS 100	L, Laufwerkskontrolle, Zuginspektion, bei ICE-Zügen auch WCs entleeren, Frischwasser auffüllen, etwa alle zwei Tage (3 600 km – 4 000 km), 1,5 h Standzeit
IS 170	Wartung des Zuges ohne Untersuchungsgrube
IS 180	Wartung des Zuges mit mehr Aufwand
IS 200	N, Allgemeine Nachschau (Lauffähigkeitsuntersuchung mit Bremsprüfung), bei ICE-Zügen auch IS 100 zzgl. Bremsen, LZB und Gleitschutz, alle 20 000 km – 24 000 km, 2,5h Standzeit
IS 510	F1, bei ICE-Zügen Bremsrevision, Prüfung der Klimaanlagen, Kücheneinrichtung, Sitze, Batterien und FIS, alle 60 000 km – 72 000 km, 14 h Standzeit
IS 517	F1 mit Vorbereitung auf Sommer/Winter
IS 520	F2
IS 527	F2 mit Vorbereitung auf Sommer/Winter
IS 530	F3, bei ICE-Zügen wie IS 510, zzgl. Fahrmotore, Lager und Wellen der Radsätze, Kupplungen, alle 240 000 km – 288 000 km, 18 h Standzeit
IS 540	F4, bei ICE-Zügen wie 530, zzgl. Kompressor, Trafokühlung, Fahrgastraum, alle 480 000 km – 576 000 km, 1 d Standzeit
IS 550	F5/F6
IS 560	Br 1.1, Br 1.2
IS 580	Br 2
IS 590	Br 3
IS 600	EBO-Untersuchung bzw. Larsyg-Revision [teilweise Gewährleistungsreparaturen] {DB: 1.0}, bei ICE-Zügen alle Komponenten des Zuges, alle 1 200 000 km – 1 320 000 km, 10 d Standzeit
IS 610	Vereinfachte Larsyg-Revision
IS 630	Zustandsbezogene Revision - erforderliche Mindestarbeiten für eine Hauptuntersuchung inkl. Wunscharbeiten des Auftraggebers

IS 650	IS 600 für ICE-Flotte in den Werken Berlin, Frankfurt (Main), Frankfurt Griesheim, Hamburg, München und Nürnberg
IS 660	Auslauf-Untersuchung (letzte Untersuchung vor der Ausmusterung des Fahrzeugs) {DB: 2.8}
IS 662	vereinfachte Untersuchung mit Verlängerung der Fristen um 2 Jahre [bei Elektrotriebwagen]
IS 670	Erste EBO-Untersuchung nach Neu- bzw. Umbau [bei Güterwagen] {DB: 2.1}
IS 680	einfache Revision ab SS-Güterwagen mit Br 2
IS 693	Revision mit zusätzlicher Beseitigung von Unfallschäden
IS 700	Revision ohne Neulackierung [oder Anstricherneuerung] {DB: 2.0, DR: E6/V6/T6}
IS 703	Revision mit Neulackierung [oder Anstricherneuerung] {DB: 3.0}, bei ICE-Zügen wie IS 600 zzgl. Tausch der Drehgestelle, alle 2 400 000 km – 2 640 000 km, 10 d Standzeit
IS 730	Vereinfachte Revision für 3 Jahre [mit Br 1 oder Br 2]
IS 770	Vereinfachte Revision [und Br 2, aus anderen Gründen und nach Neulieferung]
IS 783	Revision mit umfangreichen Instandsetzungsarbeiten und Neulackierung {DB: 3.7, DR: T9}
IS 790	Revision mit Behebung schwerer Unfallschäden (Kosten höher als 5.000 Euro) ohne Neulackierung {DB: 3.9}
IS 793	Revision mit Behebung schwerer Unfallschäden (Kosten höher als 5.000 Euro) und Neulackierung {DB: 3.9}
IS 803	Grundinstandsetzung mit [Neu-]Lackierung {DR: E7/V7/T7}
IS 820	Herrichten zum Weiterbetrieb
IS 880	Umbau des Fahrzeuges {DB: 5.0}
IS 910	Abnahme von neuen Fahrzeugen {DB: Abn., DR: ID}
IS 921	Gewährleistungsdurchsicht
IS 924	Probezerlegung
IS 925	Sonderarbeiten [in Sonderzuführung]
IS 926	Versuchsarbeiten, Versuche, Arbeiten für Sonderzwecke
IS 930	Sehr vereinfachte Auslaufuntersuchung, die im Heimat-Betriebshof ausgeführt werden kann
IS 935	Indusi, Zugbahnfunk (kleine Frist, 3 Monate)
IS 936	Indusi, Zugbahnfunk (große Frist, 6 Monate)
IS 941	Verschrottung [Ausmusterung]
IS 951	Außenreinigung
IS 956	Innenreinigung, Reinigung der Laufwerke und Maschinenanlagen
IS 970	Vorräte ergänzen, Nachstellarbeiten

Bremsrevisionen

Br 0	
Br 1.1	Inspektion der Bremseinrichtung, Wartung an bestimmten Bremsteilen, bei jeder Frist
Br 1.2	entspricht Br 1.1, ist 360 Kalendertage nach IS 910 oder IS 600/700 nach Br 1.2, Br 2 oder Br 3 durchzuführen
Br 2	Untersuchung der Bremseinrichtungen, Auswechslung schadhafter und verschlissener Einrichtungen sowie pneumatischer Teile (planmäßig), im Wechsel mit Br 3
Br 3	Untersuchung der Bremsteile, planmäßiger Tausch pneumatischer Einrichtungen, Abbau der mechanischen Bremsteile und deren Aufarbeitung, im Wechsel mit Br 2

Fristen

F1	entspricht IS 510
F2	entspricht IS 520
F3	entspricht IS 530
F4	entspricht IS 540
F5	
F6	

Revisionen IS 600/700

- Untersuchung Fahrzeugrahmen und Aufbauten
- Revision Drehgestelle und Radsätze einschließlich Radsatzgetriebe
- Überprüfung des Zustandes von Feder- und Federlagerungselementen
- Br 3 [oder Br 2]
- Kontrolle Zug-/Stoßeinrichtungen und Signal-/Sicherheitseinrichtungen
- Untersuchung Antriebsanlage (Motoren, Getriebe, Gelenkwellenlagerung)
- Überprüfung der Warnanstriche und Anschriften

Legende

IS	Instandhaltungsstufe
Br	Bremsrevision
F	Frist
Larsyg	laufleistungs- und lastabhängiges Revisionssystem für Güterwagen

Quellen

Strauß (2002), Martinsen & Rahn (1997), Ackermann (2013), bahnstatistik.de (2015) und elektrolok.de (2015)

A.6 WARTUNGSPROGRAMME FÜR VERKEHRSFLUGZEUGE

Tabelle A-19: Wartungsprogramme für Verkehrsflugzeuge
Quelle: VOIT-NITSCHMANN & KEILIG (2014)
W – Wochen, M – Monate, S – Starts, h – Flugstunden, d – Tage

	Boeing		Airbus			
Typ →	737	747	A300	A320	Werftliegezeit	Arbeitsumfang
A-Check	350 h	650 h 6 – 7 W	350 h	350 h	über Nacht	Kabineninspektion, Systemchecks
B-Check	5,5 M	1 800 h	1 000 h	-	1 d	Inspektion der Struktur, intensive Systemchecks
C-Check	15 M	18 M	18 M	15 M	wenige Tage	detaillierte Inspektion der Struktur (Entfernen aller Verkleidungen), high-level Systemchecks
D-Check	22 000 h 25 000 S 108 M	31 000 h - 72 M	25 000 h 12 500 S 108 M	102 M	~ 6 W	Zerlegen aller Komponenten, Struktur- und Systemüberholung, Durchführen aller vom Hersteller empfohlenen Nachrüstungen, Neulackierung

A.7 BEWERTUNG DER MIGRATIONSSTRATEGIEN

Die Bewertung der Migrationsstrategien erfolgte grundsätzlich wie im Anhang A.4 bereits beschrieben. Aufgrund der gewählten qualitativen Bewertung der Varianten wurde auf eine Gewichtsbildung für die Varianten verzichtet, da dies das qualitative Ergebnis in keiner Weise ändern würde.

Die Gewichtung der Kriterien inklusive Konsistenzprüfung ist in Tabelle A-20 bis Tabelle A-22 enthalten.

Tabelle A-20: Gewichte der Kriterien für den Integrationsumfang

Integrationsumfang									
		Evaluation			Normalisierung				
Parameter	**Gewichtung**	vollständig	teilweise	nachträglich	vollständig	teilweise	nachträglich	Zeilensumme der normalisierten Matrix	
vollständig	**0,643**	1,0	3,0	7,0	0,677	0,714	0,538	1,930	
teilweise	**0,283**	0,3	1,0	5,0	0,226	0,238	0,385	0,849	
nachträglich	**0,074**	0,1	0,2	1,0	0,097	0,048	0,077	0,221	
Summe:	1,00	1,5	4,2	13,0	1,00	1,00	1,00	richtig	3,00
Konsistenz:	ja							3,00	Prüfung

Konsistenzprüfung	0,643	0,283	0,074		
	vollständig	teilweise	nachträglich	Zeilensumme der Durchschnittsmatrix	Eigenwert
	0,643	0,849	0,516	2,01	3,12
	0,214	0,283	0,369	0,87	3,06
	0,092	0,057	0,074	0,22	3,01
				Max Eigenw	1,04
				Konsistenzindex:	-0,98
				Zufallskonsistenz:	0,52
				Konsistenzverhältnis:	-1,88

Tabelle A-21: Gewichte der Kriterien für die Integrationstiefe

Integrationstiefe									
		Evaluation			Normalisierung				
Parameter	**Gewichtung**	zentral (Zug)	zentral (Fahrzeug)	dezentral	zentral (Zug)	zentral (Fahrzeug)	dezentral	Zeilensumme der normalisierten Matrix	
zentral (Zug)	**0,303**	1,0	0,3	5,0	0,238	0,217	0,455	0,910	
zentral (Fahrzeug)	**0,607**	3,0	1,0	5,0	0,714	0,652	0,455	1,821	
dezentral	**0,090**	0,2	0,2	1,0	0,048	0,130	0,091	0,269	
Summe:	1,00	4,2	1,5	11,0	1,00	1,00	1,00	richtig	3,00
Konsistenz:	ja							3,00	Prüfung

	0,303	0,607	0,090		
Konsistenzprüfung	zentral (Zug)	zentral (Fahrzeug)	dezentral	Zeilensumme der Durchschnittsmatrix	Eigenwert
	0,303	0,202	0,448	0,95	3,14
	0,910	0,607	0,448	1,97	3,24
	0,061	0,121	0,090	0,27	3,03
				Max Eigenw	1,08
				Konsistenzindex:	-0,96
				Zufallskonsistenz:	0,52
				Konsistenzverhältnis:	-1,85

Tabelle A-22: Gewichte der Kriterien für den Speicherort

Speicherort									
		Evaluation			**Normalisierung**				
Parameter	**Gewichtung**	zentral (Zug)	zentral (Fahrzeug)	dezentral	zentral (Zug)	zentral (Fahrzeug)	dezentral	Zeilensumme der normalisierten Matrix	
zentral (Zug)	**0,729**	1,0	7,0	9,0	0,797	0,860	0,529	2,187	
zentral (Fahrzeug)	**0,216**	0,1	1,0	7,0	0,114	0,123	0,412	0,648	
dezentral	**0,055**	0,1	0,1	1,0	0,089	0,018	0,059	0,165	
Summe:	1,00	1,3	8,1	17,0	1,00	1,00	1,00	richtig	3,00
Konsistenz:	ja							3,00	Prüfung

Konsistenzprüfung	0,729	0,216	0,055		
	zentral (Zug)	zentral (Fahrzeug)	dezentral	Zeilensumme der Durchschnittsmatrix	Eigenwert
	0,729	1,513	0,495	2,74	3,76
	0,104	0,216	0,385	0,71	3,26
	0,081	0,031	0,055	0,17	3,03
				Max Eigenw	1,25
				Konsistenzindex:	-0,87
				Zufallskonsistenz:	0,52
				Konsistenzverhältnis:	-1,68

Die Gewichtung der Varianten ist das Ergebnis einer Bewertung entsprechend der Neun-Punkte-Bewertungsskala des AHP, der folgende Festlegungen zu Grunde liegen:

- **Integrationsumfang**
  - Eine vollständige Integration hat eine etwas größere Bedeutung als eine teilweise Integration, weil bei vollständiger Integration eine etwas bessere Datenverknüpfung möglich ist und die Diagnosemeldungen aller Subsysteme die gleiche Struktur und Qualität hätten ➔ 3.
  - Eine vollständige Integration hat eine sehr viel größere Bedeutung als eine nachträgliche Integration, weil bei vollständiger Integration eine wesentlich bessere Datenverknüpfung möglich ist und die Qualität der Diagnosemeldungen für alle Subsysteme wesentlich besser wäre ➔ 7.

  - Eine teilweise Integration hat eine erheblich größere Bedeutung als eine nachträgliche Integration, weil schon bei teilweiser Integration eine bessere Datenverknüpfung möglich ist als bei nachträglicher Integration ➔ 5.
- **Integrationstiefe**
  - Ein zentral im Zug ablaufender Diagnoseprozess hat eine etwas geringere als ein zentral im Fahrzeug ablaufender Diagnoseprozess, da ein zentral im Zug ablaufender Diagnoseprozess einen großen Aufwand für die Bereitstellung der erforderlichen Datenübertragungs- und Verarbeitungskapazitäten erfordern würde ➔ 1/3.
  - Ein zentral im Zug ablaufender Diagnoseprozess hat eine erheblich größere Bedeutung als ein dezentral ablaufender Diagnoseprozess, da bei einem zentral im Zug ablaufendem Diagnoseprozess eine bessere Datenverknüpfung möglich wäre ➔ 5.
  - Ein zentral im Fahrzeug ablaufender Diagnoseprozess hat eine erheblich größere Bedeutung als ein dezentral ablaufender Diagnoseprozess, da bei einem zentral im Fahrzeug ablaufendem Diagnoseprozess eine bessere Datenverknüpfung möglich wäre ➔ 5.
- **Speicherort**
  - Eine Speicherung der Diagnosemeldungen zentral im Zug hat eine sehr viel größere Bedeutung als eine Speicherung zentral im Fahrzeug, da zentral im Zug gespeicherte Diagnosemeldungen einfacher auszuwerten und zu übertragen sind ➔ 7.
  - Eine Speicherung der Diagnosemeldungen zentral im Zug hat eine gegenüber der dezentralen Speicherung absolut dominierende Bedeutung, da der Aufwand zum Auslesen und Übertragen der Diagnosemeldungen bei dezentraler Speicherung wesentlich höher ist als bei einer Speicherung zentral im Zug ➔ 9.
  - Eine Speicherung der Diagnosemeldungen zentral im Fahrzeug hat eine sehr viel größere Bedeutung als eine dezentrale Speicherung, da schon zentral im Fahrzeug gespeicherte Diagnosemeldungen einfacher auszuwerten und zu übertragen sind als bei dezentraler Speicherung ➔ 7.

Für die in Kapitel 2.1 betrachteten verschiedenen Fahrzeugarten sind die vorgestellten Varianten zur Integration eines Diagnosesystems unterschiedlich gut geeignet. Tabelle A-23 zeigt die Bewertung.

Tabelle A-23: Bewertung der einzelnen Varianten für die Fahrzeugarten

		Fahrzeugart				
		Triebzug	Multiple Unit	Lok	Reisezugwagen	Güterwagen
Integrationsumfang	vollständig	3	3	3	3	3
	teilweise	2	2	2	2	2
	nachträglich	1	1	1	1	1
Integrationstiefe	zentral (Zug)	3	2	1	1	1
	zentral (Fahrzeug)	2	3	3	3	3
	dezentral	1	1	2	2	2
Speicherort	zentral (Zug)	3	3	3	3	1
	zentral (Fahrzeug)	2	2	2	2	3
	dezentral	1	1	1	1	2

A.8 BLOCKSCHALTBILDER HKL-SYSTEME

Zweikanal-Kaltdampfkältemaschine

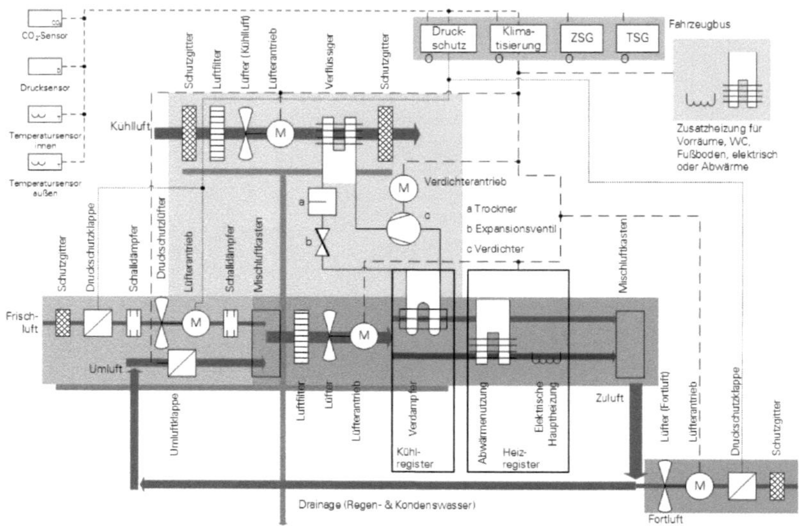

Abbildung A-12: Teilsysteme einer Zweikanal-Kaltdampfkälteanlage
Quelle: eigene Darstellung nach JANICKI ET AL. (2013)

Einkanal-Kaltluftkältemaschine

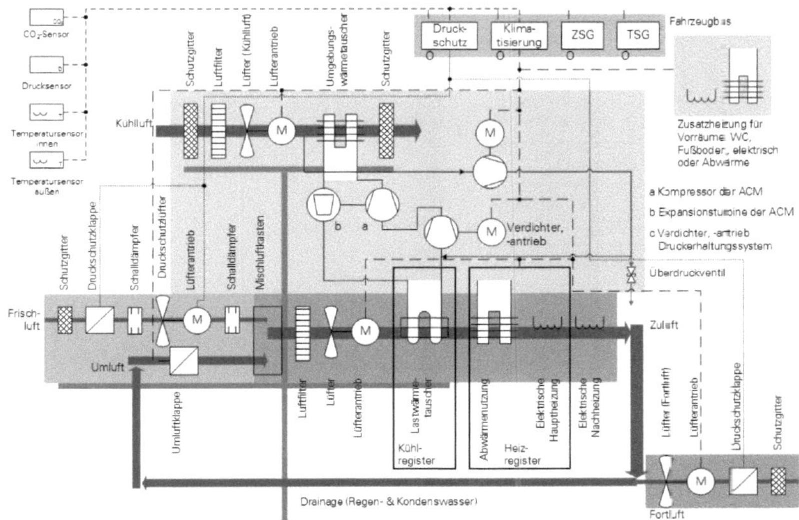

Abbildung A-13: Teilsysteme einer Einkanal-Kaltluftkälteanlage (ACM)
Quellen: eigene Darstellung nach MARTINSEN & RAHN (1997) und JANICKI ET AL. (2013)

A.9 STRUKTOGRAMM – ERZEUGEN DER BASISTABELLEN

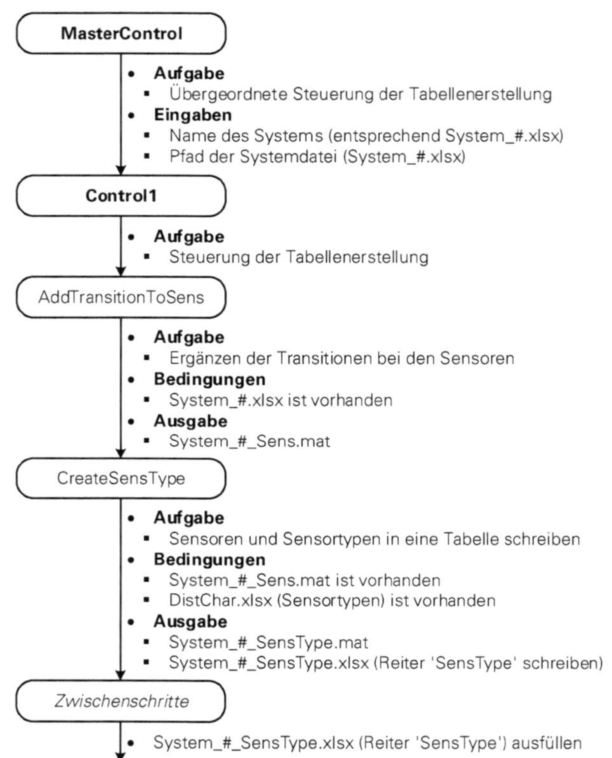

Abbildung A-14: Struktogramm – Erstellen der Basistabellen, Teil 1

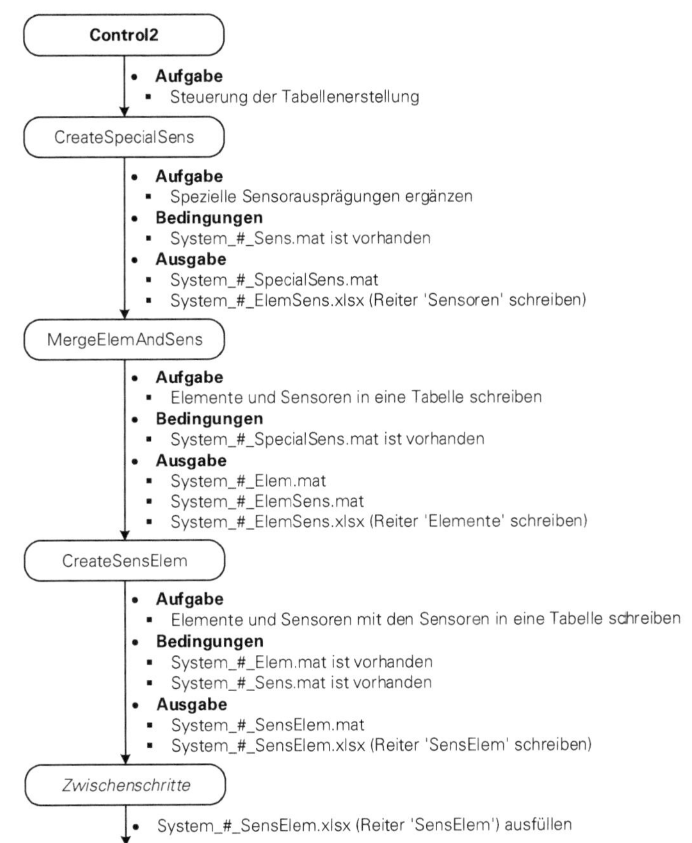

Abbildung A-15: Struktogramm – Erstellen der Basistabellen, Teil 2

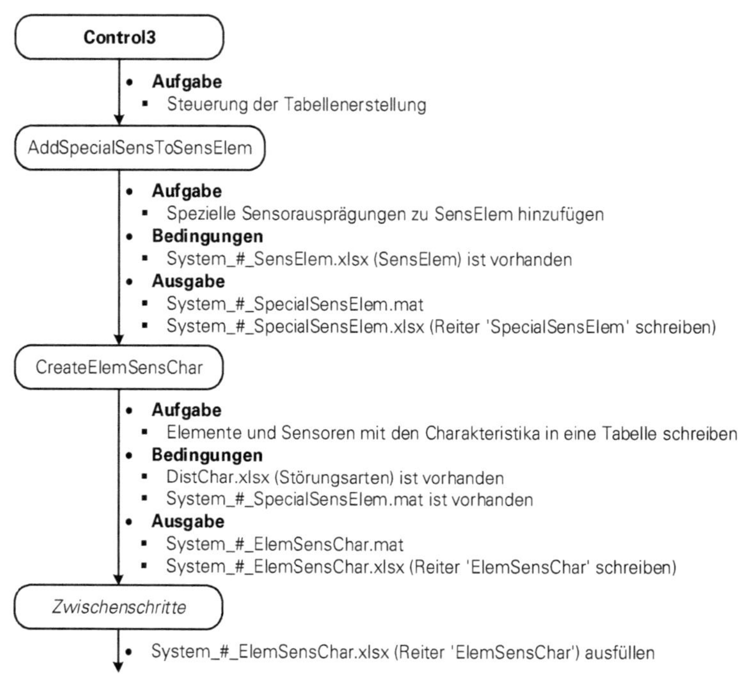

Abbildung A-16: Struktogramm – Erstellen der Basistabellen, Teil 3

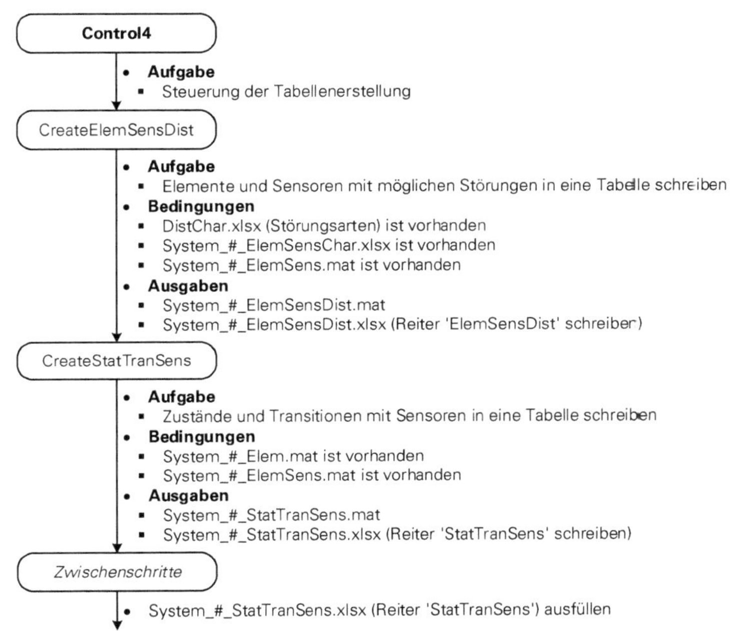

Abbildung A-17: Struktogramm – Erstellen der Basistabellen, Teil 4

Control5

- **Aufgabe**
  - Steuerung der Tabellenerstellung

AddSpecialSensToStatTranSens

- **Aufgabe**
  - Spezielle Sensorausprägungen in StatTranSens ergänzen
- **Bedingungen**
  - System_#_StatTranSens.xlsx ist vorhanden
- **Ausgaben**
  - System_#_StatTranSpecialSens.mat
  - System_#_StatTranSpecialSens.xlsx (Reiter 'StatTranSpecialSens' schreiben)

CreateElemDistSens

- **Aufgabe**
  - Elemente (inkl. Sensoren), Störungen und Sensoren in eine Tabelle schreiben
- **Bedingungen**
  - System_#_StatTranSpecialSens.mat ist vorhanden
  - System_#_SensElem.xlsx ist vorhanden
  - System_#_SensType.xlsx istvorhanden
  - System_#_ElemSensDist.xlsx ist vorhanden
- **Ausgaben**
  - System_#_ElemSensDist.mat
  - System_#_ElemDistSens.mat
  - System_#_ElemDistSens.xlsx (Reiter 'ElemDistSens' schreiben)

CreateElemDistStatTranSens

- **Aufgabe**
  - Elemente (inkl. Sensoren), Störungen, Zustände und Transitionen mit Sensoren in eine Tabelle schreiben → Diagnoseraum
- **Bedingungen**
  - System_#_StatTranSpecialSens.xlsx ist vorhanden
  - DistChar.xlsx (Status) ist vorhanden
  - System_#_ElemSens.mat ist vorhanden
  - System_#_ElemDistSens.mat ist vorhanden
- **Ausgaben**
  - System_#_ElemDistStatTranSens.mat
  - System_#_ElemDistStatTranSens.xlsx (Reiter 'ElemDistStatTranSens' schreiben)

Abbildung A-18: Struktogramm – Erstellen der Basistabellen, Teil 5

A.10 PROGRAMMABLAUFPLÄNE DER DIAGNOSESIMULATION

A.10.1 PAP Hauptmenü

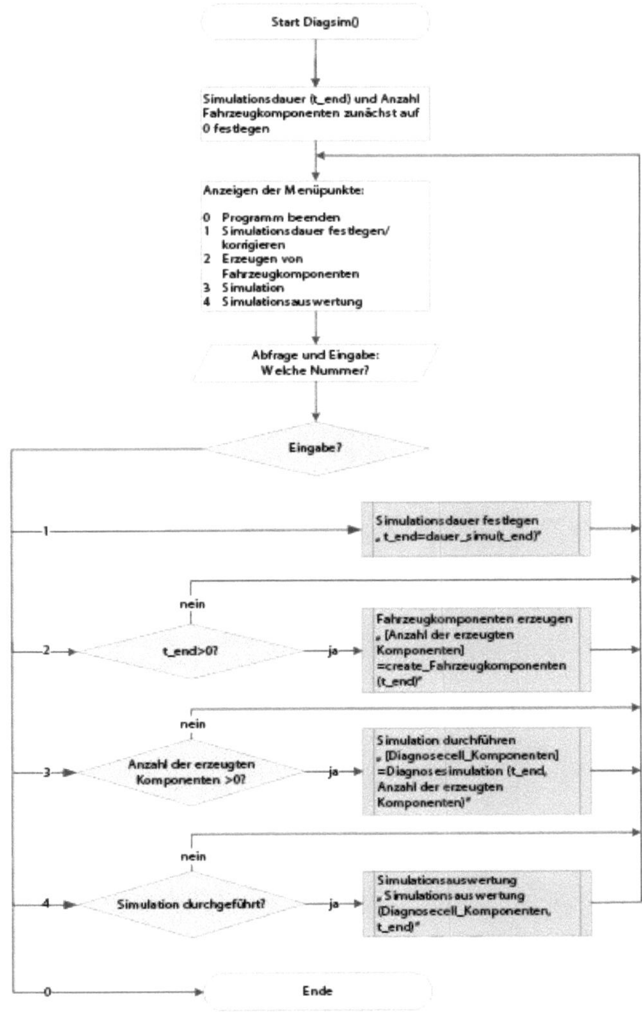

Abbildung A-19: PAP Diagnosesimulation – Hauptmenü

A.10.2PAP Simulationsdauer

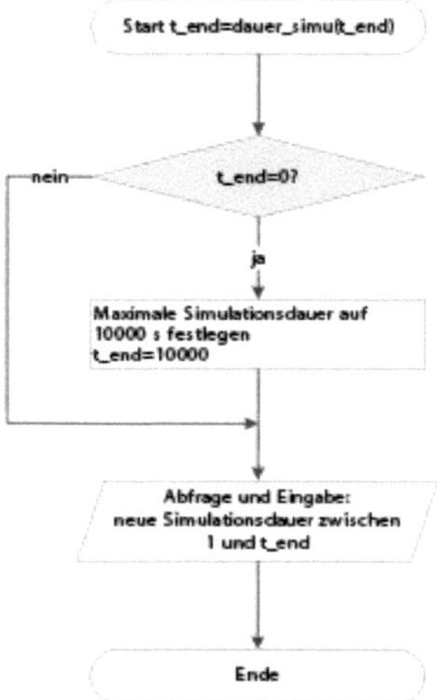

Abbildung A-20: PAP Diagnosesimulation – Simulationsdauer

A.10.3PAP Subsystem

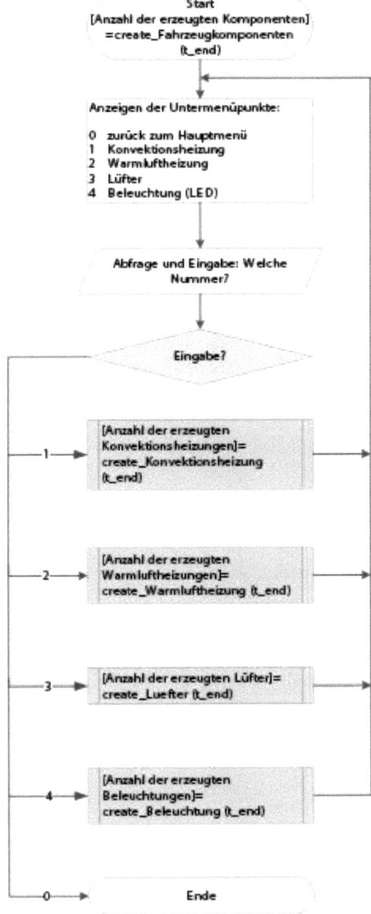

Abbildung A-21: PAP Diagnosesimulation – Subsystem I

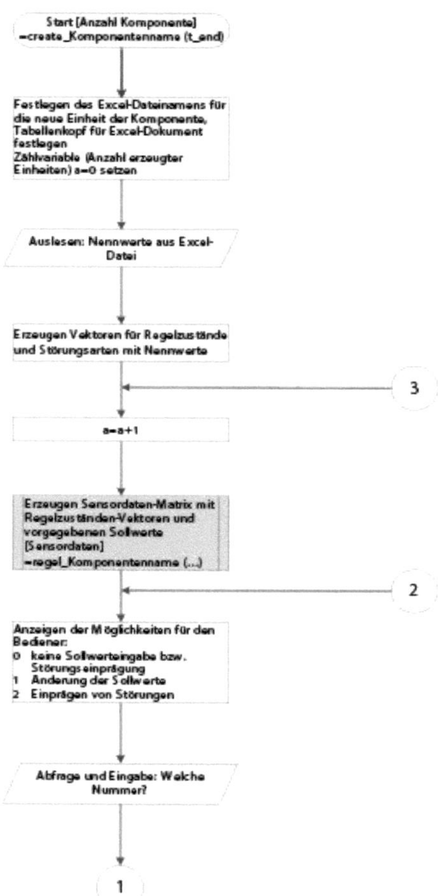

Abbildung A-22: PAP Diagnosesimulation – Subsystem II

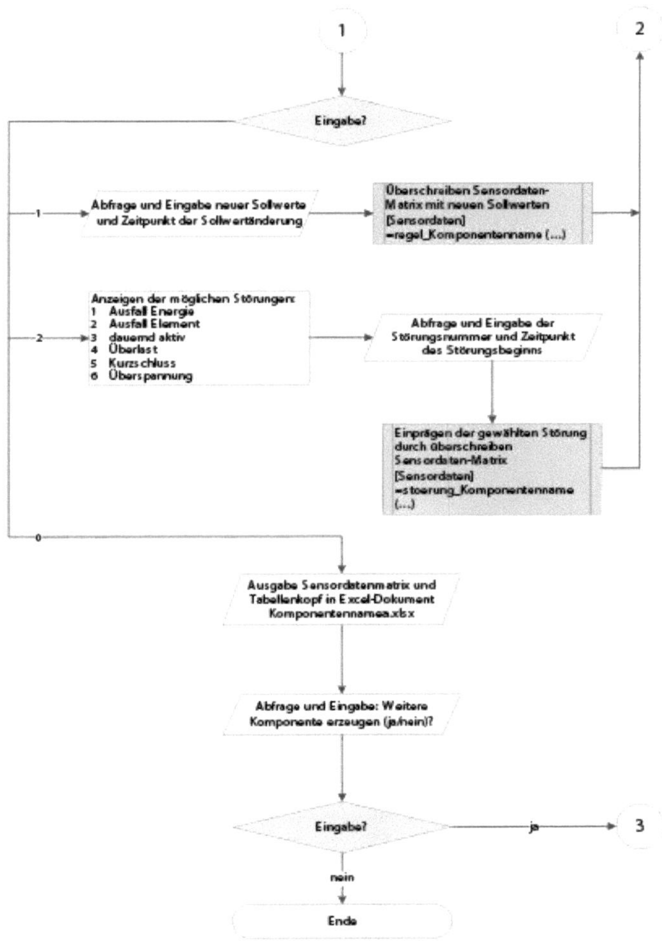

Abbildung A-23: PAP Diagnosesimulation – Subsystem III

A.10.4 PAP Simulation

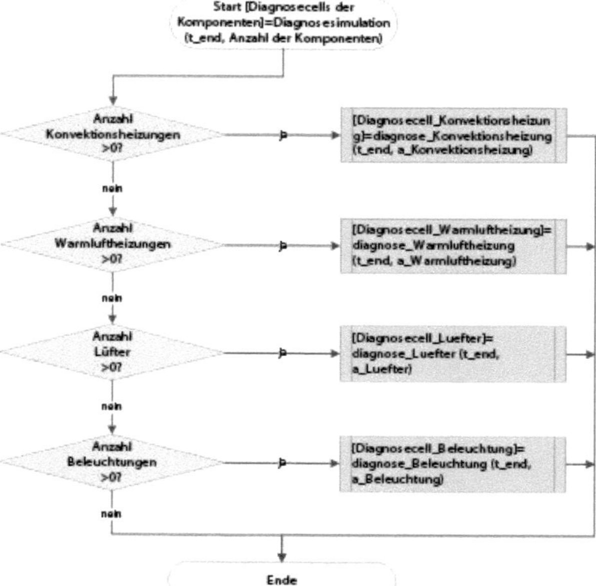

Abbildung A-24: PAP Diagnosesimulation – Simulation I

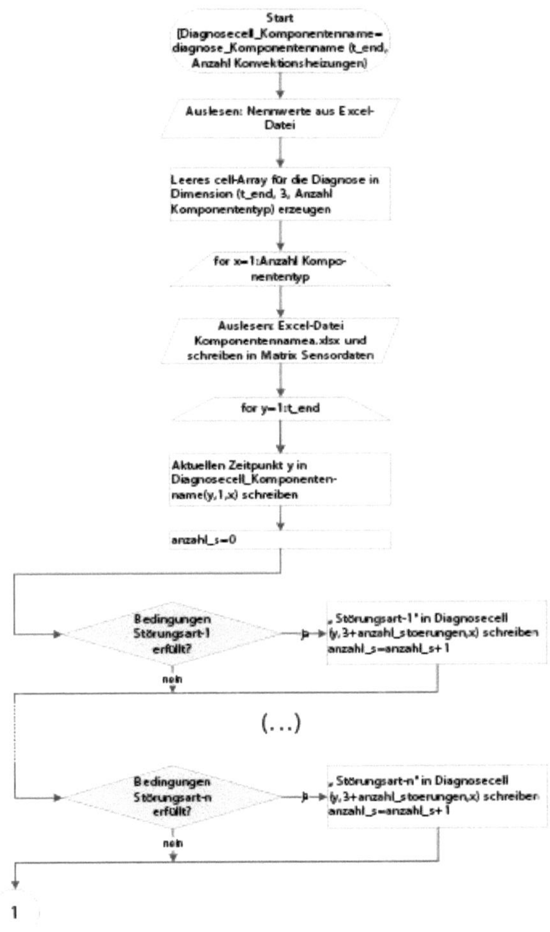

Abbildung A-25: PAP Diagnosesimulation – Simulation II

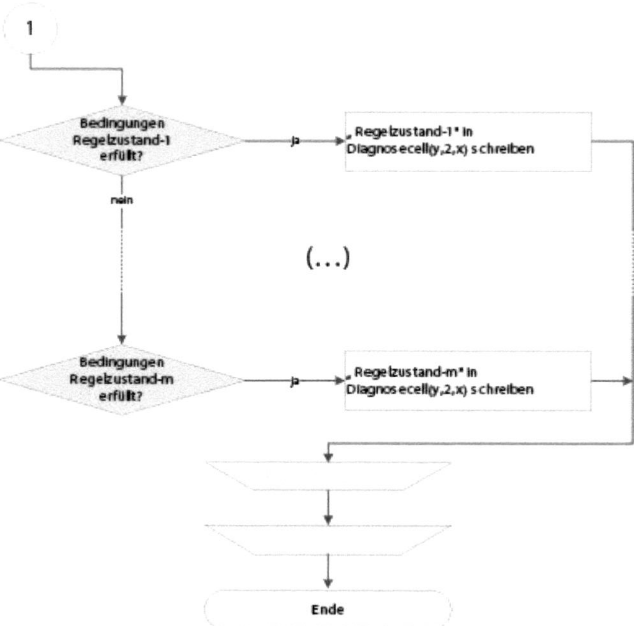

Abbildung A-26: PAP Diagnosesimulation – Simulation III

A.10.5PAP Auswertung

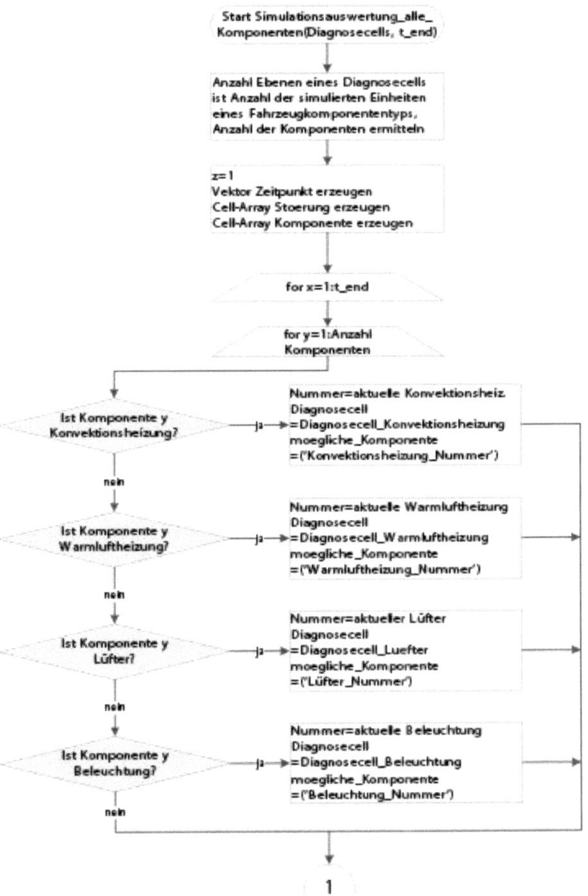

Abbildung A-27: PAP Diagnosesimulation – Auswertung I

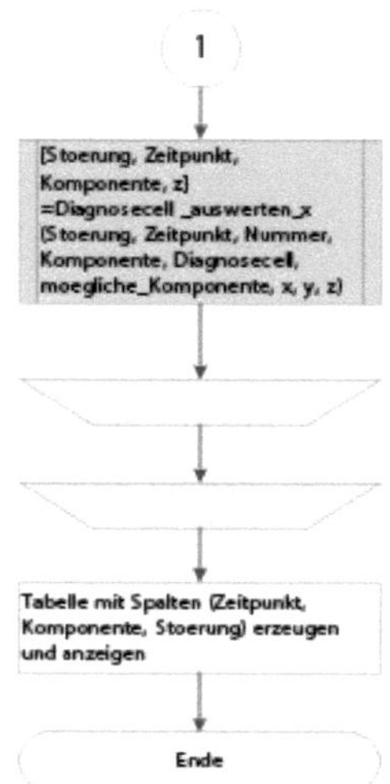

Abbildung A-28: PAP Diagnosesimulation – Auswertung II

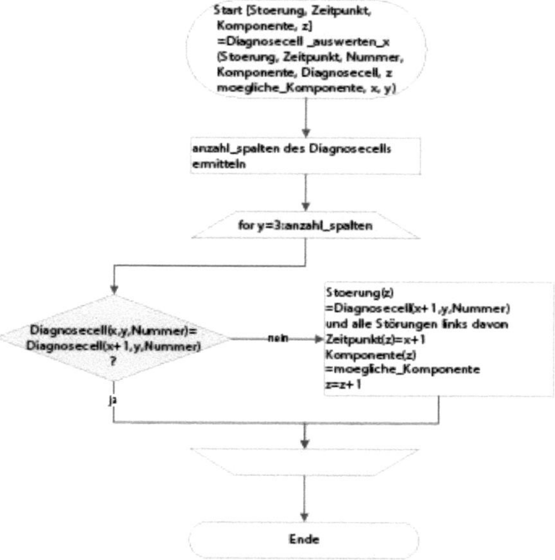

Abbildung A-29: PAP Diagnosesimulation – Auswertung III

B LEBENSLAUF

Persönliche Daten

Jean-Pierre René Heinz Pally
*30.03.1983, Crivitz
Staatsangehörigkeit: deutsch

Beruflicher Werdegang

seit 02/2010	Wissenschaftlicher Mitarbeiter an der Professur Elektrische Bahnen, Institut für Bahnfahrzeuge und Bahntechnik, Technische Universität Dresden

Weiterbildungen

04/2013	Bahnübergänge – Technische Störungen, Instandhaltung und Störungsbeseitigung

Projekte

07/2015 – 12/2015	Generische Beschreibung der Schnittstelle Fahrzeug – Energiespeicher für einen Betreiber
03/2015 – 01/2016	Entwicklung eines Stromabnehmer-/Transformatorwagens für den elektrischen Betrieb von Diesellokomotiven unter Fahrleitung
09/2014 – 12/2014	Untersuchung der Bemessungsverfahren für elektrische Betriebsmittel bei Verkehrssystemen mit autonomer elektrischer Bordenergieversorgung (speziell Schiffe und Luftfahrzeuge) für einen Kfz-Hersteller *Entwicklungsstand, spezifische Randbedingungen, Belastungscharakteristika, Bemessungsverfahren*
07/2014 – 11/2014	Koordination der Lehrstuhlaktivitäten im Rahmen des europäischen F&E-Programms *Shift²Rail*
04/2014 – 07/2014	Voruntersuchung Gestaltung der Schnittstelle Fahrzeug – Energiespeicher für einen Betreiber *Möglichkeiten, Anforderungen, Bewertung der Varianten*
11/2013 – 11/2014	Beratung der Parkeisenbahn Dresden bei der Erneuerung der Fahrzeugflotte
02/2013 – 09/2013	Antriebsstrategie für einen SPNV-Anbieter *Definition von Antriebskonzepten für zukünftige Fahrzeuge*
03/2011 – 01/2012	Fahrzeugstrategie für einen SPNV-Anbieter

	Definition von Kriterien zur Bewertung zukünftiger Fahrzeugstrategien
02/2010 – 01/2013	Elektrische Integration von Energiespeichersystemen in Schienenfahrzeuge *Machbarkeit einer nachträglichen Integration von Traktionsenergiespeichern in Bestandsfahrzeuge mit den Schwerpunkten energetische Auslegung, Leittechnik, Schutz, EMV und Diagnose*

Lehre

seit 04/2012	Vorlesungsreihe *Elektrische Bahnen für Bahnsystemingenieure* im Modul Schienenverkehrsanlagen
seit 01/2011	Betreuung Laborpraktikum *Fahrzeuge mit Drehstromantriebstechnik*
seit 10/2010	Betreuung Übung *Grundlagen elektrischer Verkehrssysteme*
seit 03/2010	Betreuung von Diplomarbeiten, Studienarbeiten, Hauptseminararbeiten und Projektarbeiten

Dissertation

09/2013 – 01/2016	*Ein ganzheitlicher Ansatz für eine Diagnosearchitektur zur Anwendung in der Schienenfahrzeugtechnik*

Veröffentlichungen

09/2015	Vortrag *Eine ganzheitliche Diagnosearchitektur für Schienenfahrzeuge*, 14. Internationale Schienenfahrzeugtagung, Dresden
05/2015	Vortrag *Diagnose in der Bahntechnik – Status quo und Perspektiven*, 9. Tagung Diagnose in mechatronischen Fahrzeugsystemen, Dresden
11/2014	Vortrag *Die Doktoranden und wissenschaftlichen Mitarbeiter der Professur Elektrische Bahnen*, Professurkolloquium *60 Jahre Professur Elektrische Bahnen*, Dresden
05/2014	Artikel *Elektrischer Zugbetrieb im Nordostkorridor der USA*, In: Elektrische Bahnen 112 (2014) Heft 5, S. 254-271, Deutscher Industrieverlag, München
11/2012	Vortrag *Ganzheitliche Diagnose von Verbrauchern im Bordnetz von Schienenfahrzeugen*, IZBE-Symposium *Elektrische Fahrzeugantriebe und -ausrüstungen*, Dresden
03/2012	Vortrag *Energetic Refurbishment - Integration von Energiespeichern in dieselelektrischen Schienenfahrzeuge*, 23. Verkehrswissenschaftliche Tage, Dresden

Studium

10/2004 – 12/2009	***Verkehrsingenieurwesen*** *(Diplom)* Vertiefung *Planung und Betrieb elektrischer Verkehrssysteme*, Technische Universität Dresden
06/2009 – 12/2009	Diplomarbeit *Konzeption einer intelligenten Türdiagnose für Triebzüge*
01/2009 – 05/2009	Studienarbeit *Generierung eines Projektierungstools zur Modellierung und Umrechnung von Kühlanlagen für Schienenfahrzeuge*

gez. Jean-Pierre R. H. Pally

Dresden, 21.08.2015